JN153570

故郷喪失と再生への時間

新潟県への原発避難と支援の社会学

松井克浩

東信堂

はしがき

2011年3月の東日本大震災と福島第一原子力発電所事故から6年が過ぎた。原発事故による福島県からの県外避難者は依然としておよそ4万人を数え、かつて経験したことのない規模で長期・広域避難が続いている。原発周辺の地域を中心に深刻な放射能汚染が続き、廃炉に向けた作業も難航している。その一方で2017年春には、帰還困難区域以外の避難指示も原則として解除され、いわゆる「自主避難者」に対する借り上げ仮設住宅の提供も終了した。原発事故が「収束」しているとは言いがたい状況の中で、避難の終了に向けた政策が着々と進められている。県外への広域避難者は、福島への帰還か避難先への移住かの二者択一を迫られ、苦悩している。

本書の舞台となる新潟県は、福島県の西隣に位置し、事故直後から多くの避難者を受け入れてきた。現在でもおよそ3,000人の避難者が暮らしている。新潟県は近年、中越地震（2004年）や中越沖地震（2007年）など、多くの自然災害を経験してきた。その過程で、災害からの復旧・復興、被災者支援や被災コミュニティの再生に向けた制度や文化、ネットワークを育んできた。こうした災害経験は、原発事故による避難者の受け入れと支援にどう活かされたのだろうか。本書では、広域避難者受け入れを対象とした、災害経験の蓄積と継承をテーマの一つとしたい。

その一方で、今回の原発事故による広域避難においては、災害経験の継承面とともに断絶面も浮き彫りになる。「復興」や生活再建に向かう道筋やそれに要する時間は、自然災害と原子力災害では大きく異なっている。避難が長期化する中で、近年の災害経験の蓄積だけでは対処できないような新たな問題が、次々と顕在化している。新潟で生活する避難者の社会関係や将来展望は、避難生活の中でどのように変化してきたのか。避難者は、今回の避難で何を失い、何を奪われたのか。避難者が生活を立て直していくためには何が必要なのか。被災者・避難者にとっての「復興」とはどういうものか。本書は、こうした一連の問いを念頭において、新潟での「定点観測」によりアプローチしていく。

その際とりわけ着目したいのは、避難者の不安や迷い、気持ちの「ゆれ」「割り切れなさ」といった心情である。避難先で日々の暮らしを懸命に成り立たせているが、(通常は意識されない形で) その暮らしのベースになってきたものが、今回の避難によって損なわれてしまった。故郷を奪われ、そこで蓄積してきたなじみの関係と「根っこ」を失い、将来への展望が不透明になっている。こうした避難者の状況や心情は、周囲の人びとにどこまで理解され、共有されているのだろうか。避難の終了に向けた施策が進められる中で、多くの避難者は、今回の原発事故と避難が「終わったこと」「なかったこと」にされ、やがて急速に忘れ去られることに、強い不安を感じている。

ここであらためて問われているのは、私たちが日々つくりだしている「社会」そのもののありようではないか。1990年代以降の日本社会では、格差と分断の進行が繰り返し指摘されてきた。セーフティーネットが不十分なまま弱者にも自己責任を求めるような、過酷な競争とその結果の受容がこの社会を覆いつつある。経済の低迷や少子高齢化にともなう地方の疲弊も相まって、個人化が孤立化に帰結しつつある。こうした「社会」の変質や弱化を前にして、個人の自立を育むような、拘束的でない「つながり」の再構築が必要とされている。避難者の生活の再生、関係の結び直しについて考えることは、現在の社会を問い直すことと相即的である。

東日本大震災と原発事故は、こうした現在の社会のあり方を問い直す契機になりえたはずだった。途方もない犠牲を前にして、政治や経済の仕組みから生活意識や価値観に至るまで、根源的な反省に向かうかに思われた。しかし6年たってふりかえってみると、反省も検証も不十分なまま、いつのまにかもとの道に復帰しているようにみえる。2020年の東京オリンピック開催に関心が向かう一方で、原発の再稼働も進められている。原発事故や津波による被災者一人ひとりの生活再建よりも、除染・廃炉ビジネスや巨大防潮堤建設などの土木事業に多くの費用が投じられ、成長や拡大に目が向けられている。失敗から何も学ばずに終わらせると、次の大きな失敗につながることが危惧される。多くの点で、次の世代に〈つけ回し〉をしている点も気になる。

震災と原発事故の被災者・避難者や彼らと向き合ってきた支援者の声に、いま一度謙虚に耳を傾けることが必要なのではないだろうか。

今後、首都直下地震や東南海地震などの巨大災害が予測される中で、長期・広域避難という事態は避けがたい。新たな原発事故だけは可能な限り回避したいが、避けられる保証はない。本書は、6年に及ぶ避難生活と支援の経過をたどりながら、災害を生き延びることと社会や地域の役割を考えることを、相互に不可分のものとして捉え直す試みである。今回の経験と記憶を蓄積して、将来の災害に備える一助としたい。

故郷喪失と再生への時間——新潟県への原発避難と支援の社会学／目次

故郷喪失と再生への時間
―新潟県への原発避難と支援の社会学―

序章　広域避難の概要と本書の課題

1. 原発事故と広域避難の概要

原発事故と避難指示

2011年3月11日の東日本大震災により、東京電力福島第一原子力発電所は甚大な被害を受けた。地震による揺れとともに15メートルを超えるともいわれる津波に直撃され、程なくすべての交流電源を喪失する事態に至る。冷却機能を失ったために、炉心溶融（メルトダウン）、格納容器破損と状況が悪化していく。震災翌日の12日には1号機の、14日には3号機の原子炉建屋が水素爆発を起こし、大量の放射性物質が環境に放出される事態となった。

事態が緊迫する中で、第一原発周辺では住民に対する避難指示が拡大していった。事故が起こった11日中に半径3キロ圏内に最初の避難指示が出され、12日早朝には半径10キロ圏内、同日夜には半径20キロ圏内の住民に避難指示が出された。15日には、半径20キロ以上30キロ圏内の住民に屋内退避指示も出されている。しかし、「これらの指示はごく一部の例外を除いて、当該市町村に直接は伝達されていない。国や県庁からの情報がほとんどないままに、双葉郡8町村では独自に避難指示を決断し、住民の避難誘導をおこなった」のである（今井ほか編2016：2）[1]。

自治体職員は、当初は地震や津波による被害への対応に追われていた。それに加えて今度は、原発の状況を直接知る手立てがないまま、テレビや時折つながる電話などの情報をもとに懸命に住民の避難を誘導・支援していったのである。情報が錯綜し、指示系統も混乱する中で、役場も住民もその場その場での判断を迫られた。避難に伴って役場機能も転々と移動し、移動を重ねる中で住民もバラバラになっていった(山下・開沼編 2012：365-389)。

4月22日に、政府は福島第一原発から半径20キロ圏内を「警戒区域」に指定し、原則立ち入り禁止とした(**図表序-1**)。同時に、飯舘村や葛尾村など20キロ圏外の放射線量の高い地域を「計画的避難区域」に指定し、1ヶ月以内の避難を指示した。その他、半径20キロ以上30キロ圏内を緊急時に屋内退避か避難ができるよう準備する「緊急時避難準備区域」に指定した(2011年9月解除)。これら3つの区域内の住民人口は、14万6,500人に及ぶ(山下・開沼編 2012：370)。また、これらの区域外で事故後1年間の積算線量が20ミリシーベルト以上になると予測された地域を順次「特定避難勧奨地点」に指定し、避難をうながした(2014年12月までに解除)。

2011年12月18日には、帰還への環境整備や地域再生を目的として、避難指示区域を再編する方針が政府により示された。被曝放射線量に応じて、年間50ミリシーベルト以上の「帰還困難区域」、20～50ミリシーベルトの「居住制限区域」、20ミリシーベルト以下の「避難指示解除準備区域」に再編するというプランである。自治体や住民のあいだでは区域再編についてさまざまな議論がみられたが、2012年4月以降2013年の8月にかけて、順次見直し・再編が進められていった(**図表序-2**)。

こうした避難指示区域の再編や区域指定の有無が、賠償の基準や義援金の配分、種々の支援施策の有無に大きく影響したため、住民感情に複雑な影を落とすことになった。2006年に3市町が合併して発足した南相馬市は、旧市町の境界が第一原発からの半径20キロ・30キロのラインとほぼ重なってしまった。たとえば半径30キロ圏外の旧鹿島町は、東京電力による賠償や義援金の配分(第1次)、国民健康保険の減免などの対象にならなかった。そのため、「合併後、一体化を目指してきた5年間だったが、この区域の設定が市民の感情を揺さぶる結果になった」のである(今井ほか編 2016：83)[2]。

その後、2014年4月からは、田村市都路地区と川内村で避難指示解除準備区域の解除がおこなわれ、2015年に楢葉町、2016年に葛尾村と南相馬市で、一部区域あるいは全域で避難指示が解除されていった。2017年春には、浪江町、富岡町、飯舘村の帰還困難区域を除く全域と、川俣町山木屋地区の避難指示が解除され、大きな節目を迎える。

図表序-1　避難区域の状況（2011年4月22日時点）

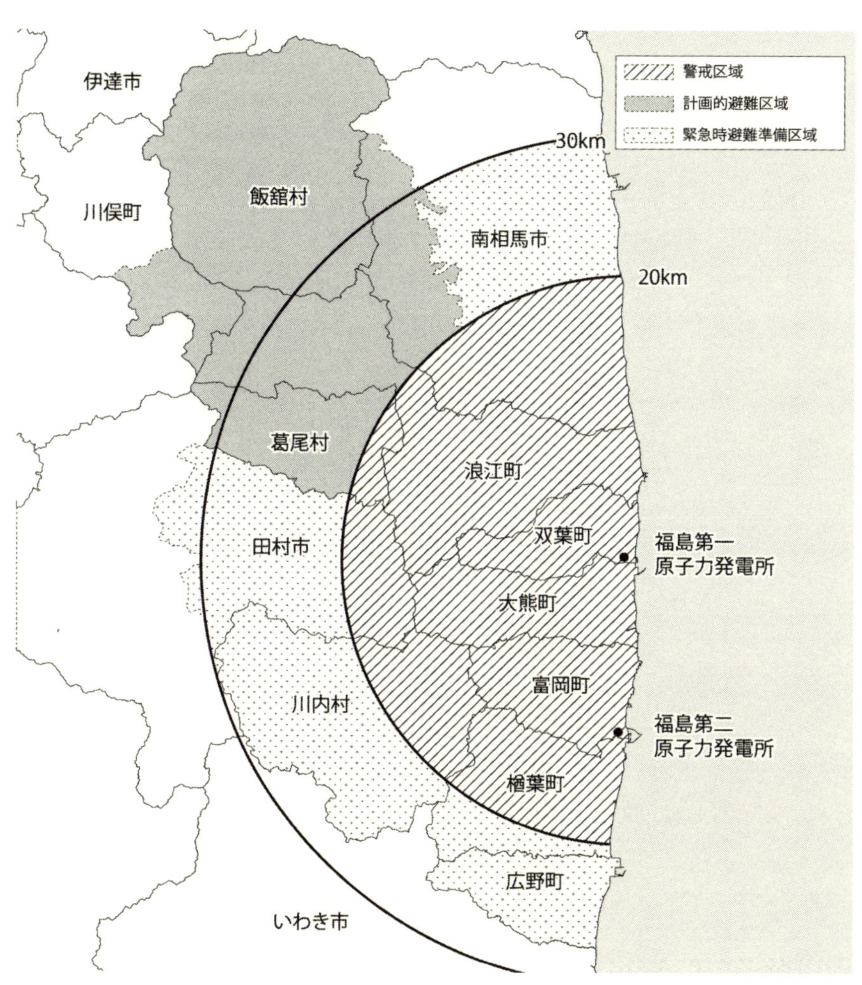

注：福島県ホームページのデータをもとに作成

図表序-2　避難区域の状況（2013年8月8日時点）

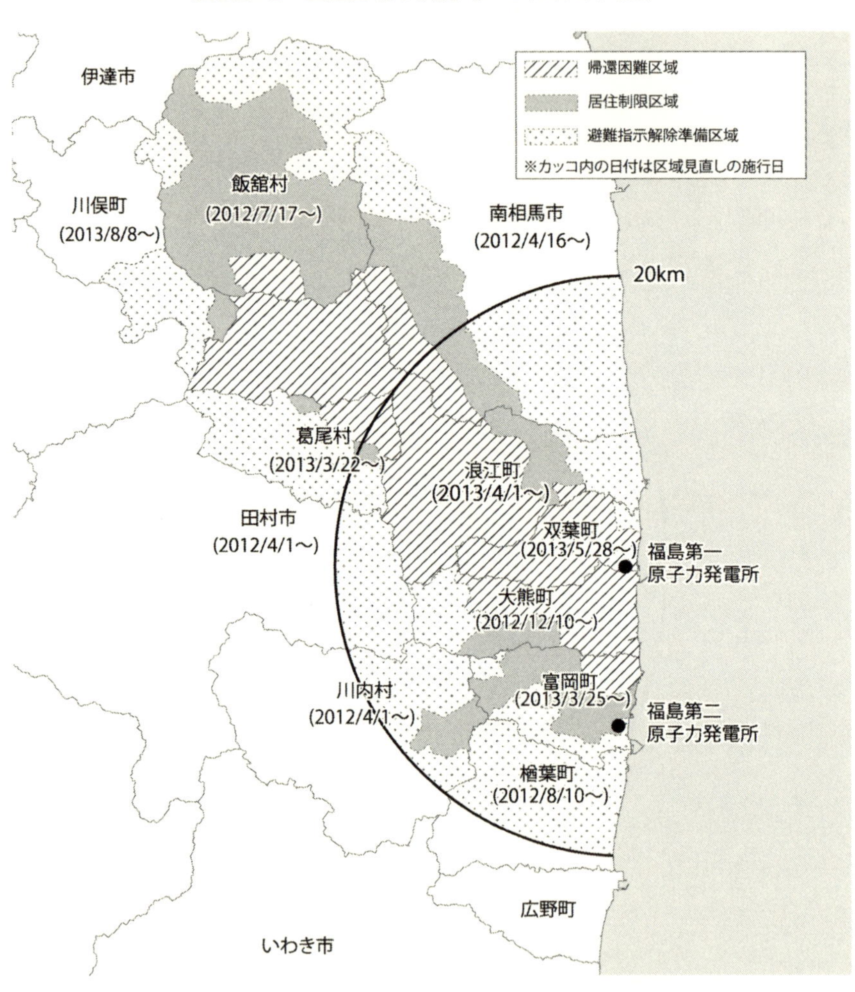

注：福島県ホームページのデータをもとに作成

警戒区域の入り口（川内村）

「原発避難」の発生と長期化

3月11日の原発事故直後から、「原発避難」が発生したと考えられる。11日夕刻の最初の避難指示によって、あるいは個人的な情報入手により原発の危険性を察知して、避難が始まった。そして翌12日以降、原発周辺の自治体による避難指示・誘導により、ほとんどの住民が避難を開始した。本書の第2部でも詳述するように、多くの住民は行き先も告げられず、「着の身着のまま」で自治体が用意したバスや自家用車で故郷を後にしたのである。やがて深刻な放射能汚染に見舞われた原発周辺の自治体は、上述のように避難指示区域（警戒区域・計画的避難区域）に指定された。11市町村に及ぶこの区域からの避難者は、「強制避難者」と呼ばれる。

その一方で、政府による避難指示がない地域からも、子どもを連れた母親などを中心に多くの住民が避難した。福島市や郡山市、いわき市など福島県内のみならず、福島県外からもより放射線量の低い地域への避難がなされた。これらの避難者は、一般に「自主避難者」と呼ばれる。避難指示の基準が年間20ミリシーベルトに設定されていること（事故前は1ミリシーベルト）、放射性物質による健康への影響は科学的に解明されていないことなどを考慮すれば、被曝リスクを避けるための避難を「自主」避難と呼ぶことには疑問を感じるが、本書でも通例にしたがって「自主避難者」という表記を用いることにする。

復興庁のデータによると、福島県の東日本大震災・原発事故による避難者数は、2012年5月のピーク時に164,865人、2017年2月時点では79,446人を数えている。そのうち県外への避難者数は、ピーク時（2012年3月）に62,831人、2017年2月時点で39,598名である。県外避難はすべての都道府県に及んでいて、人数は、①東京都、②埼玉県、③茨城県、④新潟県、⑤栃木県の順に多い（2017年2月）。しかし、こうして発表されている避難者数は、必ずしも「原発避難」の全体像を捉えるものとはなっていない。なぜなら、「避難者の定義や集計方法はいまも示されないまま、都道府県がそれぞれ独自の集計方法でまとめて報告している」からである（関西学院大学復興制度研究所、ほか 2015：31）。自治体をまたぐ広域避難が多いことが実態の把握をより難しくしており、支援や賠償にも支障を来している。

原発周辺の住民を中心に原発事故により避難を強いられ、また事業活動等にも多くの被害が生じた。こうした損害を賠償するために、国の審査会によって賠償基準（指針）が示され、加害者である東京電力がその指針の内容を反映した賠償をおこなってきた（関西学院大学復興制度研究所、ほか 2015：36-53）。主に避難指示区域の住民を中心に、不動産に対する財物賠償、精神的損害賠償、営業損害に対する賠償、住宅確保に係る賠償等が実施されてきた。その一方で、賠償基準に差があることが、原発事故被害者・避難者のあいだにさまざまな分断をもたらしている。

避難指示区域の再編による3区分は、賠償期間や賠償額の違いと結びつけられている（関西学院大学復興制度研究所、ほか 2015：60-61）。生活圏を共有していた同じ自治体の住民であっても、区分の違いによる軋轢が生じている。何よりも、避難指示の有無による賠償格差が大きい。たとえば、避難指示区域からの強制避難者に対しては、月額一人あたり10万円の慰謝料が支払われるが、区域外からの自主避難者に対しては、総額で一人8万円（18歳以下と妊婦は40万円、避難した場合は20万円増額）が支払われるのみである。しかも自主避難の対象地域は、福島県内の23市町村に限定されている。自主避難者の多くは、乏しい経済的支援のもとで、避難先での苦しい生活を強いられている。

政府は早い段階から、避難指示の解除と現地への帰還・復興を目指してきた。2011年12月には早くも原発事故の「収束」を宣言し、その一方で除染を進めてきた。そのうえで上述のように、年間20ミリシーベルトを避難指示解除の基準とすることを念頭において、2013年8月までに避難区域が再編された。居住制限区域や避難指示解除準備区域については、できるだけ早期に避難指示を解除し、それに伴って賠償も終了していくことが含意されている。避難指示解除後は、できるだけ早期に帰還をうながしたいという意図が込められていると考えられる。自主避難者に対するみなし仮設住宅の供与の終了とともに、避難者に帰還をうながす施策が急速に進められている。

しかし、福島第一原発の廃炉作業は難航し、山林の除染もほぼ手つかずのままである。除染や自然減衰によって居住区域の放射線量は低下しつつあるが、事故前の被曝限度（年間1ミリシーベルト）を上回る基準での解除には不安を覚える住民も多い。病院や商店、福祉施設などの生活インフラも不十分なままである。その結果、すでに避難指示が解除された市町村でも、実際に帰還している住民の数は少数にとどまっている[3]。帰還を選ぶ住民には高齢者の割合が高く、子育て世代はリスクを避けて避難先にとどまるケースが多い。

地域を守るため、地域の復興をうながすためという旗印を掲げた早期帰還政策が、結果的には地域住民を分断し、長期的な復興をむしろ妨げているのではないだろうか。

2. 新潟県への広域避難

避難の状況と経過

本書では、上述のような全体状況を念頭におきながら、対象としては新潟県への広域避難に焦点を絞って論じていくことにする（**図表序-3**）。原発事故の直後から、避難指示が出された区域に住む人を中心に、福島県の隣に位置する新潟県にも多くの住民が避難してきた。3月中のピーク時にはおよそ1万人を数えて、この時点で広域避難者の最大の受け入れ県となっている。県内すべての市町村が避難所を開設して避難者を受け入れることになったが、避

図表序-3　新潟県内関係市町村

注：本書で言及する市町村をグレーで表示した。

難者の急増に対応が追いつかず混乱が生じる場面もあった。

それでも、とくに近年の7・13水害（新潟・福島豪雨）や新潟県中越地震、中越沖地震での被災経験を活かしながら、それぞれの自治体は工夫を凝らした対応を続けていった。ノウハウの蓄積や市民の熱意とともに、行政や市民団体のネットワークが育っていたことも、避難者支援の場面で有効性を発揮していった（松井 2011、髙橋編 2016）。新潟県は、広域避難者を対象とした意向調査を継続的に実施するとともに、その結果をふまえた独自の施策を展開してきた（髙橋 2014）。たとえば2011年7月に、新潟県は山形県についで全国で2番目に民間借り上げ仮設住宅制度の導入を決めた。さらに、福島県と新潟県で二重生活を強いられている避難者を対象として、高速バス料金や高速道路料金の支援を独自におこなってきた。

福島県から新潟県への広域避難者は、2017 年 2 月時点で 3,079 人で、東京都、埼玉県、茨城県についで 4 番目に多い。原発事故直後は、避難指示が出された警戒区域等からの避難者が大部分を占めていたが、時間の経過とともに「区域内」からの強制避難者は一貫して減少している。逆に、郡山市や福島市などの避難指示区域外からの自主避難者は 2012 年春まで増加を続けた。それ以降、区域内・区域外の避難者はほぼ同数で推移してきたが、避難指示の解除等もあって、区域外からの避難者がいったんは 6 割程度を占めた（**図表序 –4**）。

新潟県内の受け入れ自治体別でみると、事故直後は柏崎市がもっとも多く、やがて新潟市への避難者が増加して順位が入れ替わった。2017 年 4 月時点では、県内の避難者のおよそ 6 割がこの 2 つの自治体で生活しているが、両市における避難者の構成は対照的である。東京電力柏崎刈羽原子力発電所が立地している柏崎市には、双葉郡など区域内からの避難者の割合が高く、新潟市には福島県中通りなど区域外からの自主避難者・母子避難者の割合が高い [4]。

図表序–4　福島県からの広域避難者の推移　（人数）

日付	新潟県			柏崎市			新潟市		
	全体	区域内	区域外	全体	区域内	区域外	全体	区域内	区域外
2011/5/31	7,453 （100.0%）	5,699 （76.5%）	1,754 （23.5%）	2,091 （100.0%）	1,954 （93.4%）	137 （6.6%）	802 （100.0%）	577 （71.9%）	225 （28.1%）
2012/3/30	6,645 （100.0%）	3,517 （52.9%）	3,128 （47.1%）	1,426 （100.0%）	1,332 （93.4%）	94 （6.6%）	2,451 （100.0%）	542 （22.1%）	1,909 （77.9%）
2013/3/22	5,553 （100.0%）	2,806 （50.5%）	2,747 （49.5%）	1,097 （100.0%）	1,018 （92.8%）	79 （7.2%）	2,258 （100.0%）	517 （22.9%）	1,741 （77.1%）
2014/3/7	4,563 （100.0%）	2,389 （52.4%）	2,174 （47.6%）	936 （100.0%）	879 （93.9%）	57 （6.1%）	1,877 （100.0%）	459 （24.5%）	1,418 （75.5%）
2015/3/6	3,925 （100.0%）	2,146 （54.7%）	1,779 （45.3%）	820 （100.0%）	785 （95.7%）	35 （4.3%）	1,641 （100.0%）	433 （26.4%）	1,208 （73.6%）
2016/2/29	3,504 （100.0%）	1,412 （40.3%）	2,092 （59.7%）	750 （100.0%）	664 （88.5%）	86 （11.5%）	1,464 （100.0%）	268 （18.3%）	1,196 （81.7%）
2017/2/28	3,079 （100.0%）	1,311 （42.6%）	1,768 （57.4%）	711 （100.0%）	630 （88.6%）	81 （11.4%）	1,270 （100.0%）	243 （19.1%）	1,027 （80.9%）
2017/4/30	2,803 （100.0%）	1,269 （45.3%）	1,534 （54.7%）	683 （100.0%）	614 （89.9%）	69 （10.1%）	1,119 （100.0%）	239 （21.4%）	880 （78.6%）

注 1：新潟県広域支援対策課資料をもとに作成。病院・社会福祉施設等を除いた市町村集計分。
注 2：2011～2015年の「区域内」は、市区内全域または一部が警戒区域、計画的避難区域、緊急時避難準備区域に設定されている（または設定されたことのある）市町村。
注 3：2016～2017年の「区域内」は、2015年6月15日時点での「避難指示区域内」を指す。

また、およそ半数が借り上げ仮設住宅を利用し、1割弱が公営住宅・雇用促進住宅等に入居している。

この6年間で、避難者数はピーク時のおよそ3分の1に減少した。区域内からの強制避難者は、福島県内の仮設住宅や復興公営住宅への入居、あるいは中通りやいわき市などに自宅を購入するなどして帰還した人も多く、自主避難者は子どもの進学や経済的理由などにより自宅に戻るケースが増えていった。その一方で、新潟県内に自宅を求めて移住を選択する人も徐々に増加している。

避難者の状況――新潟県によるアンケート調査から

新潟県は、避難生活の状況を把握して支援策に活かすために、避難者を対象としたアンケート調査を継続的におこなってきた。ここではまず、2016年3月に公表された調査結果をもとに、新潟県内に居住する避難者の全体的な状況を押さえておく[5]。本アンケートは新潟県震災復興支援課により、本県への避難世帯を対象とした郵送による悉皆調査として2015年12月から2016年2月にかけて実施された。対象世帯には福島県以外からの避難者も含まれているが、ここでは福島県からの避難者のアンケート結果のみを取り上げる。今回のアンケートはとくに、2017年3月末で借り上げ仮設住宅の提供が終了する自主避難者に対する支援策策定の参考にすることを主な目的として掲げている。アンケート実施時点での対象世帯数は1,287世帯(避難指示区域内532世帯・避難指示区域外755世帯)で、回答世帯は813世帯(区域内291世帯・区域外522世帯)、回答率は63%だった。まず今後の生活拠点については、「(いずれは)福島県に戻る」が38%、「新潟県に定住」が25%、「福島県・新潟県以外」が5%、「未定」が32%となっている(**図表序-5**)。避難指示区域内か区域外かでみると、「福島県に戻る」は区域内がやや高く、「新潟に定住」は区域外がやや高くなっている。

今後の生活拠点の選択理由について、アンケートではそれぞれ自由記述により尋ねている(以下は、その内容をコード化して整理したもの)。「福島県に戻る」という回答のうち、「戻る時期」が2017年度以降あるいは未定とする248世帯

図表序-5　今後の生活拠点

<table>
<tr><th>項目</th><th>全体
(n=813)</th><th>区域内
(n=291)</th><th>区域外
(n=522)</th><th>戻る時期</th><th>全体
(n=313)</th><th>区域内
(n=119)</th><th>区域外
(n=194)</th></tr>
<tr><td rowspan="3">(いずれは)福島県に戻って生活する</td><td rowspan="3">38%</td><td rowspan="3">41%</td><td rowspan="3">37%</td><td>2017年3月まで</td><td>21%</td><td>17%</td><td>23%</td></tr>
<tr><td>2017年4月からおよそ(　)年後</td><td>13%</td><td>12%</td><td>13%</td></tr>
<tr><td>未定</td><td>66%</td><td>71%</td><td>64%</td></tr>
<tr><td>このまま新潟県に定住する</td><td>25%</td><td>21%</td><td>27%</td><td>－</td><td>－</td><td>－</td><td>－</td></tr>
<tr><td>(いずれは)福島県・新潟県以外の都道府県に移り住みたい</td><td>5%</td><td>7%</td><td>3%</td><td>－</td><td>－</td><td>－</td><td>－</td></tr>
<tr><td rowspan="4">今後の生活拠点をどうするか未定である</td><td rowspan="4">32%</td><td rowspan="4">31%</td><td rowspan="4">33%</td><td>未定の理由</td><td>全体
(n=260)</td><td>区域内
(n=90)</td><td>区域外
(n=170)</td></tr>
<tr><td>先行き不透明</td><td>35%</td><td>34%</td><td>36%</td></tr>
<tr><td>放射線量・除染の状況</td><td>15%</td><td>6%</td><td>21%</td></tr>
<tr><td>進学先の決定</td><td>15%</td><td>20%</td><td>12%</td></tr>
</table>

注：新潟県資料をもとに作成

にその理由を尋ねている。区域内は「転職・転勤・職場の再開」がもっとも多く(19%)、区域外は「放射線量・除染の状況」(26%)、「進学先の決定」(20%)の順である。また、「新潟に定住」という回答の理由は、区域内外とも「生活の安定」が50%ほどでもっとも多く、次いで区域内は「就職・転勤」(32%)、区域外は放射線量(27%)が多い。依然として今後の生活拠点が「未定」という回答は3割を超えているが、その理由としては、「先行き不透明」が35%、「放射線量・除染の状況」が15%、「進学先の決定」が15%の順となっている。この項目も、区域外は「放射線量・除染の状況」が比較的高くなっている。

2017年4月以降も新潟県にとどまる予定の世帯(474世帯)に、借り上げ住宅の提供が終了した後の住居について尋ねている。「現在の借り上げ住宅に引き続き入居」が28%、「公営住宅への入居」が15%、「選択が難しい」が30%だった。「選択が難しい」理由としては、「どうしたらよいかわからない」という回答が69%を占める。また区域外の世帯では、「民間賃貸住宅を自費契約できない」という回答が11%（11世帯）あった。

このアンケート結果からいえることを2点ほどまとめておきたい。まず、いずれは福島県に戻りたいけれども当面は戻れないと考えている世帯が、回答者の31％（248世帯）にのぼっている。その理由としては、「放射線量・除染の状況」がもっとも多い。今後どうするか「未定」（32％）とする回答の理由でも、「先行き不透明」「放射線量・除染の状況」が多くなっている。両方をあわせて考えると、福島への帰還を考えている（迷っている）けれども、放射線量や被災地の状況等が不安なために、帰る判断がつかず、避難を継続する層が相当数いることが分かる。この部分をどう考えるかが、本書の問題関心の一つである。

次に、避難指示区域外からの自主避難者に着目すると、避難の継続・新潟への定住・未定と回答する際に、いずれも「放射線量」を判断理由としてあげる割合が相対的に高い。被曝のリスクを避けて（少なくとも当面は）避難先にとどまりたいとする要望は強い。今後生活費の負担が重くなることが心配され、家賃補助等の充実を求める声があがっている。2017年3月で自主避難者への借り上げ仮設住宅提供の終了が発表されており、多くの反対意見にもかかわらず残念ながら撤回される気配はない。新潟県ではこうしたアンケートの結果も受けて、公営住宅への入居に便宜をはかるとともに、福島県による民間賃貸住宅の家賃補助に上乗せする形で小・中学生がいる自主避難者への家賃支援を実施することになった。

自主避難者への仮設住宅提供終了を前にした新潟県の調査（新潟県報道資料、2017年3月発表）によると、終了対象の応急仮設住宅（民間賃貸住宅・公営住宅等）に入居している457世帯のうち、93％（426世帯）が移転先を決定している。その内訳は、福島県への帰還が13％、自己契約に切り替えて継続入居する世帯がもっとも多く58％、ほかの民間賃貸住宅への転居が16％、公営住宅への転居が6％という結果だった。仮設住宅提供の終了は、福島県への帰還をうながす政策の一環だったと思われるが、大部分の世帯は新潟での避難生活を継続する道を選択している。家賃の負担が増して、自主避難者の生活が圧迫されるだけの結果となっている。

3. 災害と広域避難に関する研究動向

被災と復興へのアプローチ

社会学分野を中心とする人文・社会科学系の災害研究は、とくに1995年の阪神・淡路大震災以降、厚みを増してきた。本書の問題関心から何点か言及しておきたい。『復興・防災まちづくりの社会学（阪神・淡路大震災の社会学3）』（岩崎ほか編 1999）では、復興過程における「弱者」の位置づけや地域住民のあいだに生じた亀裂について取り上げている。その中で横田尚俊は、阪神の経験をふまえて、コミュニティが使い慣れた施設の体系であり、なじみの人間関係の集積であり、できごとが記憶された「生きられた空間」でもあったと述べる（横田 1999）。『復興コミュニティ論入門（シリーズ災害と社会2）』（浦野ほか編 2007）では、復旧・復興にかかわる制度や生活再建の課題について、コミュニティのあり方と関係づけられながら幅広く取り上げられている。その中で復旧と復興の概念、脆弱性（Vulnerability）概念から復元・回復力（Resilience）概念への展開などが論じられている。

拙著『中越地震の記憶』（松井 2008a）では、これらの研究をふまえつつ、新潟県中越地震の被災地における調査をもとに、被災と復興の過程、その際の「場所」とコミュニティの役割について論じた。とくに、「被災者にとっての復興」とは何かという視点で中越地震の被災地をみると、支援制度の不備もあり、多くの被災者が復興を実感できていない現状が明らかになった。その一方で、山古志地区など地震によって長期の避難を余儀なくされた山間地の集落では、地域の将来について住民が議論を重ね、防災集団移転ではなく現地での集落再生をめざす工夫をしてきた。被災者が長年暮らしてきた場所で、安心してこれからも暮らし続けられること、それをどのように支えていけるのかが問われていると指摘した。生活者にとっての記憶と時間性の継続こそが、「復興」にとって何よりも重要だと考えたからである。

それに続く拙著『震災・復興の社会学』（松井 2011）においても、新潟での調査研究をふまえて社会関係、コミュニティの変化について論じた。災害をきっかけとして地域的な関係の捉え返し、再認識、再評価が進んでいること、それが住民の「誇り」の回復にも結びついていることを明らかにした。さらに、「行政や政治の役割としては、見通しや条件を急いで整え、被災者の選択肢を用意すること、できるだけ速やかに十分な情報を提供することが求められる。その上で、被災者の意思決定には時間をかけ、選択を急かさないこと、迷い、選び直す余地を残すことが重要だと思う」と記した(松井 2011：243)。この点は、東日本大震災・原発避難の事例においても、繰り返し強調する必要があると考えている。

2011年の東日本大震災は、社会科学系の研究者にも大きな衝撃をあたえ、活発な調査研究がおこなわれている。その中で、震災復興が地域の再生に結びつくのか、それとも消滅に帰結するのかという問いは、多くの研究者に共有されている(田中ほか編 2013、岡田ほか編 2013、山下 2013、長谷川ほか編 2016、など)。また、災害などの危機が「惨事便乗型資本主義」をもたらすとする『ショック・ドクトリン』(クライン 2011a、2011b)をふまえて東北の被災地を検証した、『東北ショック・ドクトリン』(古川 2015)なども著された。

この被災地の復興という論点に関しては、中越地震から東日本大震災まで、主に中間支援の立場からかかわり続けてきた稲垣文彦の提言が重要である(稲垣ほか 2014、稲垣 2015、高橋編 2016)。稲垣は、「右肩下がり」の時代においては「創造的復興」ではなく復興の「軸(指標)ずらし」が必要だという。すなわち、右肩下がりの時代には、人口や経済を指標としたらいつまでも復興できない。軸をずらした先の「豊かさ」とは何か、「人口減少社会の豊かさ探し」が求められている。そして中越では、住民による「小さなガバナンス」が機能している集落では災害による喪失感を補うことができ、それが復興感につながっているという事例が紹介されている(稲垣 2015：101-109)。

とりわけ右肩下がりの時代においては、公共事業中心の「創造的復興」ではなく、「被災者のための復興」が必要とされている。それをどう考えればよいか、その際に復興されるべきもの、回復されるべきものは何か。こうした点を本書でも探求していくことにしよう。

原発避難とコミュニティにかかわる研究

原発事故による大量・広域・長期の避難という日本の災害史上未経験のできごとについて、東日本大震災以降の6年間に数多くの研究が積み重ねられてきた。社会科学を中心とした実証的な調査研究については、山本薫子らによる整理(山本ほか 2014)、原田峻と西城戸誠による整理(原田・西城戸 2015)などがある。前者では、原発避難者の生活再編過程と問題構造を解明するためには「コミュニティ」に関する新たな概念化が必要だという観点から先行研究を整理している。その上で原発避難地域のコミュニティについては、まだ明らかになっていないという総括がなされ、避難元のコミュニティ維持について考えるための論点として、①事故による社会的分断の発生によって避難元コミュニティの維持が構造的に難しいこと、②避難元コミュニティの維持を考える際に避難者の生活再編が大前提となること、③将来にわたる避難元のコミュニティ維持においては受け入れ地域に関する要因も考慮する必要があること、の3点があげられている(山本ほか 2014：27)。

後者では、研究成果を概観した上で「今後の方向性」として次の3点が示されている。①避難者の現状を把握するとともに、「被害」の総体を記録して経験的な一般化をおこない、原発事故の被害が個別特殊でないことを示すこと、②被災地域の「コミュニティ」の今後を捉えていくこと、③避難者「支援」の現場の取り組みや葛藤から浮かび上がる支援活動の論理を記録し、支援政策に還元すること、である(原田・西城戸 2015：231-232)。こうした方向性については、本書の各章でも念頭においている。

これらの整理をふまえて、具体的な研究にもいくつかふれておくことにしたい。まず、「原発避難」の全体像を示そうと試みた労作としては『原発避難白書』(関西学院大学復興制度研究所ほか 2015)がある。本書では、避難者の定義や賠償の枠組み、避難元と避難先の状況などについて見通しを得ることができる。山下・開沼編(2012)、山下・市村・佐藤(2013)、高木(2014)なども原発避難について総論的に扱い、課題を整理している。また、避難者がさまざまな「社会的分断」に直面していることを浮かび上がらせたものとして、山下ほか(2012)などがある。この間、避難を選択するかどうか、福島県外に避難するか県内にとどまるか、賠償の有無や放射能被害に対する考え方の違い等々をめぐって、無数の分断線が引かれてきた。この問題との兼ね合いで、「コミュニティ」を考えていく必要があるだろう。

原発災害・避難に対する賠償制度とその問題点については、大島・除本(2012)、除本(2013)、淡路ほか(2015)が詳細に論じている。とくに除本理史は、金銭賠償では回復できない被害の代表的なものとして「ふるさとの喪失」を指摘している(除本 2015、2016)。それは、「原発避難により地域社会が回復困難な被害を受け、コミュニティなどの社会関係、およびそれを通じて人々がおこなってきた活動の蓄積と成果が失われること」である(除本 2016：51)。

避難者を対象とした研究は、避難指示区域からの強制避難者あるいは区域外からの自主避難者を対象としたもの、支援の状況を視野に入れて避難先での生活再編に重点をおくものものなど多岐にわたっている。強制避難者を対象としたものとしては、双葉郡8町村の避難世帯を対象とした質問紙調査にもとづいた丹波(2012)、富岡町からの避難者を対象とした松薗(2013、2016a、2016b)、楢葉町からの避難者を対象とした関(2016)、高木(2013)などがある。自主避難者を対象としたものとしては、山形県への母子避難者を対象とした山根(2013)、新潟県内への自主避難者を対象とした高橋ほか(2012)、高橋・田口編(2014)などがある。また、成元哲らは、自主避難者を含む福島県中通りの母子を対象とした継続的な調査にもとづいて、原発事故による社会的影響を明らかにしている(成編 2015)。吉田千亜は、自主避難者・母子避難者がおかれている困難な状況を克明に描き出している(吉田 2016)。

避難先に着目した研究としては、福島県内に関しては、避難指示区域に隣接した最大の受け入れ自治体であるいわき市の状況を描いたもの(川副 2013、高木・川副 2016)がある。吉原直樹は、とくに会津若松市の仮設住宅に避難した大熊町の避難者を対象とした調査を継続している(吉原 2013、2016)。福島県外への広域避難と支援についても、多様な成果が報告されている。主なものに埼玉県における避難と支援の状況を継続調査している原田・西城戸(2013)、茨城県への避難者のアンケート調査結果にもとづく原口(2013)、沖縄と岡山をフィールドとした後藤・宝田(2015)、沖縄県での調査を続ける高橋(2013、

2015）などがある。本書が扱う新潟県への避難を対象とした研究も、筆者のものを含めていくつか公表されてきた（髙橋 2012、2014、髙橋編 2016、松井 2011、2013a、2016d、ほか）。いずれも、原発事故による大規模な広域避難という未曾有の事態について、避難者や支援者の状況、その困難さや課題について取り上げている。

原発避難が長期化・広域化するなかで、避難元のコミュニティをどう維持していくか、避難先での生活再編に避難元コミュニティがどうかかわるか、という点がきわめて重要になってくる。舩橋晴俊は、「個人にとっての生活再建と、コミュニティとしての地域社会の再生は不可分の関係にある」と述べる。今回の原発震災によって、地域社会の自然・インフラ・経済・社会・文化の「五層の生活環境」は崩壊しており、「移住」か「早期の帰還」かという二者択一ではない「長期待避・将来帰還」という「第三の道」をとる必要があるという（舩橋 2014：62-67）。

今井照は、避難者を対象とした大規模なパネル調査の結果などもふまえて、「二重の住民登録」という制度の必要性を主張してきた（今井 2014）。今井は、自治体ごと避難を強いられた避難元の市町村を「空間なき市町村」と呼ぶ。その上で、「帰りたいけれど帰らない」避難者の心情に着目し、やはり「帰還」でも「移住」でもない第三の道を模索している。市民権の保障という観点から、避難元と避難先の二地域居住を制度化する仕組みが「二重の住民登録」である。金井利之も「空間なき自治体」という用語を用いて、避難を強いられた住民に必要な制度設計の必要性を提起している（金井 2012）。こうした主張は、日本学術会議の提言にも盛り込まれた（日本学術会議社会学委員会 東日本大震災の被害構造と日本社会の再建の道を探る分科会 2014）。吉原直樹も、ジョン・アーリの議論をふまえて、「定住」を前提としない「コミュニティ・オン・ザ・ムーブ」の探求を提唱している（吉原 2016）。

富岡町の住民団体「とみおか子ども未来ネットワーク」が主催して、避難中の富岡町民が避難生活の状況や思いを語り合う「タウンミーティング事業」が全国各地でおこなわれてきた（とみおか子ども未来ネットワーク、ほか編 2013）。この事業をサポートしてきた社会学者による検討もいくつか公刊されている

(佐藤 2013、山本ほか 2015、など)。タウンミーティングでは、生活空間であった「地域コミュニティ」を離れざるを得なかった避難者たちの「失ったもの」が、個人や家族の生活にとどまらず地域社会のレベルをも含むことが明らかにされた(松薗 2013)。こうした検討をふまえて、「原発事故とその後の強制避難によって生成した、元の地域社会とそこに暮らしていた人びととの関係やかかわり方」の総体としての「空間なきコミュニティ」の概念が提起された(山本ほか 2014：23)。

本書もこうした一連の研究と関心を共有しながら、「第三の道」や「二重の住民登録」を必要とする避難者の状況、そこで求められる新たなコミュニティの捉え方について探求する。

被災と復興を取り巻く「社会」論

原子力災害を含む災害による被災と被災者・避難者の生活再編、復興の過程は、それを取り巻く「社会」のありようと不可分である。災害について直接言及したものでなくても、現代社会の特徴と変化を捉えた議論を押さえておくことは、被災と復興の過程を考察する上で有益である。ここでも、本論でふれるものを中心にいくつか取り上げておきたい。

チェルノブイリ原発事故が起きた 1986 年に刊行された『危険社会』において、ドイツの社会学者ウルリッヒ・ベックは、現代を「リスク社会」として特徴づけている(ベック 1998)。放射能汚染や環境の中の有害物質といった「リスク」は、コントロールが困難で不可避であり、多くの場合不可逆的な被害をもたらす。こうしたリスクは知覚できないため、専門家の判断に依存せざるを得ないが、専門家のあいだでも評価が大きく分かれるものもある(たとえば「低線量被曝」のように)。現代を生きる私たちは、不可視のリスクに対する不安と無縁ではいられない。

ベックによれば、現代社会のもう一つの特徴は、人びとが家族や階級、企業などの集団やそこに組み込まれた「平均的な一生」から切り離される「個人化」である(ベック 1998：313)。個人化は束縛からの解放や選択の自由を意味すると同時に、個人の責任でさまざまな生活上のリスクに対処し、自分のアイデンティティ設計を繰り返し強いられることに結びついている。こうした枠組みを用いて、現在の日本社会が直面している自己責任論の台頭や孤立、貧困の問題などを捉え直していく方向性も示唆されている（鈴木編 2015）。

ロバート・パットナムらによる「ソーシャル・キャピタル（社会関係資本）」の議論も、中間集団の衰退による個人化の進展を一つの背景としている。ソーシャル・キャピタルとは、「個人間のつながり、すなわち社会的ネットワーク、およびそこから生じる互酬性と信頼性の規範」を意味する（パットナム 2006：14）。それにより人びとの協調行動が活発になると、社会の効率性も高くなる（パットナム 2001：206-207）。ところが現代のアメリカにおいては、こうしたソーシャル・キャピタルの衰退と人びとの孤立化が進んでいるという。なお、ソーシャル・キャピタルは「結束型」と「橋渡し型」に区別することができる。「結束型」は内向きで排他的・閉鎖的な傾向をもち、集団の結束力の強さを特徴とする。それに対して「橋渡し型」は外向きで開放的であり、利害の異なる人びとを包含するネットワークである（パットナム 2006：19-20）。

ソーシャル・キャピタルは、被災と復興の局面においても大きな影響力をもちうる。ダニエル・アルドリッチによれば、高い水準のソーシャル・キャピタルをもつ地域では、「被災者たちは互いに必要なものを分かち合うし、政府による新規の支援に関する要件や手続きを知るためにつながりを使うし、コミュニティで助け合う組織を形成するために連携する」（アルドリッチ 2015：vii）。しかし強固なソーシャル・キャピタルは、多くの被災者に恩恵をもたらす一方で、一部の人びとの生活再建を阻害するという「二面性」をもつ（アルドリッチ 2015：18）。こうした事実には、後段において向き合うことになるだろう。

個人化が進んで孤立化や無縁社会が問題となる現代社会においては、ソーシャル・キャピタルへの関心に加えて、あらためてコミュニティや地域、「場所」に対する期待が高まっている。イーフー・トゥアン（1993）やエドワード・レルフ（1999）がいうように、私たちにとってなじみ深く、思い入れの強い空間が「場所」であり、私たちのアイデンティティは「生きられた空間」である場所の記憶と深く結びついている。それは、桑子敏雄のいう「空間の履歴」という概念とも重なり合う。「空間の履歴の共有こそが同郷意識をもたらし、その意識を心地よいものにする」(桑子 2001：67)。

とはいえ「場所」を実体視・絶対視してしまうと、閉鎖的で息苦しい議論に陥りかねない。ドリーン・マッシーは、場所を「境界線のある領域としてではなく、社会的諸関係と理解のネットワークにおいて接合された契機として想像」する「進歩的な場所感覚」を提案する(マッシー 2002：41)。吉原直樹は、日本の地縁社会は本来「皆が何らかの意味で当事者であり、他者との伸縮自在な入れ子(もしくは入り会い)状態を介してさまざまな役割をシェアし、一定の自制を伴う自生的ルールを作り出す自存的共同体(コモンズの空間)」だったとみる(吉原 2004：93)。ここでイメージされているような「伸縮自在の縁」として場所、地域コミュニティを捉え返すことができれば、閉鎖性や排他性を回避しつつ、過度の個人化に対する対抗軸を構想することもできるだろう。

4. 本書の課題と構成

本書の課題

ここまで災害と広域避難をめぐる研究動向について概観してきた。それをふまえて、以下で本書が取り組む課題を提示しておきたい。

原発避難を取り巻く状況は、2017年の春を迎えた現在、大きな変化の渦中にある。前述したように、2017年3月で、自主避難者の避難生活を支えてきた借り上げ仮設住宅の提供が終了した。避難指示解除準備区域・居住制限区域の避難指示解除も順次進められてきたが、浪江町や富岡町などでも解除され、帰還困難区域以外の避難指示は原則として解除されることになった。避難指示の解除に伴って、住宅支援も賠償も順次終了していく。福島県外への避難者は、福島への帰還か避難先への移住かの早急な二者択一を迫られている。

社会科学系の研究者は、原発事故後の比較的早い段階から、故郷に「戻りたいけど戻れない」避難者の姿を描き出してきた。事故を起こした原発自体の状態が不安定であることや放射能汚染の特性ゆえに、早期帰還と現地復旧は困難であると考えられた。それは日本学術会議による「超長期的避難」という「第三の道」の提言、それを支える「二重の住民登録」といった制度の提案に結実している（日本学術会議社会学委員会 東日本大震災の被害構造と日本社会の再建の道を探る分科会 2014）。しかし現実の政策においては、原発事故と避難の終了に向けた動きが急速に進んできた。

こうした現実を前にして、本書ではあらためて広域避難者の生活と思いを記録し、伝えたいと考えている。とりわけ、避難者の不安や迷い、気持ちの「ゆれ」「割り切れなさ」といった心情に着目したい。避難者は、被災と避難の過程で多くのものを奪われてきた。そこで何がどう奪われたのかについて、避難者の声に耳を傾けることなしに、避難者の再生を考えることはできないだろう。そしていうまでもなく、被災者・避難者の再生がなければ被災地の再生もありえない。避難者の喪失と再生について考えることは、「第三の道」や「二重の住民登録」がなぜ必要なのか、その根拠を指し示すものとなるだろう。

その際には、「地域」あるいは「コミュニティ」に着目することが重要である。本書が対象とする原発避難者の多くは、ともに住まうことに根ざした、地域のなじみの人間関係の中で暮らしを成り立たせてきた。今回の避難は、蓄積されてきた人間関係やなじみの「場所」から、突然人びとを切り離したのである。このことの意味をよく考える必要がある。なじみの関係と「根っこ」を失ったことが、避難者の不安や迷いの根源にあるのかもしれない。したがって、地域やコミュニティを何らかの形で再構築することは、避難者の生活再生を形づくる重要な要素となる可能性をもつ。

ただその一方で、地域やコミュニティの一面的な強調は、被災者・避難者の「分断」を招きかねない。「帰ってくる人間だけが住民」と決めつけてしまうと、避難や待避を継続しながら故郷と関係を持ち続けることはできなくなる。「移住者」として避難先でバラバラになってしまうことは、原発事故の被害を埋もれさせ、不可視にしてしまう危険がある。さらに、避難元の早期復興を掲げることにより、帰還を断念する住民が増える可能性もある。実際にこれまで避難指示を解除してきた自治体では、住民の帰還が思い通りには進んでいない。早期帰還による復興という政策は、むしろ地域の実態を変え、復興を遠ざけてしまっているようにみえる。

復興すべき地域とは何か、そもそも復興とはどういうことなのかが問われなければならない。自治体は住民の生活再編にとって重要な役割を果たすはずだが、手順を誤ると自治体を守ることと住民を守ることが対立してしまうこともありうる。「被災者にとっての復興とは何か」ということを、あらためて考えていく必要があるだろう。この問いを念頭においたときに、地域やコミュニティをどう位置づけるか、どう構想されるべきなのかを考えることが、きわめて重要だと考えられる。「被災者にとっての復興」と地域やコミュニティの役割を相互に不可分のものとして捉え直すことが、本書の中心的な課題となる。

本書で事例として取り上げるのは、新潟県への広域避難である[6]。新潟県は、福島県の西隣に位置しており、事故直後から多くの避難者が殺到した。また前述のように、近年、中越地震や中越沖地震などの自然災害に見舞われ、災害からの復旧・復興、被災者・被災コミュニティ支援の経験を蓄積してきた。これまで新潟県において、住民や行政は復興にどう取り組んできたのか、そのプロセスから何を学んできたのか。こうした災害経験や支援の文化は、原発避難者の受け入れにどう活かされたのか。本書においては、災害経験の蓄積と継承がテーマの一つとなる。それは、今回の広域避難者受け入れの経験が、次の災害にどう活かされるのかを問うことにもつながる。

とはいえ、新潟県が経験してきた自然災害と今回の原子力災害では、本質的に異なる面も多い。とりわけ避難の広域性と地域の復興・再生にきわめて長い時間を要する点が、これまで経験してきた自然災害とは大きく異なっている。新潟県の行政や住民は、文字通り手探りで避難者への支援を続けてきた。本書ではそのプロセスを記録するとともに、新たに浮かび上がってきた支援の課題についても取り上げたい。

避難が長期化する中で、新潟で暮らす避難者の生活のありようや社会関係、故郷への思い、将来展望などはさまざまに変化してきた。避難指示区域からの強制避難か区域外からの自主避難かによる、生活環境や意識の違いも大きい。本書のもとになった調査では、何人かの避難者に、時間をおいて繰り返し話を聞いてきた。避難者の生活や意識はどう変化してきたのか、今回の避難によって何を奪われたのか、そして生活の再生に必要なものは何か。こうした諸側面を、避難者それぞれの個別性にそくして跡づけてきた。そこから「避難者にとっての復興」の手がかりを得たいと考えたからである。この部分が、本書の論述の中心となる。

原発事故から6年が経過し、避難の終了に向けた施策が進むなかで、避難者がおかれた状況や思いは周囲に理解されないまま忘れ去られようとしている。多くの避難者にとって、原発事故と避難が「終わったこと」「なかったこと」にされるのは、耐えがたいことであろう。現に存在する被害に蓋をすることは、被災者・避難者の尊厳を脅かすのみならず、次の世代に対しても禍根を残す結果になる。今後も巨大災害の到来が予測されるなかで、今回の原発避難を繰り返し検証・反省し、現在の被害を明らかにして回復への途を探ること、そして将来に向けて経験と記憶を蓄積することが必要である。本書も、その一端を担うことを目指している。

本書の構成

本書の第1部は、新潟県における原発避難の経過と避難者支援の特徴を示す各章からなる。まず第1章「原発避難と新潟県――「支援の文化」の蓄積と継承」では、近年の地震災害への対応から生まれた「支援の文化」の特徴を明らかにし、それが新潟県への原発避難者の受け入れにどのように活かされたのかを県レベル・自治体レベルで跡づける。

原発避難者を数多く受け入れてきた自治体のうち、東京電力の原発が立地する新潟県柏崎市は、福島県浜通りに設定された避難指示区域からの強制避難者の割合がきわめて高い。第2章「柏崎市の広域避難者支援と「あまやどり」の5年間」では、柏崎市の行政を中心とした広域避難者支援を取り上げる。避難者交流施設「あまやどり」の職員を主な対象として継続的におこなってきた聞き取りをもとに5年間の経過を跡づける。第3章「「仲間」としての広域避難者支援――柏崎市・サロン「むげん」の5年間」では、民間の一人の女性が主催するユニークな支援の「場」に焦点をあてて、支援の形とその変化について5年間の経過を時系列的にたどる。

第2部は、新潟県で暮らす原発避難者への継続的な聞き取りをもとに、その生活と思いの変化を記録した各章からなる。第4章「「宙づり」の持続――新潟県への強制避難」では、避難指示区域である大熊町・富岡町から柏崎市に避難している5名、および南相馬市小高区・楢葉町から新潟市に避難している2名への聞き取りをもとに、避難の様子や避難生活の経過、その時々の思いなどを跡づける。表面的な安定とは裏腹に、「宙づり」の感覚が深まっていることを描き出す。

県内最多の避難者を受け入れる新潟市は、柏崎市とは対照的に自主避難者の割合が高い。第5章「「避難の権利」を求めて――新潟県への自主避難」では、福島市から新潟市に避難した区域外からの自主避難者3名を対象とした聞き取りにもとづいて、避難生活のありようとそれぞれの対象者が抱える困難を描き出す。二重生活による経済的な苦しさや避難元の家族・近隣との関係の難しさ、存在が認められないことへの不安などが描かれる。

第6章「避難者と故郷をゆるやかにつなぐ――「福浦こども応援団」の試み」では、南相馬市小高区から新潟市に避難している一人の女性に焦点をあてる。彼女の活動は、①全国各地に避難している地元小学生（保護者）への通信の送付、②避難元の自治協議会等への参加、③避難先（新潟市）の地域防災活動への参加、など多方面にわたる。こうした活動のなかに、長期的な復興と再生へのヒントを探る。

補論「「広域避難調査と「個別性」の問題」では、以上の各章のもとになった調査の過程で浮かび上がってきた、方法的・現実的な「難しさ」について考察する。被災者像・避難者像の一面化や固定化という問題と、それをどう回避して避難者の「個別性」を描き出すことができるのかという課題である。

第3部「場所と記憶――「再生」への手がかりを求めて」は、中越地震被災地の復興・再生の事例と原発避難の問題を対象として、「再生」へのヒントを探った各章からなる。第7章「災害からの集落の再生と変容――新潟県山古志地域の事例」は、新潟県中越地震で壊滅的な被害を受けた長岡市山古志地域を対象地として、災害を契機とした集落の変容を描き出す。地域的なつながりが、ゆるやかに重層的に広がっている姿は、長期的な再生過程を歩む原発被災地への示唆ともなりうる。

第8章「「場所」をめぐる感情とつながり――災害による喪失と再生を手がかりとして」では、空間論・場所論を参照しつつ、災害によって危機に瀕した地点からコミュニティについて考察する。中越地震で被災した山古志地域と原発事故による広域避難を事例として取り上げ、風通しのよい関係づくりと長期的な時間展望の必要性を提起する。

第9章「災害からの復興と「感情」のゆくえ――原発避難の事例を手がかりに」では、「感情」の社会性に着目しながら原発避難の問題にアプローチする。原発避難を取り巻く感情の諸相――避難者間の感情のもつれ、迷いと割り切れなさ、周囲の無理解・無関心――をふまえて、避難者の状況を「回復」するための試みについて論じる。

終章「「復興」と「地域」の問い直し」では、本書の全体をふりかえった上で課題と展望を示す。とくに、「被災者にとっての復興」には何が必要なのか、そのためには「地域」はどのように考えられるべきなのか、という2点について考察し、結論としたい。

注

1　富岡町の総務課課長補佐は、当時の状況を次のように証言している。「災害対策本部を置いた『学びの森』には大きなテレビがあって、それを非常用発電機で動かしている。それが唯一の情報源で、国や県からは全然連絡もない。富岡町の住民や役場は遮断されていました」(今井ほか編 2016：19)。

2　南相馬市の状況については、本書第6章も参照。

3　すでに避難指示が解除された区域(田村市都路地区、川内村、楢葉町、葛尾村、南相馬市)の帰還者数は、2017年1月末〜2月初めの時点で、住民登録者数19,429人中2,622人で帰還率は13.5%にとどまる(「新潟日報」2017年3月11日付)。

4　年齢・性別でみると、柏崎市は働き盛りの男性(多くは原発関連の労働者)とその家族が多く、新潟市は12歳以下の子どもを連れた母子避難者が多い構成となっている(松井 2013a：63)。

5　「『避難生活の状況に関する調査』結果について」(平成28年3月7日 県民生活・環境部 震災復興支援課、http://www.pref.niigata.lg.jp/shinsaifukkoushien/1356780023150.html)。なお、2011年7月から2015年3月にかけて公表された5回のアンケート結果については、髙橋若菜による分析を参照(髙橋編 2016：180-200)。

6　なお、本書の記述の前提となる原発避難に直接かかわる調査は、2011年5月から

2016年11月にかけて実施した。対象者は、福島県から新潟県への避難者41名(59回)、新潟県内の民間・行政で避難者の支援にかかわった人35名(47回)である。中越地震・中越沖地震の被災地で2005年から継続してきた調査結果についても、随時取り入れている。

第1部
広域避難の経過と支援の特徴

第1章　原発避難と新潟県
——「支援の文化」の蓄積と継承

2011年3月11日の東日本大震災から5年半が経過した。多くの被災者はいまだに不自由な避難生活を余儀なくされ、とりわけ主に福島第一原発事故による福島県の避難者は、依然として県内外で8万5千人あまりにのぼっている（2016年9月時点）。福島県の隣に位置する新潟県には、原発事故直後から多くの被災者が避難してきた。新潟県は近年、中越地震（2004年）、中越沖地震（2007年）など、相次いで自然災害に見舞われており、災害対応のノウハウや人的ネットワークが成熟しつつある。今回の新潟県における原発避難（とくに初期避難）の受け入れを対象として、そこに過去の災害経験にもとづいて蓄積された「支援の文化」がどう活かされたのか（そして経験を超える局面はどこだったのか）を明らかにすることが、本章の課題である。とくに支援への構えや思想、その基盤となる関係や制度など、広い意味での「支援の文化」に着目しながら、新潟県における初期の広域避難者支援のあり方について振り返っておきたい。

以下ではまず、新潟県が近年経験した2つの地震災害への対応から生まれた「支援の文化」について述べる（第1節）。ついで、県レベルでの原発避難者受け入れの経過をたどり、蓄積されてきた「支援の文化」がどのように活かされてきたのかを探る（第2節）。さらに、近年の自然災害で大きな被害を受けた新潟県内の自治体——長岡市・小千谷市・三条市——における避難者受け入れの様子から「支援の文化」の継承について検討する（第3節）。最後に以上を受けて、新潟県に蓄積されてきた「支援の文化」の核心をまとめた上で、今回の原発避難という事態の特異性について述べておきたい（第4節）[1]。

1. 近年の災害経験と「支援の文化」

1-1　新潟県中越地震の経験

住民のエンパワーメント

2004年10月に新潟県中越地方を最大震度7の激しい揺れが襲った。この中越地震による新潟県内の死者は関連死も含めて68人、負傷者は約4,800人で、およそ12万棟の住宅が被害を受けた。余震が繰り返し起こりライフラインが途絶する中、ピーク時には避難者が10万人を超えた。中山間地を中心に土砂崩れや地滑りによって道路が寸断され、孤立集落が多数発生した。震源に近い旧山古志村では、全村民がヘリコプターによって避難する事態となった。河道閉塞や宅地の崩落などの被害も加わり、避難指示が長期化した。

地震の後、深刻な被害を受けた集落をどう再生していくかが課題となった。以前から少子高齢化と人口減少が進行していたこれらの地域では、中越地震が大きな打撃となって、「復興」への道筋が見出せない事例も数多く現れたのである。若い世代が集落を離れ、祭りや年中行事の維持も難しくなった集落の住民を、どのように支えていけばよいのか。避難所・仮設住宅のボランティアから始まった民間の中間支援組織である中越復興市民会議が直面したのは、こうした問題だった。

そこで、中越復興市民会議が取り組んだのは住民のエンパワーメントだった。土地に根ざした集落の文化や歴史、生業の「豊かさ」を掘り起こし、住民のアイデンティティと誇りを回復することが重視された。毎日の暮らしの中に編み込まれているこうした豊かさに、たいていの場合、多くの住民は無自覚である。ボランティアなど「外部のまなざし」を取り入れることによって、何気ない日常の営みがもつ価値を意識することができる。具体的には、被災地のコミュニティ機能の維持・再生や地域復興を目的として配置された地域復興支援員の果たした役割が重要である。当事者の言葉を借りれば、支援員という職名とは正反対の「支援される人」というのがその役割の本質である（髙橋編 2016：149）[2]。たとえば、農山村で生活した経験をもたない都会育ちの若者にできる「支援」は限られている。むしろ住民から、集落で生活するための知識や知恵を授けてもらわなければ、活動もおぼつかない。こうした「何も知らない」若者を助けることが、住民の元気と自立を引き出すというのである。

たがいに支えあう関係

被災した住民に、一律の被災者役割を付与しておこなわれる一方向的な支援は、衰退しつつある地域の復興に結びつかない。「支援する／される」が相互に入れ替わるような双方向的な関係のもとで、被災者の多彩な「顔」――山菜採りや狩猟の名人だったり、太鼓の名手だったり――を引き出すような支援こそが、住民の自立を励まし、地域の再生に結びついていく。たとえば、中越復興市民会議がサポートした長岡市の女性グループの活動が示唆的である。このグループでは、被災した山古志のお母さんたちから郷土料理を教えてもらう企画に取り組んだ。転勤族の多いメンバーの中に、長岡の郷土料理を習いたいという声もあり、復興支援活動の一環としてその講師を山古志の女性たちに依頼したのである。その反省会で、山古志のお母さんたちから次のような言葉が語られた。「震災の後、ボランティアにたくさん来てもらって、あれこれやってもらうばかりだった。でもこうやって自分たちが当たり前につくっていた『ちまき』づくりを教えてこんなに喜ばれて、ああまだ生きてても大丈夫かなって思った。まだやれることもあるんだなって」(松井 2011：77)。相手から学び、結果的に相手の力を引き出すこと、そうやってたがいに支えあう関係を築くことが本当の支援につながる、ということであろう。

こうした支援が有効に機能するためには、「自立」を支えるための公的な制度や仕組みを整えることが不可欠である。中越地震被災地の復興に寄与した仕組みは、「底辺ガバナンス」と呼ばれている(髙橋編 2016：135)。それは、住民の声を行政がきちんと吸い上げて、施策に活かしていくための回路が整備されている状態をさす。最小の自治組織である集落の運営を住民が主体的に担い、それを基礎自治体である市町村が支え、さらにそれを県そして国が支えるというガバナンスのあり方である。

こうした回路を機能させるために効果的だったのが、「復興基金」の制度だった[3]。復興基金事業は、行政が一律に事業内容を決めて適用していくのではなく、ボトムアップによってメニューを作り替え、地域の状況に応じた柔軟な使用を可能にした。事業の実施を通じて、地域の主体性を引き出す支援が可能になったといえる。前述した地域復興支援員の設置もこの復興基金によるものだった。支援員の業務は細かく特定されておらず、担当する地区・集落の実情に応じて、つまり住民の声をくみ取って支援していくことが求められている。

被災住民のエンパワーメントという思想（向き合い方）とそれを支える仕組みが相まって、中越地震被災地の復興を推し進めてきた。とりわけ深刻な被害を受けた中山間地においては、暮らしの場である集落の再生と個人の復興が不可分に結びついていることが特徴である。集落（コミュニティ）をベースとして住民の主体性を引き出し自治に結びつける仕組み（制度）が、その際に重要な鍵を握っていた。

1-2　新潟県中越沖地震の経験

届ける支援

中越地震の発生から3年も経たない2007年7月に、新潟県は再び激しい地震に襲われた。柏崎市を中心とする地域に大きな被害をもたらした新潟県中越沖地震である。最大震度は6強で、死者は関連死を含めて15人、負傷者は2,300人あまりだった。4万棟を超える住宅が被害を受けて、およそ11,000人が避難を余儀なくされた。柏崎市と刈羽村との境に立地する東京電力柏崎刈羽原子力発電所3号機の変圧器から火災が発生し、全機が稼働を停止する事態になった。柏崎市では、地震発生直後に災害対策本部を設置し、同年の9月からは復興支援と総合調整をおこなう復興支援室が設置された。

柏崎市による被災者支援の大きな特徴は、被災者の抱える課題やニーズを徹底的に把握し、それにもとづいて被災者の生活再建をきめ細かく支援していく取り組みにあった。その上で、2年以内に住まいの再建を達成して仮設住宅を解消するという明確な目標が設定された。市の復興支援室職員と保健師、社会福祉協議会の生活支援相談員、さらには市の部課長も加わって被災世帯の戸別訪問がなされた。繰り返し巡回して適切な支援制度を紹介するとともに定期的にアンケートの配布・回収もおこない、そのつどの被災者のニーズをくみ上げていった。

こうして得られた情報を集積し、関係者間で共有するために作成されたのが「被災者台帳システム」である。「罹災証明台帳」「生活再建相談台帳」「応急仮設住宅管理台帳」を結びつけた一元的な仕組みの構築により、市役所の中を縦割りにせずに、各部署間で適切に情報を共有することが可能になった。この台帳にもとづいて、さらに世帯ごとの個別の生活再建支援プランが作成された。被災者支援に関する諸制度は、かなり複雑であり、当面の生活の立て直しに追われる被災者自身にとって分かりにくい部分も多い。そこで柏崎市では、被災者からの申請を待つ支援ではなく、こちらから「届ける支援」をめざした。その結果、被災者生活再建支援金への申請率は、罹災世帯のほぼ100％になったという（髙橋編 2016：37-38）。

また、被災者それぞれに異なる事情に配慮しながら、ファイナンシャルプランナーや支援制度の紹介、医療関係者や福祉関係者との協働などがなされていった。被災者の経済状況や健康状態にとどまらず、家族関係にまで配慮が及んでいる。こうした個別の支援プランの作成・更新をていねいにおこない、被災者の生活再建を支えた上で、仮設住宅の解消がはかられた。期限が来たから一律に住宅支援を打ち切るというのではなく、支援のゴールを意識しつつ個別に生活のための条件を整え、自立をうながしていく施策がとられたのである。

コミュニティレベルの仕組み

2007年10月には、中越地震時の経験をふまえ、「新潟県中越沖地震復興基金」が設立された。それにより、行政が実施する取り組みを補完する柔軟できめ細かい支援が可能になった。住宅再建支援や生活支援、地域コミュニティ再建などについて、被災者のニーズにもとづいたメニューがつくられ、実施されていった。中越地震の際には、前述した「中越復興市民会議」が、復興基金のメニューをうまく使いながら、行政ではなかなか難しかった個々の集落の思いやニーズに合わせた支援を柔軟におこなってきた。柏崎でも地震の翌2008年5月に、中越復興市民会議をモデルとした中間支援組織として「中越沖復興支援ネットワーク」が設立された。復興基金を活用して地域に復興の動きをつくり出す受け皿としての役割が期待されたのである。実際に地域の委託を受けて、基金による「地域復興デザイン策定事業」に住民とともに取り組んでいった（松井 2011：174-177）。

地域コミュニティのレベルでも、経験をふまえた災害対応の仕組みが強化・整備されてきた。たとえば柏崎市北条地区では、すでに中越地震で大きな被害と混乱を経験していたが、その反省をふまえて自主防災組織の設立や要援護者名簿の整備など防災体制の見直しをはかっていた。それが中越沖地震への対応に活かされ、安否確認や情報共有などがスムーズに進められた。また日ごろから熱心な地域活動に取り組んできた比角地区では、緊急アンケートの実施やボランティア・コーディネートなどの対応を独自におこなった。地域住民組織などが中心となって「顔の見える関係」を築いてきたコミュニティが、震災に適切に対応し、その成果を活かして地域の再評価が進むといった好循環がみられた（松井 2011：94-99、142-165）。

中越地震と中越沖地震では、被災地の地域特性や地震が起こった季節など異なる点も多かったが、中越の経験やネットワークを活かして中越沖の支援が展開された。またそこに、被災者世帯の訪問によるニーズ把握や被災者台帳システム、個別の支援プランの作成など被災者生活再建支援のノウハウが新たに加えられていった。こうした支援の仕組みと文化の蓄積が、次の東日本大震災と原発事故による広域避難者支援に活かされていくことになる。

2. 原発避難と新潟県の支援体制

2-1　原発事故と初期の避難者対応

柔軟な判断

2011年3月11日の東日本大震災による揺れと津波の被害を受けた福島第一原発は、核燃料を冷却するための電源を喪失し、炉心溶融を起こした。やがて水素爆発により原子炉建屋が吹き飛び、放射性物質が長期間外部に流出する事態にいたった。爆発事故をうけて12日には、政府の避難指示が第一原発の半径10キロ圏から20キロ圏に拡大された。この範囲に住む人を中心に、福島県の隣に位置する新潟県にも多くの住民が避難してきた。

新潟県では、スクリーニングなど避難者受け入れの準備を進めるとともに、両県を結ぶ主要国道沿いに相談所を設けた。県内市町村に受け入れ可能施設と可能人数を照会した上で、避難者の案内を試みたのである。しかし「受け入れ調整のいとまがない中で、大量の避難者が発生」したため、混乱をきたすことになった（髙橋編 2016：45）[4]。避難の期間も行き先も知らされないまま、文字通り「着の身着のまま」でバスに乗り込んだ人びとが次々と到着したからである。避難者は出身地域も、場合によっては家族もバラバラになっており、情報も不足する中、とりあえず順次各市町村に振り分けるしかなかった。

急増する広域避難者を支援するために、新潟県は3月18日に避難者支援局を設置した。支援局には、災害対応経験の豊富な〈腕に覚えのある〉メンバーが集められた。彼らはまず、市町村に照会して避難者名簿の作成に着手したが、避難者の移動が激しく作業は難航した。同時に「支援局だより」の発行や説明会などにより、避難者への情報提供に努めた。当初福島県からは、支援対象とする避難者の範囲を、避難指示と屋内避難指示が出ている原発30キロ圏内居住者などに限定する方針が示された。だが新潟県としては、この方針を受け入れるわけにはいかなかった。「まだ、原発の状況自体が刻々と変化していてどうなるかわからないし、見通しもわからない。そうした状況の中で、不安で避難してきた方々を追い返すなんて無理だろうということなんです。だから新潟県としては来た人は全部受け入れ」ることにしたのである（髙橋編 2016：58）。

また避難者の支援に要する費用は、基本的には災害救助法の枠組みにしたがって措置されることになる。たとえば避難所の運営に必要な費用には基準が定められているが、あまりにも少額のためそのまま適用することはできなかった。したがって特別な基準をつくるしかないが、そのためには関係者の協議が必要になる。「でも、今すぐ食事提供しなきゃいけない、決まってからじゃ遅れちゃう、だから、もう見切りでやるしかないんです。もういいよ、後から決めてもらうから、やっちゃえって」（髙橋編 2016：61-62）。規則に杓子定規に縛られるのではなく、目の前の避難者をみながら現場で柔軟な判断を下していったところに、経験に裏打ちされた力量の高さが感じられる。

意向調査の実施

3月の時点で、避難者は新潟県内のすべての市町村に分散しており、県と市町村との連絡体制を整備することが必要になった。3月中に新潟県は県内市町村を対象とした説明会をおこない、「被災者受け入れに関する協定」を締結した。避難者支援に要する費用負担の問題や今後の見通しなどについての意見交換を随時おこなっている。こうした連携のもとで、避難者の情報をリアルタイムで集約してデータを整備していったことが、その後の支援に結びついていった。

避難者支援局では、4月に入ると、広域避難者を対象とした意向調査を実施した。体育館などの一次避難所を解消して、より住環境の整った二次避難所に移動することを目的とした調査である。福島県が用意した元のアンケート票には、自主避難を含まないという線引きがあったが、新潟県では自主避難を含む独自のバージョンをつくった。「すでに避難を受け入れている方々を区別する理由は何もないですからね。そもそも原発事故は収束していなくて、今後どう推移するかもわからない。その中で、不安を感じて避難してきているのに、追い返すって、無理でしょうということです」(髙橋編 2016：73)。

それにとどまらず、支援局の全員が避難所をまわって、避難者の「帰りたいという思いの強さ」や「見通しに対する考え」を直接聞いている。メンバー全員に避難所を割り振って、ローラー作戦で話を聞いていった。アンケートに記入する形の調査では、どうしても限定された選択肢から選んでもらうことになるため、その背後にある多様な考えをつかみ損ね、一面化する恐れがある。自由記述の欄を設けても、なかなか記入してもらえない。「みんな、むしろ現場に出たがっていました。本当に、話を聞きたいと、みんな思ってましたね」(髙橋編 2016：78)。現場に出て「生の声」を聞かなければ何も始まらないという強い思いが、災害経験を積んだ支援局のメンバーに共有されていたことが分かる。被災者に直接向き合い、そのニーズから支援を組み立てていく、という〈構え〉の継承である。

2-2　避難者支援体制の構築と支援コンセプト

ビッグブッダハンド

震災から2ヶ月後に、新潟県は被災者支援局を広域支援対策課に再編した。広域支援対策課は、避難児童・生徒の就学支援や避難者の継続的な意向調査、体育館などの一次避難所から旅館や公営住宅を活用した二次避難所への移動、さらには民間借り上げ仮設住宅制度を活用した二次避難所の解消などの業務に取り組んでいく[5]。借り上げ仮設住宅制度は、山形県に次いで新潟県が2番目に導入したものだが、当初は県内避難者の移動を想定していた。しかし、子どもの健康を心配した母子避難者を中心に、新たに避難してくる人が続き、借り上げ仮設住宅への申し込みが止まらなかった。2011年12月には、福島県から新たな受け付けを終了してほしいという要請がきたが、新潟県では避難希望者が多い現状を福島県に伝え、制度を継続するか別の支援策を考えるかを求めた。その結果、福島県は要請を撤回し、翌2012年の末まで借り上げ仮設住宅の入居募集を継続することになる。この制度が、とりわけ自主避難者にとっては命綱となった。

「なかには、週末だけ避難したいとか、夏休みだけとかいわれる方もありました。これほんとうに避難て言えるのかなと悩むケースも結構ありましたね。でも、明らかに違うなというもの以外は一応受け付けしました。ビッグブッダハンド（大きな仏の手）って言って合い言葉にしていましたね。仏様が困っている人を助けるために大きな手ですくい上げれば、ほんとうに助けたい人に混じってそうでない人もすくい上げるかもしれないけれど、だからといって小さな手だと、なかなか助けることができないということなんです」（髙橋編2016：91）。

プレハブによる通常の仮設住宅と比べて、借り上げ仮設住宅の場合は民間のアパートなどに居住することになるため、避難者が市中に分散して支援や情報が届きにくくなる。これまでの震災経験をふまえて、一次避難所・二次避難所では避難者同士のつながり、コミュニティの確保に腐心してきた。しかし、借り上げ仮設住宅に分散してしまうと、様子も分かりにくくなるし、情報も伝わりにくい。「このようなことを防止するために始めたのが見守り相談員の配置でした。これには前例があって、中越地震や中越沖地震の時に、被災者同士や被災者と行政のつなぎ役として生活支援相談員というのを配置したんです。その経験を活かすことになりました」(髙橋編 2016：99)。具体的には、市町村や社会福祉協議会が国の緊急雇用対策事業を活用して避難者を「見守り相談員」として雇用し、避難者の支援にあたった。それとともに、避難者が気軽に集まれる場所として避難者交流施設の設置も進めた。

福島県内に家族を残して新潟に避難している避難者も多い。とくに二重生活を強いられている母子避難者を中心に、新潟と福島を往復する交通費は大きな負担となっていた。2012 年 3 月で、国による高速道路料金無料化措置が打ち切られることが決まったが、新潟県ではその代替措置として、高速バス料金の支援および高速道路料金の支援を県単独の事業として開始している。同時に国による支援の再開を要望するとともに、国の措置が及ばない避難世帯については、その後も県独自の支援を継続している。

福島県内の避難所支援

また、震災直後から新潟県内の防災関係者が被災地に出向いて、経験にもとづいた支援を実施してきた。およそ 2,000 人の避難者が暮らしていた福島県郡山市の「ビッグパレットふくしま」もその一つである。ほとんどの人びとが、突然の避難指示により、まったく着の身着のままの避難を強いられていた。故郷を離れた人びとがコミュニティもバラバラになり、しかも複数の市町村からの避難者が混在するという、これまでの災害避難では考えられないような事態が生じていたのである。中越地震を体験した新潟県からの支援者は、福島県と連携しながら、混沌とした状況にあった避難所を立て直していった。避難所の秩序を回復していく際には、中越地震以来の避難所運営のノウハウが活かされることになる。保健師による「健康調査」にもとづいて避難所のマップをつくったり、避難者の移動やフロアごとに自治会をつくるといった取り組みがなされた。

ある朝、「草取りをするので参加したい人は集まってください」という放送をしたところ、予想を超える 300 人以上が集まって働いた。それまでは、「みんな下向いたりケンカしたりしてますから、草取りなんて気分じゃねえだろうなあと、思っていたわけです」。この「草取り」をきっかけとして、避難所の雰囲気が大きく変わったという。「避難所がぐるっと回転しはじめて、自主的なサロンができたりだとか、自治会をつくって掃除したりだとか、いろいろなことが起きました」（髙橋編 2016：117-118）。避難者の〈力を引き出す〉向き合い方が中越地震の経験から継承されており、それが活かされたということを、このエピソードは示している。

3. 市町村の避難者受け入れにみる「支援の文化」

新潟県内の各市町村は予想外の事態に戸惑い、不安を抱えながらも、目の前にいる避難者に対しては、それぞれが最大限の支援をおこなってきた（松井 2011：184-229）。本節ではその中から、いずれも近年の 7・13 水害、中越地震、中越沖地震で大きな被害を受けた長岡市、小千谷市、三条市の対応事例を取り上げ、避難者支援の具体的な取り組みと、その過程に垣間みえる「支援の文化」の成熟を探る [6]。

3-1　長岡市の避難者受け入れ

避難所の準備と受け入れ

長岡市は、2004 年の 7・13 水害と中越地震で大きな被害を受けた。市ではこれらの被災と災害対応の体験を検証し、それをふまえて地域防災計画の見直しと各種災害対応マニュアルの作成にも取り組んできた。また 2010 年 7 月には、「災害発生時において、長岡市や社協、それに NPO などの団体がどのように連携しながら被災地支援を行うかを検討する被災時対応検討会」が発足し、さっそく翌年 1 月の豪雪時に「長岡市雪害ボランティアセンター」を社協と検討会の協働で開設・運営した。こうした蓄積により、今回の東日本大震災についてもすばやい対応が可能になったといえる。

2011 年 3 月 16 日には、14,000 人の避難者を受け入れる方針を決め、市長が発表した。その日のうちに 4 ヶ所の避難所を開設し、夜までに 38 名の避

体育館の避難所（長岡市）

難者を迎えている。19日には、南相馬市から539人がバスで集団避難してきた。新たに市内の2つの体育館を避難所として開設し、バスで到着した人びとを受け入れた。長岡市は、7ヶ所の一般避難所、5ヶ所の福祉避難所を開設し、最大で1,000人近い避難者を受け入れることになる。

市内の北部体育館に開設した避難所では、フロアに通路を設けて6つのブロックに区切った。寒くないようにまず発泡スチロールの薄い板を敷いて、その上にござを敷いた。また、テレビやお茶を飲むためのポット、情報収集用のパソコン、アルコール消毒液、掲示板、さらには爪切りや筆記用具など細々とした日用品も用意した。また段ボール製の着替え・授乳用スペースも設置した。そして貸し布団を借り、食事の手配もして、避難者の到着を待ち受けた。中越地震時の避難所運営の経験が十分に活かされていたのである。

19日に271人が大型バス8台で北部体育館に到着したが、バスから降りてきた人びとは、集落単位どころか、たがいに見知らぬ人の集まりという感じだった。1市2町の合併により誕生した南相馬市は、市域も広く、地震や津波の被害、原発との距離も多様だった。これまでに3ヶ所の避難所を転々としてきた人もいれば、直前まで自宅で屋内退避していた人もいた。そうした、事情の異なる人びとが行き先も告げられず、混乱状態の中、バスに乗り込んだのである。

避難所での「自治」と支援

避難者には、用意してあった6つのブロックに分かれて体育館に入ってもらった。担当の職員だけでは十分に目配りすることが難しそうだったので、この6つのブロックを使って班組織をつくることにした。「がまん強くて、本当に困ったこともなかなか言わない人も多いですから、おたがい気配りをする人を4、5人ぐらい出してほしいと呼びかけた」(松井 2011：190)。その際に、かならず女性も入れて欲しいと依頼した。男性ばかりになると、抜け落ちてしまうことが出てくると思ったからである。そのうち1人を班長、残りを副班長とした。

ほぼ毎日班長会議をおこなって、避難所の運営にかかわってもらった。たとえば館内のシャワーの利用時間についても、班長会議でルールを決めた。「夜でもシャワーを使いたいという話が出ましたが、夜にシャワーの音がするとうるさくて寝られないというような、対立する問題もあった。そこは班長会議で、時間を延長するけども、夜寝る方もいらっしゃるので何時までと決めようと。そういった自主的なルールができていったと聞いています」。班長が班の中で意見集約をして班長会議に臨み、会議で決まったことについては、班のメンバーにていねいに説明していった。「班長会議で話した内容を、各班に戻って各班の島の人たちに車座になってもらって伝えてましたから、やっぱり絆は生まれてたと思います。市の職員がやったんじゃ、深いところは無理だったと思う」(松井 2011：192)。

企業関係の支援としては、市内のスーパー銭湯から無料提供の申し出があった。また、避難所で喜ばれた段ボール製の組み立て式授乳室は、市内のメーカーが中越地震の経験をふまえて開発したものだった。クリーニング店は無料クリーニングを受け付け、そのほかマッサージ店や理容・美容組合、学習塾、ケーキ屋、レストランなどが、それぞれ職業に関連した活動に取り組んだ。避難所での炊き出しボランティアは、5月下旬までにのべ203団体が2万8千食あまりを提供した。一般の市民からも、義援金や物資の提供のみでなく、ボランティアの希望が数多く寄せられた。早い段階から、「中越地震の恩返しをしたい」「何かお手伝いできないか」といった問い合わせが殺到した。災害支援ボランティアセンターに登録した市民は1,600人を超え、なかなか順番が回らないほどだった。中越地震の経験は、ボランティアなどによる避難所での支援にも生かされたのである。

3-2　小千谷市の避難者受け入れ

「民泊」の実施

小千谷市は、2004年の中越地震でもっとも被害の大きかった自治体である。死者数は19名で、合併前の市町村単位でみると最多である。市内のほぼすべての住宅が何らかの被害を受け、市民の4分の3ほどが避難生活を送った。地震から7年近くが経過し、その傷もだいぶ癒えてきたが、地震の際に全国から受けた支援のありがたさは、小千谷の人びとの心に深く刻みつけられていた。今回の東日本大震災に対しては、このときの支援に対するお返しという意味もこめて、すばやい対応がみられた。とくに県外からの避難者を最初に受け入れた段階で、民家に宿泊してもらう「民泊」を大規模に実施したことが小千谷市の特徴である。

小千谷市では、2007年度から農家民泊事業を実施してきた。この事業は、農村生活を体験するために農家に宿泊し、田植えなどの農作業を実際におこなうもので、主に関東地方の中学生を受け入れてきた。この経験を土台として、福島県からの避難者を民泊で受け入れていくことになる。福島の避難所から長距離移動して、すぐにまた避難所に入ってもらうのではなく、1週間は民家でゆっくりと過ごして疲れをとってもらおう、という考えによる。そのあいだに避難所の準備を整えることもできる、という思いもあった。

まず、民泊事業を経験した農家に避難者受け入れの可否を確認していった。震災当日は電話がつながりにくかったが、翌日には多くの農家から確認が取れた。3月14日には、市報や町内会の回覧板を使って市内の一般家庭に対しても、民泊受け入れの募集を開始した。最終的には、289世帯が登録し、受け入れ可能人数は 1,230 人にのぼった。市の当初の想定は 100 世帯程度だったので、それを大幅に上回る家庭がこの試みに手をあげたことになる。

小千谷市には震災のすぐ後から、親戚等を頼って個別に避難してくる人が現れ始めた。17 日には、南相馬市から 199 人がバス 4 台で集団避難してきて、その全員を民泊で受け入れることになる。福島県からの避難者数がもっとも多かったのは 19 日で、この日は個別避難と集団避難をあわせて合計 246 人が民家に宿泊した。1 週間後の 3 月 23 日に原則として民泊は終了し、避難者のほとんどは総合体育館の一次避難所に移動した。

そっと寄り添う支援

17 日から 1 週間にわたって南相馬市からの避難者を受け入れた 3 世帯から、避難者の状況や民泊の経験について聞き取りをおこない、以下のような話を聞いた（松井 2011：199-203）。避難者は、自宅や避難所から、南相馬の大きな避難所 1 ヶ所に集められて、そこで行き先もよく分からないままバスに乗せられた。原発による避難だったので、自宅は無事で、すぐに家に戻れるつもりでいたようだ。金庫に鍵もかけず、冷蔵庫もそのままで来たとも話していた。高齢者なので薬を飲んでいる人が多かったが、長期間の避難に備えて薬を用意している人などいなかった。翌日には、近所にある医院に連れて行って、薬をもらってきた。受け入れた避難者の 1 人は、認知症だったようで、長時間の移動で少しパニック状態になっていた。

近所の温泉施設やショッピングセンターに案内したり、車で市の中心部で実施された支援物資の配付会場に連れて行ったりした。ただ、疲れやショックが大きかったためか、あまり外出はしたがらなかった。「道路一本向こうで流された家がいっぱいあったらしいんです。だからそういうショックもある程度はあって、あんまり出歩きたくなかったのかな」。避難者を受け入れた家族は、こちらから津波被害の様子や原発避難の状況について尋ねることはしなかった。相手が話し始めると、静かに耳を傾けた。受け入れについてふりかえると、「やってよかった」という思いが強い。何よりも、「中越の人たちは中越地震のときにお世話になったんで、何らかのお返しをしたいという気持ちは全員もってると思うんですよね。その気持ちから、みんな出てると思う」。

民泊の実施によって、避難所の準備には時間をかけることができた。体育館のフロアに発泡スチロールのボードとござを敷き、布団も用意された。足腰の不自由な高齢者用の段ボール製ベッドや世帯ごとの間仕切りも備えつけた。夜泣きをする乳幼児のいる世帯や妊婦のために別室を用意した。食事は民泊の手作り料理から弁当に変わってしまうので、周辺の地域住民やボランティアが1日1回は温かい汁物を提供してくれた。

小千谷市では、災害経験と農家民泊の経験を活かした避難者の「民泊」を大規模に実施したが、受け入れに名乗りを上げた家庭の多さに、中越地震の際の支援に対する「恩返し」の気持ちが表れていた。避難者との接し方についても、彼らのつらい体験に過度に立ち入ることなく、相手が話してくれることに耳を傾けるという態度が貫かれていた。こうした「寄り添い方」に、地震の経験者としての考えが活かされていた。

3-3　三条市の避難者受け入れ

「被災者総合支援センター」の立ち上げ

三条市は、2004年7月の7・13水害（新潟・福島豪雨）で大きな被害を受けた。市内を流れる五十嵐川が破堤し、川の南側の市街地が広く浸水した。被災地には、新潟県の内外からボランティアが駆けつけ、ピーク時で1日2,700人あまりのボランティアが活動した。この後に起こる中越地震とあわせて、行政、社会福祉協議会などが支援経験を積み、民間でも「にいがた災害ボランティアネットワーク」が設立された。

三条市では、3月16日に新潟県からの要請を受けて福島県からの避難者を迎えるために3ヶ所の避難所を開設し、この日の深夜に主として南相馬市からの270人の被災者を受け入れた。避難者が来るという連絡があったのは当日の朝だったが、避難所の開設は比較的スムーズに進めることができた。「避難所の立ち上げは、7・13水害の時に避難所の運営をやり、毎年6月になると避難所立ち上げの訓練をしてますので、そうしたことも功を奏したといえます。経験があり、マニュアルがあり、訓練があった成果だと思います」（松井 2011：209)。

翌日には、さらに 300 人ほどの集団避難者を受け入れ、自主避難者のための避難所をもう 1 ヶ所追加で開設した。市内 4 ヶ所の避難所で合計 600 人ほどの人びとを受け入れることになる。17 日に災害ボランティアセンターを開設し、市民ボランティアの募集を始めたところ、受け付け初日に約 100 人、翌日には約 300 人の応募があった。とくに水害で被災した地区からの申し出が目立ち、「ものすごく年を取られたおじいさんが、俺みたいなのでもできることはあるかねって来られた」こともあった (松井 2011：210)。市民の「ここで恩返し」という気持ちが強かったのである。

さらに 20 日には、多数の避難者のニーズに的確に対応していくため、災害ボランティアセンターを改組・拡充して「被災者総合支援センター」を立ち上げた。三条市と三条市社協が中核を担い、各班の連絡調整や会議の招集、ボランティアの名簿管理、外部との電話対応などをおこなう「連絡調整班」のもと、「避難所支援班」「物資支援班」「健康支援班」、炊き出し・マッサージ等のおもてなしに対応する「おもてなし班」の 4 班が設置された。被災者総合支援センターに窓口を一本化してボランティアの受け付けをおこない、現場に近い 4 つの班に振り分けていくとともに、避難所を担当した部署と連携して被災者のニーズをくみ上げ、ボランティアとのマッチングを進めていった。

おもてなしと自立

支援センターに前述の「にいがた災害ボランティアネットワーク」などの NPO も加わった支援者側の会議では､早くから「おもてなしと自立」というテーマが議論された。「おもてなし。せっかく三条に来ていただいたんだから、あれもして差し上げたい､これも差し上げたい。でもそれは自立につながらない。自立、自立っていってしまうとどうしても冷たい対応になってしまう。その 2 つのバランスをみていこうという話が出ていました」(松井 2011：211)。苦労して三条に避難してきた人びとに対しては、できる限りの「おもてなし」をしたい。度重なる災害を乗り越えてきた三条市民には、とくにその思いが強く、そのために市民の善意を形にするための仕組みを整えてきた。

しかしその一方で、ボランティアが過剰にかかわりすぎて、至れり尽くせりになりすぎるのは、むしろ被災者のためにならない面がある。だから、ボランティアが情に駆られて何でもしてあげたいというのに対して、社協の職員がブレーキをかける役割を担ったりした。「これも多分過去の災害の経験だと思います。やっぱりボランティア側とすれば、かわいそうな人だからできるだけサービスをしてあげようっていう発想に陥りがちなんですが、いつかその方々は自立して、自分たちの暮らしを取り戻していく人たちだっていうことも、災害から復旧があって、復興があってというプロセスを経たこの中越では、行政もNPOもそれがみえていたので」(松井 2011：212)。「おもてなしと自立」のバランスが重要なのだという認識は、支援にあたった行政、社協、NPOに共有されていた。

だから避難所においても、早い段階で避難所のフロアごとにリーダーに出てもらって臨時の自治組織をつくり、運営委員会のような形で支援者側と協議をもつ場が整えられていった。炊き出しや清掃、生活のルールづくりなどについて、避難者がある程度自主的に運営していく仕組みが形成されていったのである。

三条市では「おもてなしと自立」というテーマを掲げ、避難してきた人びとをまずは全力で「もてなす」とともに、完全に受け身の存在にならないよう早い段階から「自立」もうながし、避難者自身による避難所の自主的運営を進めた。市民の善意を有効に支援に結びつけるためのボランティアによるサポートの仕組みづくりや、避難所を出た後で孤立化を防ぐ工夫など、多様な努力がなされている。

4. むすび――「支援の文化」のゆくえ

本章では、新潟県における近年の災害経験のなかで蓄積されてきた「支援の文化」はいかなるもので、それが原発事故による避難者支援にどのように活かされたのかを探ってきた。まず「支援の文化」の外枠を形づくる体制・施策についてみると、県レベルでも市町村レベルでも、避難者を受け入れるための体制構築のスピードが速かった。予想外の事態でありながらも、組織整備や首長による避難者受け入れ表明、避難所の開設、情報の集約と提供などが直後から取り組まれた。民間サイドでも、過去の支援に対する「恩返し」の意識もあって、NPOや市民ボランティアの立ち上がりが早期になされた。

また、早い段階から繰り返された意向調査を通じて、必要とされる支援の情報がくみ上げられ、それに応じたきめ細かな支援がなされていった。住民のニーズを実現するガバナンス、訪問調査による被災者ニーズの徹底的把握といった、過去の災害における取り組みが継承されていたといえる。さらに、経験上先の展開がある程度みえることにより、杓子定規でない柔軟な対応も可能になった。行政による支援は被災自治体の要請にもとづいておこなうのが災害救助法の枠組みだが、新潟県は、避難者支援の線引きや受け入れ期限などの点で福島県の方針に再三異を唱え、覆してきた。法規や国・福島県をみて仕事をするのではなく、被災者をみて仕事していたことの現れであり、経験に裏打ちされた健全な現場感覚が示されている。

こうした支援体制の構築や支援文化の継承を支えたのが、災害支援にかかわる人的なネットワークの存在とその連続性である。とりわけ7・13水害以来の災害と復興のプロセスを繰り返し経験することによって、官と民の双方に災害支援のスペシャリストが育つとともに、両者の間に「顔の見える関係」が幾重にも形づくられた。文字通り「電話一本で」話が通じるような信頼関係が形成されたのである。

避難者・被災者への向き合い方については、避難者の多様性を尊重し、その選択と自立を支えるという支援コンセプトが共有されていたように思われる。避難者を一方的な支援の対象として扱うのではなく、支援者との相互的な関係の中で、避難者の力を引き出すような取り組みがなされた。手厚くはあるが過剰にならないような支援、避難者と支援者の適切な距離が重視されていた。また「ビッグブッダハンド」の合い言葉に現れているような支援姿勢も、過去の災害経験に裏打ちされたものといえる。避難者全体の利益を考慮した、きわめて合理的な判断に思える。繰り返された災害経験は、こうした支援の文化・思想を成熟させてきた。

新潟県に蓄積されてきた「支援の文化」の基本線を形づくっているのは、それぞれに条件や事情の違う被災者一人ひとりの個別性を尊重しようという姿勢であり、その自立を支援していくという取り組みである。それは、つまるところ、「人間の尊厳をどう守るか」ということになるだろう。この「人間の尊厳」という「支援の文化」の核心を念頭に置いたとき、通常の自然災害と今回の原発事故との差異もまた明らかになる。支援の現場では、個々の取り組みによって懸命に「人間の尊厳」の回復がはかられてきた。しかし、避難の広域分散と長期化という今回の事態は、故郷（根っこ）の喪失、さまざまな分断状況、将来の見通しのつかなさといった点で、被災者の「人間の尊厳」を損ない続けている。そのうえ、加害の責任が十分に問われることのないまま、事態の収束がはかられようとしている。ここに、今回の原発事故の根源的な問題性を感じざるをえない。

震災と原発事故から5年半が経過しても、新潟県内では、なお3,000人を超える人びとが広域避難を継続している。避難の長期化とともに、新たな問題が次々と顕在化してきている。災害救助法では、原則として受け入れ側での自主的な判断ができず、避難先での生活を長期にわたってサポートするための制度も確立していない。中越沖地震の際にみられたような、個々の事情にそくしたきめ細かな生活再建支援策がとられないままに、避難指示の解除と帰還が順次進められ、借り上げ仮設住宅の解消がはかられようとしている。復興基金のような制度もコミュニティ再生のための施策も不十分なままである。もっと避難者の生の声に耳を傾け、その生活再建を長期的に支援するとともに、次の世代をも視野に入れたコミュニティ回復への支援も必要とされる。避難の終了と帰還・移住の二者択一を迫る政策の転換と、個々の避難者の立場に寄り添った息の長い支援が求められている。

注

1　本章は、髙橋若菜編『原発避難と創発的支援』(髙橋編 2016) の第 3 篇第 1 章として執筆した「中越・中越沖から引き継がれた経験知」をもとに大幅な加筆修正をおこなったものである。
2　稲垣文彦氏 (中越防災安全推進機構震災アーカイブス・メモリアルセンター長) を対象とした「福島被災者に関する新潟記録研究会」(髙橋若菜・小池由佳・田口卓臣・山中知彦の各氏と松井) による聞き取り (2014 年 6 月) にもとづく。なお引用は、髙橋編 (2016) に拠っている。
3　「復興基金」について詳しくは、公益財団法人新潟県中越大震災復興基金ホームページ (http://www.chuetsu-fukkoukikin.jp/index.html)、および稲垣ほか (2014) を参照。なお、基金を活用した集落再生の事例としては、本書第 7 章も参照。
4　細貝和司氏 (新潟県防災局防災企画課課長) を対象とした「福島被災者に関する新潟記録研究会」(髙橋若菜・小池由佳・田口卓臣・山中知彦・稲垣文彦の各氏と松井) による聞き取り (2014 年 7 月) にもとづく。なお引用は、髙橋編 (2016) に拠っている。
5　新潟県では広域避難者を対象とした意向調査の結果をふまえた独自の施策を展開してきた。たとえば、自主避難者も対象に含めた民間借り上げ仮設住宅制度の早期開始や避難者の移動支援などがそれにあたる。詳しくは、髙橋 (2014) を参照。
6　中越沖地震の被災体験をもち、原発事故による多くの避難者を受け入れてきた柏崎市については、本書第 2 章および第 3 章で扱う。

第２章　柏崎市の広域避難者支援と「あまやどり」の５年間

1. はじめに

本章の課題と対象

2011年3月の東日本大震災からまもなく5年になる。三陸沿岸を中心とする津波被災地でも復興の遅れが指摘されているが、福島第一原子力発電所事故によって放射能の影響を受けた地域では、復興の「はじまり」すら見えてこないところもある。事故後に避難指示が出された区域を中心に、故郷を離れて福島県内外で避難生活を送る人は、依然としておよそ10万人を数えている（2016年1月現在）。

収束が見通せない原発の状況と影響の確定が難しい放射能汚染に起因しているために、今回の避難は広域化・長期化という特徴をもっている。これまでの自然災害による多くの事例とは異なる避難者に対して、支援の現場でも手探りの活動が続けられてきた。今後予想される首都直下地震、東南海地震等の巨大災害では、今回同様の長期・広域避難という事態も十分ありうる。それに対する備えを厚くするためにも、現在進行中のできごとを対象として、避難の問題性を跡づけ、支援の課題を検討していくことが求められるだろう。原発事故による広域避難を対象とした社会学分野の研究は、多様な避難先・避難形態に応じて蓄積されつつある（原田・西城戸 2013、高橋 2013、高木 2014、山本ほか 2015、など）。

筆者は、福島県からの避難者が多い新潟県において、原発事故のすぐ後から避難者と支援者を対象とした調査研究を継続的におこなってきた（松井 2011、2012、2013a）。それをふまえて、対象とする地域や事例は限定されるけれども、いくつかの方向からこの5年間の定点観測的な研究報告を試みたいと考えている。そのうち本章では、福島県浜通りからの強制避難者が多い新潟県柏崎市の行政を中心とした広域避難者支援の経過をたどる。柏崎市の行政担当者や避難者交流施設「あまやどり」の職員、訪問支援員に雇用された避難者などを対象として、継続的におこなってきた聞き取りや資料をもとに、5年間の経過を跡づけることにしたい。

対象地域の概要と避難状況

柏崎市は、新潟県のほぼ中央部、日本海に面した場所に位置する人口9万人ほどの地方都市である。市内にはリケンやブルボンをはじめ工場が集積しており、就業人口でみても製造業の占める割合が大きい。刈羽村との境には、7基の原子炉を有する東京電力の柏崎刈羽原子力発電所が設置されている（現在停止中）。2007年7月の新潟県中越沖地震では、震度6強の揺れに見舞われ、中心市街地をはじめ市内全域が甚大な被害を受けた。原子力発電所でも想定を超える揺れを記録し、変圧器が火災を起こすなどの被害が生じた。地震からの復旧も一段落した2011年3月に起こった東日本大震災は、柏崎市の社会や経済に再び大きな影響をもたらすことになる。

福島第一原発事故により、福島県から多くの人びとが隣県である新潟県に避難してきた。新潟県内の自治体別にみると、当初2,000名を超える最大の避難者を受け入れてきたのが柏崎市だった。福島第一原発周辺から避難してきた人びとには、柏崎の原発で働いた経験があったり、仕事関係の知り合いや家族・親戚がいるなど、何らかのつながりや土地勘がある場合が多かった。新潟県内の他の自治体では、県によって振り分けられた自家用車や集団避難のバスによる避難者が多数を占めていた。だが柏崎の場合は、東京電力や原発関連企業にかかわりをもつ人びとが、直接避難してくるケースが目立ったのである。そのため柏崎では、双葉郡を中心とした避難指示区域からの強制避難者の割合がきわめて高い構成になった（**図表2-1**）。

以下本章では、3つの時期に分けて、行政が関与する支援の取り組みと支援の課題の状況とその変化をたどる。まず2節で、支援体制の確立の時期で

図表2-1　広域避難者の推移（柏崎市）

日付	福島県からの避難者（全体）			避難元別避難者数	
	世帯数	人数	人数減少率（前年比）	区域内	区域外
2011/5/31	850	1,978	−	1,854（93.7%）	124（6.3%）
2012/3/30	589	1,414	▲ 28.5%	1,322（93.5%）	92（6.5%）
2013/3/29	452	1,055	▲ 25.4%	982（93.1%）	73（6.9%）
2014/4/ 2	391	907	▲ 14.0%	858（94.6%）	49（5.4%）
2015/3/31	337	810	▲ 10.7%	779（96.2%）	31（3.8%）
2016/1/ 4	300	757	▲ 6.5%	729（96.3%）	28（3.7%）

注1：柏崎市東日本被災者支援室資料をもとに作成。
注2：「区域内」は、全域または一部が原発事故に伴う警戒区域・計画的避難区域・緊急時避難準備区域に設定されたことのある市町村。

ある最初の1年間（2010年度末〜2011年度）、次に3節で、避難者が抱える問題が噴出してくる時期である2〜3年目（2012〜2013年度）、そして4節で、帰還が進む一方で避難長期化への対応が迫られる4〜5年目（2014〜2015年度）を取り上げる。最後に5節で、以上の検討から導き出される柏崎市の避難者支援の特徴と課題をまとめることにしたい。

2. 支援体制の確立（2010年度末〜2011年度）

2-1 「あまやどり」の開設と支援体制の構築

柏崎市の初期対応

柏崎市は3月14日に、東日本大震災の被災地と被災者の支援を目的として「支援対策本部」を設置し、翌日には中心部にあるコミュニティセンターの体育館を避難所として開設した[1]。最終的には総合体育館など計4ヶ所に、最大で618名（184世帯）が避難した。慣れない土地で苦労する避難者のために、市役所内に「被災者相談窓口」を設けて、住まいを求める人びとには公営住宅や東京電力から貸与された社宅を斡旋した。4月中に旅館やホテルなどの二次避難所や、公営住宅・民間のアパートなどへの移動が進み、4月25日までにすべての一次避難所が閉鎖された（**図表2-2**）。

5月中はホテル・旅館等の二次避難所20ヶ所に200名前後、公営住宅や民

図表2-2　柏崎市の広域避難関係年表（2010年度末～2011年度）

日　付	事　項
2010年度	
3月11日	東日本大震災・福島第一原子力発電所事故。 原発の半径3km圏内に避難指示、3～10km圏内に屋内退避指示
3月12日	避難指示が半径20km圏内に拡大
3月14日	柏崎市支援対策本部設置
3月15日	最初の避難所開設（中央コミュニティセンター）
3月22日	市役所内に「被災者相談窓口」開設
2011年度	
4月20日	二次避難所への移動開始
4月22日	福島第一原発の半径20㎞圏内が警戒区域に指定
4月25日	一次避難所閉鎖
5月10日	柏崎市東日本大震災被災者支援室設置
6月 1日	NPO法人地域活動サポートセンター柏崎に避難者見守り支援事業を委託
6月 2日	被災者対象の意向調査実施（調査票発送）
7月 1日	被災者サポートセンター「あまやどり」開設
7月 6日	「新潟県借り上げ住宅制度」申請受付開始
8月19日	南相馬市からの避難者懇談会（双葉町10/14，富岡町10/28，浪江町11/11，大熊町11/25，楢葉町ほか12/7）
8月31日	二次避難所閉鎖
11月 1日	「あまやどり」の見守り支援活動に保健師2名を追加配置
3月26日	柏崎刈羽原子力発電所6号機が定期検査のため運転停止（全7基停止）

注：柏崎市資料および聞き取りによる。

「あまやどり」正面（柏崎市）

間アパート等の避難所以外の場所に1,800名ほどで、合計2,000名を超える人が柏崎市で避難生活を送った。ほとんどすべて個人的に避難してきた人びとだったため、避難所以外の避難先は分散しており、その把握は容易ではなかった。柏崎市では、東京電力を通じて関連会社に市の文書を流してもらったり、もとの住所がある自治体から情報の提供を受けたり、避難者が市役所の窓口に相談に来た際に住所を確認したりなどして、徐々に名簿を整備していった。

柏崎市では、苦労して整備した名簿をもとにして、6月初めに避難者を対象とした「意向調査」を実施した。現在の居住状況や今後の予定などを尋ね、あわせて心配なこと、困っていることなどを自由回答で記入してもらった。市で住所を把握している959世帯に調査票を送り、462世帯（家族人数合計1,399人）から回答があった。

市の担当者がアンケートをみてもっとも心配していた点は、「心や体の健康について、心配なことや相談したいことがありますか」という設問に対する回答である（自由回答）。見知らぬ土地で過ごしているため「知り合いもいないので、ひとり暮らしをしていると心細い」、「慣れない土地での生活で、何もかもが不安な毎日を過ごしている」といったものが多かった。それに関連して、家族の「うつ病」や「認知症の悪化」を訴えるものもあった。子どもの様子が不安定になっているという書き込みも多く、慣れない土地で先の見えない不安な生活を強いられているために、親も子もストレスを抱え、体や心の調子を崩している様子がうかがえる。

2007年の中越沖地震の際にも、被災者支援にかかわった担当者は、「その時の状況と全然違いますね。その時よりもかなり深刻」という印象をもった。故郷を遠く離れた避難者は、市内に分散して生活している。こうした状況に、行政としてどう対応していけばよいか苦慮していた。

見守り訪問の開始

柏崎市では、市内のNPO法人地域活動サポートセンター柏崎に「東日本大震災避難者の見守り支援事業」を委託し、6月1日から「柏崎市被災者サポートセンター」として業務を開始した[2]。まずスタッフとして、県の緊急雇用対策事業により福島からの避難者7名を採用し、柏崎市民の4名がそれに加わった。6月から7月にかけて初回の見守り訪問を実施した。避難者の住居を巡回して様子を尋ね、家族構成や家族の健康状態を確認し、必要があれば相談に乗った。その際に、支援物資や支援制度などの情報提供もおこない、必要な物資等のリクエストも受け付けた。中越沖地震の際の経験を活かして、かなり早い段階で見守り支援の体制を構築することができたといえる。

訪問者が「福島なまりの言葉で話しかける」ことで、相手の安心感が得られる。おたがい同郷だということで、引き出せることも多くなってきた。柏崎の人間では話してもらえないような、「困ったことや難儀と思っていること」が、少しずつ出始めてきた。しかし、訪問相手の避難者はプラスに感じてくれる人ばかりではない。「お前らは仕事があっていいな、俺はない」というような言葉をぶつけられる場合もあったし、「もう来なくていい」とはっきりいわれたこともあった。激変した生活に避難者自身が追いつめられているため、そのマイナスの感情のはけ口にされてしまうこともあるのだ。そこまで行かなくても、見守り支援をおこなう「被災者自身も、きっと同じような悩みをもっていながら、こういう方々の話を聞かなきゃならんということになると、その辺も気をつけなければと思います」。相手と同じ立場であるだけに、支援者の心のダメージが心配されていた。

7月からは、新潟県の「借り上げ仮設住宅制度」の申請が始まった。避難者が探した民間アパート等を仮設住宅とみなして、新潟県が借り上げる制度である。旅館などの二次避難所は8月末で閉鎖され、柏崎に残った避難者は借り上げ住宅などの制度を利用して住まいを確保した。この制度による最大入居者は、385世帯995人を数えた(2011年12月)。避難の長期化に対応するため、11月から保健師を2名追加配置し、「あまやどり」の訪問支援員とともに見守り訪問にあたっている。

故郷を離れた避難生活は長期化を余儀なくされそうだが、それがいつまでになるのか、原発事故の状況もあって見通しが立てられない。「自分の住まいとか、仕事もそうでしょうし、子どもたちのことも将来設計が全然立てられない」多くの避難者をどうすれば支えていけるのか。もとのコミュニティから切り離されて、遠い土地で分散して暮らす人びとのつながりは、どうすればつくり出すことができるのか。

交流拠点サロン「あまやどり」の開設

「柏崎市被災者サポートセンター」の事業として、7月1日には柏崎市の中心部に避難者の交流拠点サロン「あまやどり」をオープンした。避難者が自由に気軽に交流できる常設の場の確保と、交流により形成される種々のグループを避難者の自立につなげていくことが目的である。それ以降は、避難者の見守り訪問と交流拠点サロンの運営が業務の二本柱となった。

サロンには福島県の地元新聞や被災元市町村の広報誌、柏崎市のイベント情報資料などを置いた資料閲覧コーナーと自由な交流に使えるオープンスペースを設置した。この時点では、同じ町から来ていても、誰がどこにいるのか分からない場合が多かった。そこでサポートセンターでは、まずは出身自治体別に連絡し合えるようなネットワークをつくりたいと考えた。避難者からの要望もあって、手始めに南相馬市から来た人びとの被災者懇談会（おしゃべり会）を企画し、8月に1回目を実施した。この時には、幅広い年代の10名が集まって、故郷の話やこれからの話をしながら過ごしていった。

しかし現状では、「同じ町の人と話したいというニーズは、全体の意識じゃない。みんな自分のことで精一杯で、他の人がどうしているかというところまでは、とてもじゃないけどまだという段階」だった。避難先で生活の立て直しに必死で取り組んでいる人びとにとって、同郷を軸としたコミュニティの形成に関心が向くのはもう少し先ということになる。サポートセンターでは、その後も10月から12月にかけて、双葉郡の自治体を中心に被災者懇談会を実施し、それが翌2012年春の自治体別同郷会の結成に結びついていくことになる。

2-2　訪問支援員への聞き取りから

2011年9月に、「あまやどり」で訪問支援員を務めていた福島からの避難者2人から、支援スタッフとしての活動と避難者の様子についてお話をうかがった[3]。

仕事への戸惑い（南相馬市・女性・40代）

避難者の家を訪問してみると、「ここにいまのうち、ちょっと間借りをさせてもらってるっていう感じがある。柏崎の人を遠ざけてしまってなかなかコミュニティがつくれないんじゃないかな。自分は被災者だから、あまり目立つようなことをしちゃいけないって考えられる方もいるんだと感じました」。避難してきて半年が過ぎた段階で、あくまでも「仮住まい」という意識をもって柏崎で暮らしているようにみえる。

訪問してみて心配なケースとしては、高齢者の「日中独居」があげられる。同居している若い世代が働きに出ている日中は、一人で部屋で過ごす避難者もいる。故郷にいれば、よく知った界隈を散歩することもできるが、見知らぬ土地ではそれも難しい。若い世代に「危ないから外に出るな」といわれて、外出を避けるようになった。高齢者の心身の状態が気にかかる。家に閉じこもりがちの避難者は、何とかサロンに引っ張り出したいが、知らない土地で動くのは簡単ではない。「福島にいた時は、隣近所の方の車で一緒に連れきてもらうこともあったかもしれない。でもこっちに来たらみんなバラバラで、お隣さんも知らない人ばかり。足が悪いとか車がない方は、自分では動けない。バスもよく分からない。そうすると、やっぱり出かけなくなっちゃう」。

見守り訪問に対する避難者の対応もさまざまである。「たいていの人は、『私たちも避難してこっち来たんですよ、福島の者なんですよ』っていうと、『ああ、そうなの』って顔がぱあっと明るくなって、お話ししてくださいます。でも、『来なくていいから。あんたたちに話すことなんて何もないから』みたいなことをいわれることもある。がっかりしちゃって、2日くらい落ち込みました。もうやめちゃおうかなって、そういう時は思いますね」。避難者の状況によっては保健師と一緒に訪問したり、必要に応じて市役所の専門の部署につなぐなどしている。「なかなか重い仕事だ」と感じることも多いが、柏崎に来て元気を失っていた避難者が、徐々に意欲を取り戻していくようなケースに出会うと、やりがいを感じることもできる。

訪問支援の難しさ（双葉町・男性・40代）

現在は、1日5軒程度の避難者世帯を訪問している。最初は厳しい顔をされることも多かったが、2回、3回とまわるうちにだんだんと打ち解けてきた。話をするなかで、「『あそこは帰れないんだ』とか『あの道路どうなってる』みたいな感じで、やっぱり地元対地元だから話しやすい部分は多いと思います」。上がってお茶を飲んでいくように誘われることも増え、2時間近く滞在して話しこむこともある。

遠隔地に避難することによって世帯構成が変わった家も多く、新たに3世代同居になるケースもある。福島では別棟でそれぞれが暮らしていたのに、避難先では狭い借り上げ住宅でおたがいに不自由な生活を強いられている。その一方で、世帯分離で夫婦が別々に暮らすことになるケースもある。いずれも、これまでの生活パターンが大きく変わり、それが避難者のストレスになっていると感じる。

訪問した中には、子どもに手をかけそうになるくらい追いつめられた家庭もあった。このケースは、時間の経過のなかでうまく気持ちの整理をつけることができたのだが、「そういう重いケースにあたると、やっぱりしばらく立ち直れないですね。性格は楽天的なんですけど、でもやっぱり本気になって聞こうとすると、どうしてもプレッシャーを感じる。休みでも何となくその人のことが頭にある。つらい仕事だとつくづく思います」。

話を聞く際に、どこまで相手の事情、プライバシーに立ち入っていいのかも悩ましい。「どこまで突っ込んで話をしていいのか、どこまで聞いていいのか。心の中まで踏みこんでいいのか。それがたぶん僕の仕事の一番難しいところですね。そこが壁かなと感じています」。相手を気づかって質問を工夫し、反応をみながらアプローチを変えていく。手探りの毎日が続いている。だから「僕らもケアしてほしい時がある。このケアはどこですればいいのって」。

今のところその「ケア」は、「あまやどり」のスタッフ同士で話すことに求めている。「ここに来てしゃべると、半分以上はもう吐き出したような状態になっているみたいなんです。だから話をここでするっていうのはものすごく大事なような気がします。それでもやっぱり中に溜めこんじゃう人もいるので、スタッフがスタッフを気づかうことがもっとも大事じゃないかな」。スタッフもけっして余裕のある生活を送っているわけではない。「自分のことでも精一杯なので、人のことまで抱えこんでいられない」。

訪問支援員として採用された福島の人びとは、これまで経験のない仕事にとまどいながら、手探りで「見守り」を続けてきている。みずからも同じ福島からの避難者であることは、見守り対象者が心を開き、悩みなどを話しやすくなるメリットがある。しかし同じ立場であることは、対象者の悩みに〈共振〉しやすいということでもあり、場合によっては相手の怒りのはけ口になってしまうこともある。彼らが困難な課題の最前線に立っていることがうかがわれる。

3. 問題の噴出とコミュニティへの模索（2012～2013年度）

3-1 「あまやどり」と避難者コミュニティ

町別同郷会の結成

「あまやどり」のスタッフは、前年の被災者懇談会（おしゃべり会）に集まった人を対象に、2012年の1月頃から町別の同郷会の結成を働きかけていた[4]。やっと代表になってくれる人が現れて、2012年の4月に浪江町の「コスモス会」、富岡町の「さくら会富岡 in 柏崎」という避難者による町別の自治組織を結成することができた（**図表2-3**）。また9月には、双葉町の「せんだん双葉会」も設立され、2011年中にサロン「むげん」の支援で始まった大熊町の「あつまっかおおくま」を加えて、柏崎への避難者が多い原発立地4町の自治組織がそろった。

「あつまっかおおくま」以外の会は毎月「あまやどり」で定例会をおこない、会員同士の交流をはかっている。ふだんの会合に参加するのは10～15名くらいだが、双葉会のクリスマス行事（29名）やコスモス会の震災2周年追悼式（64名）などには多くの会員が参加した。こうした同郷会の活動にも使えるように、2012年の4月から「被災者サポートセンター」の事務所を別棟に移転し、「あまやどり」を避難者の交流のためのサロン専用スペースとして再オープンした。このスペースを利用して、高齢者向けの「コツコツ貯筋体操」（毎週）や就学前

図表2-3　柏崎市の広域避難関係年表（2012～2015年度前半）

日　付	事　項
2012年度	
4月　2日	交流拠点「あまやどり」をサロン専用スペースとして開設
4月	「コスモス会」（浪江町）設立
4月	「さくら会富岡 in 柏崎」（富岡町）設立
7月 31 日	第１回情報交換会（ハイリスク世帯の情報交換）
9月 18 日	「せんだん双葉会」（双葉町）設立
12 月 10 日	大熊町で避難指示区域再編（富岡町は 2013 年 3 月 25 日）
12 月 28 日	福島県外における応急仮設住宅の新規入居申込み受け付け終了
2013年度	
4月　1日	浪江町で避難指示区域再編（双葉町は 5 月 28 日）
8月 31 日	柏崎市への避難者が 1000 人を下回る
3月 11 日	被災者による合同追悼式
2014年度	
3月 11 日	東日本大震災合同追悼式（浪江・大熊・富岡・双葉の各町自治組織主催）
3月 31 日	「さくら会富岡 in 柏崎」（富岡町）解散
2015年度	
6月 12 日	政府が福島の復興指針改定（居住制限・避難指示解除準備区域の避難指示を 2016 年度末までに解除）
6月 16 日	福島県が自主避難者への住宅無償提供を 2016 年度末で打ち切る方針を決定
9月　5日	福島県楢葉町の避難指示が解除

注：柏崎市資料および聞き取りによる。

の幼児と親の交流を目的とする「にじっこひろば」（隔週）など定例の活動をおこなっている。

　また避難者が主体的に始めた活動としては、浪江町からの避難者を講師とした「押し花教室」、富岡町からの避難者を代表とする「手作りクラブ」などがある。「サロンにいろんな町出身の人たちが集まって、『あなたどこから来たの』みたいに自然に話し合いができてます。いまあるクラブは利用者が立ち上げたもので、本当に出身町にこだわらない活動をしてます」。ほかの施設などでもいわれていることだが、積極的な活動をリードするのは女性の場合が多く、サロンの利用者も女性の割合がきわめて高い。男性の利用者をどう増やすかが課題である。

　6月には、避難している児童・生徒の保護者からの要望もあって、福島県から柏崎市内の小学校に派遣されている教諭の協力を得て、「避難児童生徒・

保護者との交流会」を開催した。また、避難者が居住している柏崎の地域コミュニティとの交流をはかることを目的とした「郷土料理の体験交流会」を市内の比角コミュニティセンターで開催した。「笹だんご」や「ちまき」の手作り体験、柏崎や福島の郷土料理づくりと会食などをおこない、参加者からは好評だった。

帰還者の増加

2012年度に入ると、福島県内での仮設住宅や借り上げ住宅等の確保が可能になってきたこと、警戒区域等の避難指示区域再編の検討が進んできたことなどにより、福島県内に戻る避難者が増加してきた。柏崎にとどまる人びとにとっても、失業保険の給付終了や柏崎刈羽原発の運転停止・保守点検の終了によって夫が転勤することになり、母子家庭の増加が見込まれる。それに合わせて、見守り支援についても見直しが必要になってくる。

被災者の生活再建が課題となってくるが、先の見通しが可能になるような方針が示されないことが問題だと捉えられている。「人間は先が見えればなんとか頑張れるんですよね。具体的な方針が出てくればサポートの仕方もありますけど、いまは先が全然見えないなかで、孤独死や孤立死が起きないように見守るしかない感じです」。支援の終着点や目標が見えないなかで、支援者は目の前の問題にともかく〈対症療法的〉に取り組むしかなかった。

2012年12月末で、福島県外における応急仮設住宅の新規入居申込み受け付けが終了した。2011年7月の制度開始から、柏崎市での申請件数は450件に達した。この制度を利用した避難者の転入はなくなり、以降は徐々に帰還が進んでいくことになる。2013年度に入ると避難者の福島県への帰還はさらに進み、4月にはピーク時(2011年5月末)から比べるとおよそ半分の人数になった。また同年8月には、避難者数が1,000人を下回っている。

「あまやどり」を利用して会合を開いている浪江町・富岡町・双葉町の同郷会は、2013年度くらいから、近所の桜の名所に花見に行ったり、祭りを見に行くなどのイベントの時には、避難元の町にこだわらずにほかの町のメンバーにも声をかけている。サロンを利用したさまざまな活動で顔を合わせる中で、自然と町を越えたつながりができてきたのである。3月11日の追悼式も、

2013年は浪江町「コスモス会」の行事としておこなったが、2014年の3周年は4町からの避難者が合同で開催した。

3-2　見守り訪問の状況

子どもの問題

見守り訪問については、初年度の状況を再確認したうえで、訪問対象世帯の絞り込みや訪問頻度の見直しをおこなった。また高齢者や乳幼児、心身障害者など専門的な知識や技能を必要とする避難者に対しては、引き続き柏崎市被災者支援室の保健師が訪問に同行し、必要な助言などをおこなった。

「あまやどり」に避難者への見守り支援事業を委託したときに想定されていたことは、主として高齢者を対象とした支援だった。しかし、実際に訪問を続けてみると、むしろ対応が必要になってきたのは子どもたちの問題だった。高齢者の場合は、そもそも高齢者のみで避難してきた世帯は少なく、同居あるいは近居の家族によるサポートを受けやすかった。また、もし支援が必要な状況になっても、高齢者の問題は、病院や市役所の部署につないで対処することが比較的たやすかった。それと比べて子どもの問題は、さまざまな要因が絡み合って生じており、見えにくく対応も難しかったのである。

2012年の7月から「あまやどり」の訪問支援員と保健師、福島県からの派遣教員をメンバーとする情報交換会を毎月定例でおこなっている。子どもたちの問題について情報を共有し、役割分担をして対応することが目的である。さらに、個別的な対応を必要とする困難な事例に関しては、精神科医なども加わってケース検討会議を開いている[5]。

情報交換会では、子どもの不登校やいじめ、摂食障害、虐待の問題などが取り上げられる。「不登校が多かったですね。まったく見ず知らずのところに異常な状態で避難してきて、そうなってしまった。いじめのせいで、というのもありました。放射能のことや福島っていうことばですよね。感受性が強い子どもなので、自分たちとしても切ない思いで来ている、そこにまたさらに追い打ちをかけるみたいな感じでした」。

摂食障害の子どもの場合は、学校に加えて病院とも連携した。「親がゆれている、親が不安定だと子どもが不安定になってしまう。家そのものの方針が決まっていて、大人の気持ちがゆらがない家庭は、意外とすんなりと溶け込んでいるようにみえます」。とはいえ先が見通せない状況が続くなかで、多くの親は気持ちの「ゆれ」を抱えている。それが、子どもの心身に影響を及ぼしている。

避難によってこれまでの生活パターンが変わってしまったために、親子の関係づくりがうまくいかずに虐待につながってしまったケースもあった。「同じ世代のお母さんと話ができれば、ネットワークがあれば、ある程度対処はできると思うんですが、そういうのすらない状況も見受けられます。向こうにいたときは、隣近所や同級生のお母さんとつねに交流のあった人が、こっちではアパートに入って隣も分からない。同級生のお母さんの所にも、放射能とか思われてるんじゃないかって思うと、遊びにも行きづらい」。

避難先で親が孤立してしまっているため、ママ友や近所の人と子どもの問題を共有することができずにストレスが高まり、それがまた子どもに影響するという悪循環が存在しているようである。柏崎への避難者は、夫が原発関係の仕事で単身赴任になるケースが多いので、母親の負担が大きくなっている。福島に残っている友だちと連絡をとってみても、さまざまな環境が違いすぎるので、なかなか理解し合うことができない。あまりマスメディアで報道されることはないが、広域避難にともなって生じる深刻な問題の一つである。

「何ともいえない不安」

「あまやどり」のスタッフは、2013年度から避難者4人と地元採用2人の6名体制になった。訪問担当、サロン担当、事務担当がそれぞれ2人ずつである。補助金により被災者支援室に配置され、訪問支援に同行していた保健師2名も、2012年度末に退職した。こうした支援体制の変化や避難者の状況にあわせて、訪問支援のランク（訪問頻度）も随時見直しされている。

避難してきた当初は、衣食住をはじめとした生活基盤の安定が何よりも求められた。避難指示区域からの避難者を対象とした東電による賠償が回り始めたこの段階になると、彼らのニーズも変わってくる。「今度は精神的な部分が〈ふわっと襲いかかってくる〉。生活が落ち着いてきて、日々が暮らせるようになってくると、ふわっと何ともいえない不安が襲ってくるとよくいわれてました。この先仕事をどうするのか、住宅ローンどうするんだとか、あの家に帰れるのかとか、そういう漠然とした、見えないこの先をどうするのかという不安でいたたまれなくなると」[6]。

だからこそ、町別の同郷会や町の境界を越えた趣味の会などのつながりが必要とされたのである。「同じ境遇の方を求めてしゃべる。やっぱりおたがい自分だけじゃないんだなという共感をもつことによって、安定というか安心するというような部分での横のつながり、ネットワークみたいな部分を求められたのかなと思います」。その一方で避難指示区域の再編によって、同じ町のなかでも線引きがなされ、帰還の可能性や賠償の見通しなどの違いが出てきた。また、個々の家族で生活基盤が確立してくると、それぞれのニーズも変化し、多様化してくる。避難者の個別化と分化が進み、支援のあり方も難しくなってくる。

問題として顕在化していなくても、それぞれの家族が避難先でこれまでとは違った日常を過ごすなかで、多かれ少なかれさまざまな困難を抱えていることが予想される。そうした多様な避難者とどう向き合っていけばよいのか。支援する側もまた、見通しをもてずに日々支援のあり方を模索している。「本当に 10 世帯あれば 10 通り、みんな違ってます。避難者だからといってひとつの基準を全部に当てはめてはダメなんですね。だから訪問支援にしてもサロンの担当にしても、みんなそれぞれに違うので、それに応じた寄り添い方が必要です。あまり入り込んでもダメだし、他人事みたいにしてもダメだし。うまく寄り添って、自分の中で先の見通しがつけられるような、気持ちがそういうふうに動いてくような、支援が必要なんだと思います」[7]。

4. 避難長期化への対応（2014 ～ 2015 年度）

避難者の現状

2014 年には、柏崎での避難生活も 4 年目に入った。「あまやどり」では、前年度までの状況を再確認し、長期化する避難生活の問題点や傾向を調査した [8]。

4月から避難者宅の全戸訪問を実施した結果を受けて、7月に訪問世帯の見直しをおこなっている。また、福島県からの派遣教諭や市の被災者支援室との情報交換会、関係機関との事例検討会を継続している。

町別の同郷会である富岡町の「さくら会」は、帰還者の増加により会合への参加者が減り、役員のなり手も見つからなくなって、2014年度末で解散した（それ以外の同郷会は継続）。その一方で、旅行や花見などの町域を越えた活動は活発になっている。2014年の夏には、柏崎市民も交えて海のスポーツを楽しむ「サマーフェスティバル」が開催され、東日本大震災の追悼式も4町合同でおこなわれた。

2015年には、避難者はピーク時のおよそ3分の1（337世帯）になった（2015年3月末）。柏崎への避難も5年目に入り、避難者にとっても支援者にとっても終わりの見えない日々が続いている。柏崎で自宅を購入したか、これから購入すると見られる世帯は、そのうち10％ほどである。柏崎に残る人は、夫が原発関係の仕事をしていたり、子どもが高校を卒業するまではとどまる、という場合が多い。柏崎にとどまる決断をする人は、ゆるやかに右肩上がりになっている。帰還する人は、高齢者が主で、子どもの学校（卒業）や夫の仕事も理由になっている。戻る世帯は、物件を手配していて、見つかればすぐに移動する感じである。

避難者の減少に対応して、2015年度から訪問支援は全戸訪問に切り替えた。年に2回、全戸をまわる予定である。サロンとしての「あまやどり」の活用も、避難者の間で定着している。当初は、避難者がそれぞれ居住している柏崎市の町内会やコミュニティセンターが避難者のサロン的な役割を果たし、町の中心部におかれた「あまやどり」は自然になくしていくという考えもあった。しかし、避難者が地域に溶け込むことはそれほどたやすくはない。「嫁と姑と同じで、他人同士がおたがいのことを理解しあって受け入れ、馴染んでいくのには時間がかかるし、そんなに簡単ではないことがよく分かりました。やっぱり地元の言葉で話せる中央部のサロンは、しがらみなく集まれる場所としてあるべきだと思ったんです」。

子どもたちの問題はいったんは落ち着きをみせたが、2014年度には不登校などが再び目立ちはじめている。これに対して、「3年半が経過し、大人が落ち着いてきたことで、子どもたちが『今まで抑えてきた気持ちなど』を出しやすくなった」という見方がされている。その一方で、保護者や子ども自身から「避難者」として区別して欲しくないという声も出るようになり、支援者のかかわりがいっそう難しくなっている。たとえば学校で、福島の子どもだけを集めて食事会や交流会を企画すると、「どうして私たちだけ…」という反応が出てくる。その一方で、学校の避難訓練でパニックを起こしてしまうこともあり、依然として配慮を必要としていることは間違いない。

避難の長期化にともなう困難

避難生活の長期化は、遠隔地で避難を続ける人びとに、これまでとは異なる新たな困難や悩みをもたらす[9]。柏崎市の被災者支援担当者によれば、長く避難生活を続ける中で、たしかに多くの避難者は柏崎での生活のリズムを確立しつつあるようにみえるし、それなりの人間関係も構築されてきている。その一方で〈決断できる人／できない人〉の分化がはっきりしてきたという。

「決断できる人」は、柏崎に住むという選択や福島に帰るという選択、あるいはそれ以外の土地に移動するという選択をして、実行に移してきた。しかし、「どうしようかなというところで決められない人たちは、どうしても置いていかれてしまったという感情や感傷に浸っている状況がある」という。柏崎では、いったん避難者の同郷会や横のネットワークができて、そこで共感や安心を得ることができた。だが3年目の2014年くらいから、その中で今度は「どんどん次のステージに上がっていく人と置いていかれる人との速度の違い」が表面化してくる。この「置いていかれる人」の「妬みやさびしさ」の部分をどうケアしていけるのか、ということが支援の課題にもなってくる。避難者それぞれが抱えているものが分化していく中で、一元的な支援ではなく、「おかれている状況による個々の多様化のニーズに応える」ための支援が必要とされる。

また、柏崎で自宅を建てたり購入する決断を下した人でも、「とりあえず」という暫定性のもとで考えられている場合も少なくない。「子どもさんが高校を卒業するまではここにいる、と決める方が多数おられます。だから一生ということではなくて、とりあえずこの区切りのところまではこうします、その後どうするかはその時にまた考える、というパターンの方が多いと思います。ご自宅を建設された方でもそういうイメージなんですね。……やっぱり避難している中でずっと決断を求められてきて、決断疲れみたいなところがあるのかなと思います。どうしようか、この先どうなるんだろうかというのを、ずっと考えられてきて、とりあえずそこまで決めれば、あとは考えなくていいかなというのが結構あるように感じますね」。

避難者を取り巻く柏崎市民の意識にも、変化がみられるという。避難当初は、着の身着のままで逃げてきた人びとを前にして、多くの市民が何とか支援したいと考えた。同じ原発立地地域として他人事とは思えない、という感情もそれにともなった。しかし、東電による賠償が回り始め、その情報が(やや偏りを含んで)聞こえてくると、市民の避難者をみるまなざしにも変化がみられるようになった。それに加えて、さまざまな「風評被害」的な噂も飛び交った。そうなると、行政による避難者支援に対して「市民だって困っている」「不公平ではないか」という意見も現れてきたのである。町内会レベルでも避難者との摩擦が生じるケースもあった。

こうした変化も感じながら、避難者の中でも「避難者であることを隠す」人が増えているという。柏崎でも福島ナンバーの車に傷をつけたりする嫌がらせがあった。また、子どもが将来、原発事故の時に福島にいたことで差別されるのを心配する親もいる。こうした理由から、避難者がみえなくなってしまうことも心配される。いずれにしても、県境を超えた広域避難が長期化することで、避難者の中でも支援者の中でも困難が深まっている。個別的で繊細な対応がますます必要になっているといえる。

5. むすび――柏崎市の避難者支援の特徴

避難者と支援の変化

2016年の春になると、原発事故による広域避難は丸5年を経過することになる。この5年間で、避難者のおかれた状況もそれに対応する支援の課題も変化してきた。「あまやどり」のスタッフは、避難者への訪問を繰り返し、そのつどのニーズをくみ上げ、助言と支援をおこなってきた。「あまやどり」が毎年度作成している『東日本大震災避難者見守り支援事業実績報告』では、「訪問時の確認事項並びに相談・助言内容等」として、各月の避難者の動向や支援の内容がまとめられている。**図表 2-4** は、その内容を抜粋・整理したものであるが、避難者が抱えている苦悩や不安の変化などを知ることができる。

原発事故から 1 年程度は、当初の「着の身着のまま」での避難から始まり、住まいや家財道具等の確保に追われた。事故の収束も賠償の行方もみえず、避難者はまさに暗中模索の中で慣れない土地での避難生活を送った。柏崎市ではいち早く見守り訪問の体制を構築したが、避難者のやり場のない怒りを支援員がぶつけられることもあった。冬期には豪雪に見舞われ、慣れない気候に体調を崩す避難者もみられた。衣食住は徐々に安定してきたが、避難者同士のコミュニティ形成に関心が向く余裕は、この段階ではまだなかった。

避難生活も 2 年目～ 3 年目（おおむね 2012 ～ 2013 年度）になると、東電による賠償も進展し始め、避難先での生活も安定してくる。福島県内での仮設住宅の整備も進み、帰還する避難者も増えていった。この時期は、避難者の横のつながりが求められ、出身町別の同郷会活動も盛んになった。その一方で、当初は見守り支援の主な対象として想定されていた高齢世帯よりも、小学生から高校生までの児童・生徒に関する問題が重要な課題として浮上してきた。柏崎刈羽原子力発電所の停止にともなって避難世帯の夫・父親の単身赴任も増え、母子避難の状態になった世帯が増加してきたことも、それに拍車をかけた。また、生活の安定とともに「何ともいえない不安」を感じる人も多く、こうした精神的な部分への支援も課題となった。

避難生活が 4 年目～ 5 年目（おおむね 2014 ～ 2015 年度）を迎えると、避難者の個別化と多様化が進み、さらには将来に対する選択、決断が求められる中で、その速度の違いにもとづく避難者の分化も目立ってくる。避難者に対する柏崎市民の意識も、「賠償」をめぐる情報やさまざまな「風評」もともなって微妙に変化してくる。表面的な安定の深部で、むしろ避難者の苦悩や不安は深まっているのではないか。外部の「不理解」（山下ほか 2013）にさらされることによっ

図表2-4　「あまやどり」による避難者支援（2011〜2015年度前半）

年　月	事　項
2011年	
7〜9月	・就労先を探すが、柏崎ではなかなか見つからない。 ・放射線問題が進展せず、孤独感や取り残され感が増してきた。 ・引き籠もりがちになる避難者も出始めた。
10〜12月	・避難直後は速やかに避難所を退出したいために、住宅物件を十分吟味しなかったため、入居後に狭隘、老朽化及び騒音等に悩まされ、転居したいが借り上げ住宅制度は2回利用できないことから、日常生活に不便をきたしている家族が多くなってきた。 ・連日の降雪に対して慣れない除雪に疲れ、気分の低下、引き籠もり気味、更には鬱化傾向を訴える者が多くなった。
2012年	
1〜3月	・子どもの教育のことを考えて、新年度からいわき市に戻りたいが生徒の増加が続いており学力低下が心配されるので帰県を断念せざるを得ない。 ・市町村別に自立団体を立ち上げるように側面から支援した結果、浪江町と富岡町が自発的に同郷者の団体を立ち上げ、フリートークしながら今後の自立生活の仕方等について話し合うようになった。
4〜6月	・生活再建したいが、国・県・市町村の指針が決まらず、方向性を決めかねている。 ・柏崎刈羽原発が定期検査にはいったことにより、今後の仕事がどうなるか不安定な状態である。それに伴い、家族で転居するのか、単身生活になるのか、家族の在り方について改めて考えさせられている。 ・福島県浜通り（いわき市）での居住希望者がとても多いが、借り上げできる物件もなく土地も値上がりし、困惑している。
7〜9月	・柏崎刈羽原発停止による県外への転居者が目立ってきた。 ・高齢者は今まで苦労を重ねながら得た地位、コミュニティ、土地、家等々を一瞬で失った悲しみや虚しさなどの感情を押し殺し、1年半避難生活を送っている。 ・被災地で年齢を重ねる不安や病気の再発、孤独感に苛まれている方も多く見受けられる。 ・警戒区域の再編が確定しないため、生活再建の目途が立たない。
10〜12月	・（ある）高齢者は、「自分達（高齢者）は何の生きがいもなく、ただ生活しているし、死ぬことを待っている状態なんだよね」と話してくれた。 ・サロンや交流会などの行事は楽しいし、友達も出来たが、暇だからサロンへとか、暇だから出かけるとか、暇だから…が言葉の先に付いてしまう。生活をする楽しみや目的がない状態が続いている。 ・小中高の問題が増えてきている（不登校、高校入試等）。
2013年	
1〜3月	・警戒区域内の住宅ローンもあり、二重ローンを組みたくない為、大きな決断が出来ないでいる。 ・高齢者は故郷に多くの思い出や思い入れのある方が多いが、その方達でさえ帰還できるのかどうかの線引きを望んでいる。涙ながらに語ってくれる方もいた（生殺し状態だとも言っていた）。 ・母子避難世帯は、現在の状況を乗り越えようと頑張り過ぎ、不眠や鬱の症状を訴える方も少なくない。
4〜6月	・以前と生活環境が変化し、父親が子供への接し方が分からない世帯もある。 ・また、母親に関しても単身赴任の距離感で長年夫婦関係が継続していたため、夫への対応等に苦慮する者もいる。
7〜9月	・夏休みに入り、子供だけで留守番をしている世帯があるため不安である（避難前は、祖父母に預けられたが、現在は家族や友人、親戚等が県内外に避難しているため）。 ・全般的に見て、子供達も落ち着いてきている。「福島県からの避難者だから」というようなイジメなどは、ほとんど聞かれなくなった。

年　月	事　項
2013年	
10～12月	・知人等の生活再建に向けた行動（新築、中古住宅購入等）が目につき、自分だけが取り残されたような感じを受けている世帯も多い。 ・明るく気丈に振る舞っているが、震災から２年半を経過しても尚、生活再建が進まない状況にストレスを抱えている状況である。
2014年	
1～3月	・家を建てる、購入する、福島県へ帰還するなどの動きが少しずつ増えてきている。所有物件等を手に入れる事により、少しずつではあるが心や生活にゆとりが出始めていると感じる。 ・仕事、住宅など再建に向かっている者はある程度落ち着いてきたが、そこまでたどり着いていない者は、取り残されたイメージを持ち、心のケアが必要な状況である。
4～6月	・家を建てる、購入する、転居するといった具体的な生活目標が設定されつつあるように感じる。 ・新築や、中古物件購入といった市内から市内への引越に伴う地域や自治会への挨拶なども考えていかなければならない。また引越先でのコミュニティも一から作り上げていかなければならない。
7～9月	・柏崎で友達になった方々が、それぞれ福島県等に引っ越していくことにより、取り残され感や寂しさを感じてしまう。そのことによる引きこもり等に注意していかなければならない。 ・子どもたちの問題が出現しはじめた（不登校、不登校気味、心霊現象など）。 ・3年半が経過し、おとなが落ち着いてきた事で、子どもたちが「今まで抑えていた気持ちなど」を出しやすくなったと考えられる。
10～12月	・先月に引き続き子供に関する問題がある（母親の暴力や、暴言、不登校）。 ・比較的落ち着いた生活をしている世帯が多くみられるが、訪問してみると、まだまだ問題が多いようだ。その中の一つに、避難生活がこれほどまで長く続くと思わずに近所付き合いを最小限にしてきたが、今後どうしていくべきか悩んでいる。 ・自主避難世帯の生活（二重、三重生活）が厳しくなっている。
2015年	
1～3月	・強制避難者は丸4年経っても自宅に帰れない状況である。復興というスタートラインにも立てていない。そんな状況の中でも前を向き新しい土地で新居を構え生活環境が少しずつではあるが整えられてきている世帯もある。だが、本当の意味での復興はまだまだであることを考えながら支援策を構築していかなければならない。
4～6月	・柏崎市内に家を建てたい、購入したいと考える世帯が少しずつ増えてきた。昨年までは、柏崎市に家を建てるなど考えもしていなかった世帯が、土地や中古物件を探しはじめている。 ・被災元であれば、知人、友人等を頼り子どもがいても融通の利く会社等に勤められるが、とくに避難先での母子家庭世帯等の就職については、まだまだ問題が多い。 ・帰還困難区域を除いた区域へ借り上げ住宅等の供与期間（平成29年3月末）が発表された。それを受け、今後、避難者世帯に様々な動きが出てくると思われるため、早期の対策が必要になってくる。
7～9月	・転居先でのコミュニティ作りが大変であることや住民票の異動等について悩んでいる。 ・避難者の定義について、そろそろ考えなくてはならない時期にきていると思うが、その線引きに関してはかなりの難しさを伴う。実際、新築し住民票を柏崎市に異動した方に避難者の登録解除（訪問の登録解除も含む）が出来る事を伝えたら、「福島県や訪問支援員との繋がりが全くなくなってしまうのが寂しい」と答え、登録の解除はしなかった。逆に結婚をし、登録解除を自ら申し出た方もいる。

注：地域活動サポートセンター柏崎『東日本大震災避難者見守り支援事業実績報告』（各年次）をもとに作成。

て避難者であることを隠すケースも現れ、避難者の苦悩はいっそう潜在化・複雑化しているように思えるのである。こうした段階に至ると、支援は避難者の個別の事情にそくした形をとらざるをえず、その難しさも増している。

図表2–5では、ここまでの記述をふまえ、広域避難者が抱えている課題とその背景、それに向き合ってきた支援の取り組みについて、5年間の変化を時系列的にまとめておいた。

図表2–5　広域避難者が抱える課題と支援の変化

年度	避難者が抱える課題	支援の状況・課題
2011年度	・避難生活の模索（＝住居・仕事・学校、冬場の暮らし…）	・個別世帯の見守り訪問開始 ・交流拠点（サロン）の開設
2012年度	・生活再建の方向性の模索（←国・自治体の指針が不確定、柏崎刈羽原発の停止） ・生きがいや目的の喪失（←人間関係の喪失） ・母子世帯の増加・子どもたちの問題（←親の孤立）	・町別同郷会の結成 ・情報交換会・ケース検討会議の開始（関係機関の横の連携）
2013年度	・家族関係の不安定さ（←仕事・転居による家族形態の変化） ・「何ともいえない不安」（←見えない「この先」）	
2014年度	・「取り残され」感（←帰還の進行、個別化・多様化と格差） ・子どもたちの問題（←抑えてきた気持ちが噴出） ・自主避難世帯の困難（←二重生活の負担、住宅支援の見通し）	・出身市町を超えた活動 ・避難者の個別化・多様化に応じた支援 ・避難先での定住支援
2015年度	・新たな生活環境への適応（←避難先での生活再建） ・避難者の定義の問題（←周囲の視線、賠償・健康問題）	

注：地域活動サポートセンター柏崎『東日本大震災避難者見守り支援事業実績報告』（各年次）、および聞き取りによる。

中越沖地震の経験知と原発避難の特殊性

2007年に中越沖地震による大きな被害を受け、被災者支援と復興を経験してきた柏崎市は、今回の原発事故による避難者への支援に関してもその経験知を活かすことができた[10]。中越沖地震への対応では、阪神・淡路大震災および中越地震の被災地から伝えられた〈被災者の孤立死や自殺を防ぐ〉ための見守り支援を徹底して、成果をあげた。被災者が生活再建に踏み出せるように、被災者を戸別訪問してその課題とニーズを徹底的に把握し、そこで得られた情報をもとに個別の支援プランを作成して、支援にあたったのである。この経験をふまえて、今回の避難者への対応でも早くから見守り訪問のための体制を構築し、避難者を雇用して支援にあたることができた。

さらに、見守り訪問を通じて確認された要支援の事例に関して、外部の専門機関を含む関係者による情報交換会や事例検討会が開かれたが、この枠組みも中越沖地震の経験にもとづくものだった。避難者のコミュニティづくりの必要性を強く感じて、町別同郷会の結成をいち早く働きかけたことも、同様である。「あまやどり」の受け皿となったNPOも、中越沖地震の被災者支援の経験を蓄積していたし、被災経験をもつ市民の間では「恩返し」の意識も強かった。同じ原発立地地域として、今回の事故を他人事とは思えないという事情もあった。

故郷を遠く離れた避難先で生活する人びとにとって、行政や市民による支援は心強かったと思える。しかし多くの面で、避難者に対する支援は〈手探り〉の状態で行わざるを得なかった。避難者は、プレハブ仮設住宅に集住するのではなく、避難所を出た後はいわゆる「みなし仮設」に入居したため、市内に分散して居住することになった。当初は避難者の住所の把握に苦労したし、居住地域のコミュニティにとけ込んでいくことも難しかった。

何よりも原発事故の収束がみえず、放射能の影響を取り除くのに長い期間を要するため、避難の終わりを見通すことができない。中越沖地震の場合は、地震から２年後に仮設住宅を解消するという明確な目標をもち、それに沿って支援プログラムを組み立てることができた。しかし今回は、避難と支援をいつまでに終了すればいいのか、はっきりと決めることができない。この「先が見えない」ということが、避難者にとっても支援する側にとっても、もっとも大きな困難の源である。

「先が見えない」にもかかわらず、避難者はそのつど選択・判断・決断を迫られ、それに対処してきた。とりわけ、福島に帰還するか、柏崎に移住するのかということが、多くの避難者にとって最大の問題である。いずれかを決断する人も増えてきているが、その場合でも現状では「とりあえず」という暫定性がつきまとうことになる。こうした決断の中身をみないで、避難や支援の終了を安易に語ることは許されないだろう[11]。今回の経験から学び後世に活かすためにも、この点を含む避難の実情について、当事者の声を詳しくていねいに聞き取っていくことが必要とされる。今後も継続して取り組んでいきたい。

注

1　以下の記述は、2011年6月に柏崎市の防災担当職員を対象としておこなった聞き取りと関連資料にもとづいている。
2　このNPOは、中越沖地震被災者の生活支援を目的として2009年に設立され、同年8月に柏崎駅前に完成した復興公営住宅入居者への支援（駅前サロンの運営）や市内の自主防災組織の育成事業などを担ってきた。こうした実績もあって、県外避難者の見守り支援事業を受託することになったのである。以下の記述は、2011年8月、2012年5月に柏崎市被災者サポートセンター「あまやどり」スタッフを対象としておこなった聞き取りと関連資料にもとづいている。
3　以下の記述は、2011年9月に柏崎市被災者サポートセンター「あまやどり」スタッフ（訪問支援員）を対象としておこなった聞き取りにもとづいている。
4　以下の記述は、2012年5月、2013年4月に柏崎市被災者サポートセンター「あまやどり」スタッフを対象としておこなった聞き取りと関連資料にもとづいている。
5　以下の記述は、2013年4月に柏崎市被災者サポートセンター「あまやどり」スタッフを対象としておこなった聞き取りと関連資料にもとづいている。なお、こうした関係スタッフ・機関による検討会議を随時おこなう体制は、中越沖地震の際の経験をふまえている（髙橋編2016参照）。
6　この部分の記述は、2015年6月に柏崎市の被災者支援担当職員を対象としておこなった聞き取りにもとづいている。
7　この部分の記述は、2013年4月に柏崎市被災者サポートセンター「あまやどり」スタッフを対象としておこなった聞き取りにもとづいている。
8　以下の記述は、2015年5月に柏崎市被災者サポートセンター「あまやどり」スタッフを対象としておこなった聞き取りと関連資料にもとづいている。
9　以下の記述は、2015年6月に柏崎市の被災者支援担当職員を対象としておこなった聞き取りと関連資料にもとづいている。
10　この点については、髙橋編（2016）も参照。
11　現状では、避難者の多様性や思いに十分配慮がなされることなく、避難指示解除と賠償・支援終了への流れが加速している。この点については、髙橋（2015）を参照。

第３章　「仲間」としての広域避難者支援
――柏崎市・サロン「むげん」の５年間

1. はじめに

2011年3月の東日本大震災と福島第一原子力発電所事故からおよそ5年が経過した。事故後に避難指示が出された区域を中心に、故郷を離れて福島県内外で避難生活を送る人は、依然としておよそ10万人を数えている（2016年1月現在）。原発事故による広域避難を対象とした社会学分野の研究は、多様な避難先・避難形態に応じて蓄積されつつある（原田・西城戸 2013、高橋 2013、山本ほか 2015、など）。筆者も、福島県からの避難者が多い新潟県において、原発事故のすぐ後から避難者と支援者を対象とした調査研究を継続的におこなってきた（松井 2011、2013a）。本章では、新潟県柏崎市で展開されているユニークな避難者支援の「場」に焦点をおいて、この5年間の経過を跡づけることにしたい。それは、民間の一人の女性（増田昌子さん）が主宰する「共に育ち合い（愛）サロンむげん」（以下「むげん」と表記）における、広域避難者支援の取り組みである[1]。

増田さんは、埼玉県出身の元保育士で1996年から柏崎市に在住している。嘱託職員として市役所に勤務した後、多様な人が気楽に集まれる場所として「むげん」を2010年に立ち上げた。その翌年の原発事故後は、「むげん」を避難者の居場所として開放するとともに、周囲を巻き込みながら工夫に満ちた支援活動を展開していく。その行動力や創意のゆえに、増田さんは「一人ボランティアセンター」とも称されてきた。5年間にわたる避難生活の中で、避難者のおかれた状況やそのニーズは、時間の経過とともに変化している。増田さんは避難者のニーズをていねいにくみ取りながら、それに対応した支援活動をおこなってきた。本章では、主に増田さん個人の行動や思いにフォーカスしながら、この変化の過程をたどることにしたい。

「むげん」がある柏崎市は、新潟県のほぼ中央部、日本海に面した場所に位置する人口9万人ほどの地方都市である。刈羽村との境には、7基の原子炉を有する東京電力の柏崎刈羽原子力発電所が設置されている(現在停止中)。2007年の新潟県中越沖地震では、震度6強の揺れに見舞われ、中心市街地をはじめ市内全域が甚大な被害を受けた。福島第一原発事故により多くの人びとが隣県である新潟県に避難してきたが、当初2,000名を超える最大の避難者を受け入れてきたのが柏崎市だった。福島第一原発周辺から避難してきた人びとには、柏崎の原発で働いた経験があったり、仕事関係の知り合いや家族・親戚がいる場合が多かった。そのため柏崎では、双葉郡を中心とした避難指示区域からの強制避難者の割合が9割を超えている[2]。

以下本章では、まず支援者(増田さん)からみた避難者の状況と変化、それに応じて「むげん」を舞台に展開されてきた支援の形とその変化について時系列的にたどる(第2節)。ついで、このユニークな支援の「場」を成り立たせている増田さんの個人史的背景と「支援」へのスタンスを取り上げる(第3節)。最後に、以上の紹介と検討から導き出される知見を提示することにしたい(第4節)。

2. ある避難者支援の「場」

2-1　故郷とのつながりを求めて(2011年)

避難所支援と「むげん農園」

福島第一原発事故の直後から柏崎市を目指して避難してくる人がみられ、その数は時間の経過とともに増えていった。市ではまず、中心部にあるコミュニティセンターの体育館を避難所として開設し、避難者の増加に合わせて順次避難所の数を増やしていった。最終的には4ヶ所の避難所が設置され、618名(184世帯)が避難した。

増田さんは、3月15日に開設された最初の避難所に向かった。そこで目にしたのは、「かっぽう着姿だったりパジャマに上を羽織っただけで長靴だったり」という、「リアル着の身着のまま」の避難者の姿だった。原発周辺の住民は、

サロン「むげん」入り口（柏崎市）

事故後に「しばらく町を離れます」といわれて地区の集会所に集められ、短期間のつもりでバスに乗りこんだのだった。着替えや身の回りの品も持ち出す時間がなかったので、すぐにさまざまな物資が不足してくる。毎日避難所に通って声をかけていた増田さんは、やがて避難者から「替えの下着が欲しい」といった訴えを聞くことになった。

増田さんはすぐに知り合いに連絡をまわして、集められるだけの衣類を集め、避難所脇の駐車場で配布した。やがて避難者が行列をつくるようになり対応が難しくなってきたので、「むげん」を物資提供の場所にすることにした。友人・知人に声をかけた結果、さまざまな物資が集まった。口コミで情報が広がり、各避難所から物資を求めて訪れる避難者も増えていった。そうした物資を段ボールに詰めてただ並べるのではなく、衣類だったら男女別・サイズ別に分けて棚に入れ、試着室もつくった。「ここに来るとわくわくして、おしゃれに気をつかうことのできるブティックのような場所」をめざした。4月下旬まで物資配布を続け、毎日 20 〜 25 人くらいの避難者が訪れた。

物資の不足も一段落して配布を終了して以降は、利用していた避難者やスタッフに加わって物資配布を手伝っていた避難者が、お茶を飲みながら会話を楽しむために「むげん」を訪れるようになった。体育館の一次避難所が閉鎖されて、避難者が旅館などの二次避難所に移動して離ればなれになったころである。避難者の中から「畑をやりたい」「土にふれたい」という声があがったので、二次避難所から通える場所に畑を借りて、「むげん農園しゃべり畑」と名づけた。野菜の種を植え、6月には小松菜などを収穫することができた。

このころから故郷への一時帰宅が本格化してくる。「初めての一時帰宅の前はものすごく楽しみにしていたけど、帰ってきたときの落ち込み方がすごかった。そのとき、一人でいたらおかしくなっちゃうっていって、みんな集まってきた」。久しぶりに目にする自宅は荒廃が進んでいて、それが2回目、3回目と回を重ねるごとにひどくなっていく。「自分の中でも、もうあきらめてきてる部分がすごくあって、でもいつか福島に帰りたいという目標がないと、たぶん一歩が踏み出せないと思うんですよ」。このころはまだ、いつか自宅に帰りもとの生活を取り戻すことが心の支えになっていた。

「あつまっかおおくま」と被災地間の交流

8月になると、福島県大熊町から避難している高齢の男性から「むげん」に1本の電話がかかってきた。「柏崎に避難してから全然大熊弁で話していないので、同郷の人と話がしたい。誰かご存じですか」という内容だった。その時にちょうど「むげん」でお茶を飲んでいた大熊町の人と相談して、最初は8月末に7人で集まった。故郷を遠く離れた場所でバラバラに避難生活を送っていた人びとにとって、同郷の人と話すこと自体が貴重で楽しい機会だった。そのことにあらためて気づいた大熊の人びとは、それぞれ知り合いに連絡を取り、翌月の会には40〜70歳代の25人が集まった。この集まりを定例化し、組織化したのが「あつまっかおおくま」である。

「あつまっかおおくま」の定例会で、「復興をみてみたい。復興って可能なのかを知りたい。そうじゃないと前に向かっていけない」という話が出た。増田さんがどこに行きたいのか尋ねたところ、「山古志に行きたい」という声があがり、11月にバスを借りて中越地震(2004年)で被災した旧山古志村(現長岡市)に向かった。被災当時の姿で保存してある集落とその近くに再建された集落を見て、避難してきてからはじめて泣いた人もいたという。それまでは、「泣いたら気持ちの糸が切れて、もう立ち上がれなくなってしまうのではないか」と思い、泣くのをずっと我慢してきた。しかし山古志で、いつかは復興できると信じることができて、うれしくて思いきり泣けたのである。

この年の忘年会には、同じく中越地震の被災地だった旧川口町（現長岡市）から住民を招いて盛大に交流した。翌年の２月には、川口から「雪見＆グルメツアー」の招待を受け、今度は大熊の人びとが出かけていった。川口と交流のあった穴水町（能登半島地震の被災地）から牡蠣の差し入れもあり、テレビ電話で話もできたという。災害被災地同士の交流の中で「いつかは笑って暮らせる日が来るからがんばろう」という話になった。増田さんによれば、「被災した人たちが復興を遂げた後に、また被災した人たちをこんなに温かく受け入れてくれる。私たちはこういう人間になりたいとみんなが感じて、それで自立がすごく進んだ」のである。その後も、川口で開かれるイベントで、大熊の人たちが手作り品を販売するなど両者の交流が続いた。「あつまっかおおくま」に集う避難者たちは自分たちで動き始め、交流を重ねるごとに一歩ずつ前へ進んでいった。増田さんは、彼らの声を聞きながら、長岡市の中間支援組織など周囲のサポートも得て、こうした動きを支えていった。

「てんこもり通信」と避難者の“つぶやき”

増田さんは2011年の５月から2012年の４月にかけて、ほぼ毎週「福島の方と柏崎の方への情報発信と交流を目的にした手づくりの情報誌」である「てんこもり通信」を発行し続けた。その時々の「むげん」を中心とした支援の様子や避難者の様子、増田さんのメッセージ、イベント等の情報、「むげん」を訪れた避難者の「つぶやき」が手書きで掲載されている。「むげん」の店内や柏崎市役所のロビーにおかれたほか、交流のあった福島県内の仮設住宅にも届けられた。また、柏崎を離れた避難者も見ることができるように、ホームページにも掲載している。

この「通信」に載った避難者の「つぶやき」を2012年２月分まで月別に整理した『てんこもり通信特別号』も作成されている（増田編 2012）。以下ではこの「特別号」に拠りながら、3つの時期に分けて、避難者の状況と気持ちの変化をたどってみよう。

最初に春・夏（2011年5～8月）の「つぶやき」から。この時期から始まった「一時帰宅」に関するものが多くみられた。「変わり果てた家に涙が止まらなかったです」（60代男性）。ストレスに悩む様子もみられる。「夏休みになって、毎日子どもたちを狭いアパートの中で叱ってばかりいる自分が情けないです。福島の家は広かったから…。ストレスでおかしくなりそうです」（40代女性）。子どもたちも新しい環境の中で苦闘している。「“なまり”をすごく笑われて学校でつらかったんだ」（11歳女子）。なまりがきっかけで学校でいじめにあい、転校していった子どももいた。

次に秋（2011年9～11月）の「つぶやき」から。「今まで一緒に暮らしていた家族が離ればなれは、つらいです」（40代女性）。漠然とした不安に駆られる人もいる。「子どもたちを学校へ送り出し一人になると、なぜか不安になって、悪いことばかり考えて涙が止まらない」（40代女性）。子どもたちのストレスも強くなっていく。「夏休み明けから子どもがイライラしているのか、すぐ怒ったり急に泣き出したり…。理由を聞いても、本人も分からないよって言います」（40代女性）。「長男が高校受験で悩んでいます。目標を見失って『俺の人生なんてどうでもいいよ！』という言葉を聞くたびにつらいです」（40代女性）。

最後に冬（2011年12月～2012年2月）の「つぶやき」から。「『もう福島には戻れない』と現実を受け止めたとたんに身体が悲鳴をあげた」（40代男性）。親として耳にする子どもの声も切ない。子どもたちのためにクリスマスツリーを飾ったら、5歳の娘から「サンタさんが間違えて福島のお家にプレゼントを届けちゃったらどうしよう。プレゼントもらえないのかなあ」と言われ、「泣き出した娘を抱きしめながら一緒に泣きました」（20代女性）。「5歳の息子が、雪が降ると大喜びで雪遊びを楽しんでいます。笑顔いっぱいに遊んでいたとき、『ママ、今日もこんなに真っ白な雪が土をきれいにしてくれたから、福島のお家の土もきれいになったよね？　雪が溶けたら福島に帰れるね！』言葉が出ない…涙」（30代女性）。

増田さんは、「“つぶやき”の中に真実と心の叫びがある」として、避難者の声を熱心に聞き取り、書き留めている。その時々の具体的な状況のもとで発せられた一つひとつの言葉は、遠方に避難して１年目の様子を生々しく伝えている。とりわけ元保育士である増田さんが子どもの様子に心を配り、心を痛めながら見守っていることがうかがえる。

2-2　避難先での居場所づくり（2012年）

「うつくしまキッズ」と「結・遊・倶楽部」

柏崎での避難生活も２年目に入り、故郷に帰る見通しももてない中で、避難先でのコミュニティづくりが急務となってきた。「あつまっかおおくま」に続いて、「むげん」での交流をきっかけとしたもっと若い世代の集まりもつくられていった。浪江町の女性が、保育料の助成の件で「むげん」に相談に訪れたことがきっかけとなって、2012年２月に若い母親たちを中心とした集まり「うつくしまキッズ !! I Love パパ・ママ」が結成された。先の見えない不安を抱えながら慣れない土地での生活を送り、子どもの心のケアの問題などにも直面する親たちの仲間づくり、支え合いの場として意味づけられている。

いわき市からの自主避難者を含む10組ほどの親子が、毎月２回「むげん」に集まって、保育料の問題や低線量被曝、食品の放射能汚染の問題なども含めて、同世代のおしゃべりを楽しんでいる。津波や放射能汚染を経験した立場で見ると、柏崎の防災意識の低さも気になる。津波や洪水への備えも不安だし、原発立地地域なのに野菜の放射線量を計る機械を気軽に使う環境もない。こうした点について、増田さんもサポートして担当課との意見交換会を実現させた。また、浪江町に要望して保育料の補助を勝ち取るという成果もあった。

避難者の自立支援も兼ねて、「絆リング」と名づけたアクセサリーの製作と販売にも取り組んでいる。担い手は、20～40歳代の女性を中心とした「結・遊・倶楽部」というグループで、材料費を除いた分が避難者の収入になる。「自分で働いて、お金を得る感覚を取り戻さないと、本当に被害者になってしまう」という増田さんの考えによる。このグループも2012年の２月に始まり、柏崎市民と避難者が一緒に週１回「むげん」に集まって活動している。増田さんのスタンスは、「基本的に福島の人を動かして、福島の人が福島の人を支えるようにしています。私は口だけ出して、場所を貸して、あとはやる気にまかせている」。大熊町限定の「あつまっかおおくま」とは異なり、2年目に活動を本格化させるこれらのグループは、避難元自治体にはこだわらない集まりになっている。

「絆プロジェクト」と「まちづくり」

避難者の中では、柏崎に来てからもう1年もたっているのだから、何か世話になった恩返しをしたいという気運も高まっていた。近所の神社や保育園の草むしりをしたり、冬には隣家の雪かきをしてあげる人もいた。それに加えて、今年はもっと本格的に田んぼや畑をやりたいという避難者の声もあって、増田さんは新たな活動に乗り出す。県内のNPOと連携して、柏崎市の山間部にある高柳地区の休耕田や耕作放棄地を借りて整備し、米や大豆、枝豆をつくる「絆プロジェクト」である。避難者の心の復興と過疎・高齢化に直面する山間地の地域おこしの「ダブル復興」をめざすものだった。「耕作放棄地がそこらじゅうにあるような山の中の地域おこしを、福島の人がしたらすごい素敵なことだよねってひらめいちゃったんです」。避難者が避難先の柏崎市の地域課題に取り組んで活動することが、やがて彼ら自身の自立にも結びつくと考えた。

「絆プロジェクト」には、避難者や地元住民とともに、活動に関心をもった柏崎市民や大学生、東京からのボランティアなども加わり、水田や畑の整備、田植え、大豆の植えつけ、稲刈りや収穫した大豆を使った味噌づくりなど、年間を通して一連の作業をおこなった。「お米づくりとか大豆づくりって実際に自分たちが活動していることが眼に見えるじゃないですか。現実が眼の前にあるだけ、説得力がすごく強い。自立とか復興って漠然としているけど、田畑に稔りを与えられたっていうだけで、それからの変化はすごいですね」。

このプロジェクトには、「古民家再生」というもう一つの柱があった。活動場所の休耕田近くにある国道沿いの古民家を借りて自力で修復し、プロジェクトの活動拠点や避難者の自立支援の拠点として活用しようという試みである。2012年の夏、基礎や壁の修復から始めて、木の床を張り、外壁を塗装し、ウッドデッキも新たにつくった。専門の業者に依頼するのではなく、避難者と柏

避難者の手作り品（柏崎市）

崎の有志がこうした作業をおこなった。こうして完成した「Bond（絆）House 縁結び」は、誰でも立ち寄ることのできるオープンカフェであり、避難者の手作り品などを販売する場ともなっている。

こうした活動をふまえて、増田さんは「被災者支援はまちづくり」なのだと強く思うようになった。災害の被災者にとって住みやすい環境にするためには、被災者をもう被災者だといわせないような「まちづくり」が必要だという。「この地域をよりよくしていくにはどうしたらいいんだろうというのを、行政と住民と被災者と共同で考えていく。そういうまちづくりができれば、一番居心地のいい避難先になる。いまはお客様にしようという意識が強いから、『世話になっている』『支援していただいて』みたいな言葉が出てしまう。支援されているなんて言葉が出ないような、そんなまちづくりができないかな」。

不安と分断

柏崎に避難してきて１年目は、「同郷の人たちと会いたい、会って話をするだけでも気持ちが落ち着く」という思いが強かった。「むげん」での出会いをきっかけとした大熊町の「あつまっかおおくま」に加え、２年目に入ってすぐに双葉町、浪江町、富岡町の集まりもそれぞれできた。上述のように、とくに町別にはこだわらない若い世代のグループもできていった。

その一方で、東京電力による賠償に起因した「境遇の違い」が表面化し始めてくるのがこの2年目である。自宅のあった場所や家族構成、ローンの有無などによって賠償額や生活のあり方に差が出てきた。「最初は仲良しで来ていても、お金の問題でけんかが始まる。そうすると、もうその人と一緒にいる空間は心地よくなくなってくる」。「むげん」を利用している避難者の間でもギクシャクした空気が流れ、個別に話しに来る人が多くなった。避難者の「分断」が問題化し始めたのである。

増田さんが相談を受ける内容も、2年目に入ると変化してきた。賠償がそれなりに行き渡れば、衣食住は安定してくる。だが、生活が不安定だったときの方が精神的にはがんばれたけれども、生活の安定と引き替えに今度は精神的な問題を訴える避難者が増えてきたという。父親が福島に残って働いている家族も多く、夫婦の関係が悪化するケースも目立ってくる。子どもの受験や進学に関しては母親への負担も大きい。母親がうつ気味になって、子どもの面倒を見られなくなり、子どもが不登校になるケースもあった。

避難先でさまざまな問題が生じているにもかかわらず、国や福島県の態度は「帰還・再生」一本槍で、避難先での定住は選択肢に入ってこない。「2011年3月11日には大熊町などにいたという証明をつくれば、数年後にもし健康被害が出たときに、避難先で定住した人に対しても同じだけの補償ができる。そういうきちんとした二重住民票みたいなものがあれば、選択肢はもっと増えるし、早く自立できるんですよね」。

この時期になると、故郷に対する避難者の気持ちにも変化が生じている。「帰りたい気持ちも、たぶん薄れてきてると思うんです。一時帰宅にもほとんどの人があきらめに行く。自分の心を整理するために、あきらめるために行ってる」。「もしかしたら帰れるかもしれない」という迷いを残しながらも、「あきらめ」の方に気持ちは傾いている。

だったらどこを「永住の地」にすればいいのか。それが避難者にとって最大の問題になっている。「子どもが大きくなるまではこっちにいたい。でも、子どもが手を離れたら福島に戻りたいという人もいます。この先進国で難民をつくってるんですよね。そんな気がするんです、いまの日本は」。永住の地を決めるための選択肢もそれを保証する制度も用意されない中で、避難者は「難民」として放置されているように見える。

2-3 「横串」の試みと子どもの問題（2013年）

「ズーズー」プロジェクト

2013年の主要な活動である「ズーズー」プロジェクトには、増田さんのさまざまな思いが込められていた。出発点は、「避難生活の中でお世話になった人に、年賀状を書きたい」という避難者の言葉だった。避難した最初の年は、とても「明けましておめでとう」などと書く気になれなかったが、ようやく少し落ち着いた2回目の冬、年賀状を書きたくなった。それならハガキを手づくりしようということになって、増田さんは同じ思いの避難者にも声をかけ、長岡市の小国和紙生産組合に行って手漉きの年賀状をつくった。それが楽しかったという声があがったので、道具をそろえ、小国地区から師匠を招いて「ズーズー」プロジェクトを始めた（名称は「ズーズー弁」からとっている）。それ以降、平均15人ほどの避難者が週1回集まって、和紙のハガキづくりをおこなっている。この活動は、出身市町村の垣根を超えた新たな交流の場にもなっている。市町村別に区切られた集まりに「横串」をさす試みでもある。

こうして制作されたハガキは、裏面の下部に避難者のメッセージを印刷して「言霊ハガキ」として販売されることになった。このハガキを使うことで、避難者のメッセージを日本中に伝え、震災の風化を防ぐことにつなげようというアイディアである。「福島県避難者のありのままを言葉にして伝えていく」ことを目指し、販売で得た利益は避難者のコミュニティ活動に使うことにした。ハガキに載せるメッセージもあらためて募集したが、「てんこもり通信」に掲載された「むげん」利用者の「つぶやき」も活用されている。この年の3月11日に第1回目の販売をおこない、300セットを完売した。

震災から3年目に入ると、報道の量も減ってくる。避難者にとってもっとも恐ろしかったのは、原発事故や先の見えない避難生活を送っている自分たちのことが、世の中から忘れられてしまうことだった。増田さんはいう。「やっぱり風化が一番怖いんですよね。そうなんだけど、私たちが風化を阻止することはまずできない。被災者がアクションを起こして、あの日を忘れないで欲しいと被災者自身が伝えていかない限り駄目だと思うし、実際の経験をもっているのはあなたたちだからといって、メッセージを集めたんです」。被災した人にしか伝えられない経験を伝え、記憶を継承することが、彼ら自身の「復興」にもつながっていくと信じて。

子どもたちのSOS

この時期になると、増田さんが受ける子どもに関する相談の事例も深刻さを増してくる。学校でのいじめが原因となった不登校や摂食障害、自傷行為、家庭内暴力などの相談もあった。放射能に対する知識のなさや偏見による子どもの言葉が、新しい学校に必死に溶け込もうとしている子どもの心を深く傷つけてしまうケースもあった。

避難してきた最初のころは、慣れない土地での生活に苦労している親をみて、多くの子どもたちはできるだけ心配をかけまいと我慢してきた。「学校楽しい？」と聞かれれば、「楽しい」と答えてきた子どもたちも、2年、3年と経つうちにこれまで押さえてきたものが噴き出してくるのだという。3年目になってから、週1回は津波の夢を見るようになった子どもや、学校の防災訓練で警報のサイレンを耳にしたとたんフラッシュバックが起こって呼吸が苦しくなった子どもなどの例も出てきた。

子どもとつねに向き合う親のケアも必要になるが、公的にはこの部分が手薄だと感じている。「子どもの心のケアをするときには、かならず一緒に親の心のケアもしてあげないとダメなんじゃないかなって最近思うんです」。増田さんは、できるだけ親子別々に、それぞれの話をていねいに聞き、助言する。子どもが「親にはいえない話」を増田さんに打ち明けることもある。1度ですむ話ではないので、それを何度も繰り返す。「むげん」に常駐しているので、つねに「続きの話」ができるのが強みだという。必要な場合は、福島県からの派遣教員や保健師、医療機関などにつないで、連携して対応する。

福島での日常とその延長線上にあった夢や目標を失ったのは、大人も子どもも一緒である。「自分の目標としてきたものが全部キャンセルになっているから、どんどん無気力になっていく」。福島で部活動や勉強をがんばってきた子どもたちほど、気持ちを切り替えて自分の目標を組み立て直すことは難しいのかもしれない。その上、避難先でいじめにあうなどしてつまずいてしまうと心の傷は深くなる。避難生活が長期化してくると、もっとも弱い部分である子どもへのしわ寄せも大きくなっていく。だがこうした情報は、新聞やテレビなどのメディアには載りにくく、問題が潜在化しやすい。

2-4 避難者の個別化と支援の模索（2014～2015年）

避難者の現状

2014年3月に震災から丸3年が経過するのを一つの契機として、被災者・避難者への支援を終了する団体が増えてきた。活動を支えてきた助成金や寄付が入りにくくなってきたことも理由である。しかし、震災直後からほとんど毎日避難者と向き合ってきた増田さんからみると、「これからが本当に支援の必要な時期」に思える。避難者の抱える問題は何一つ解決しておらず、むしろ深刻化している。

「むげん」で受けた相談の中にも、子どもの進学先を決めるタイミングで心の不調を抱えてしまった男性の事例があった。「これからの人生設計をどうしたらいいんだろうって考えた時に、まったく先が見えない。ここに移住するのか、福島に土地を買って福島で住むのかということも決断を迫られているし、それに対しての補償が永遠についてくることもない。自分でこれからの人生の責任を負わなきゃいけないのに」。

避難して3年くらいは、町単位の定例会や避難者全体の交流会が重要な役割を果たした。しかし、同じ町の中でも賠償の続くところ、打ち切られるところが出てきて、そこで分断ができてしまう。賠償をめぐる避難者間の亀裂は、いっそう深くなった。柏崎に残るか、福島に帰るかの判断によっても大きな違いが出てくる。「最近はもう、個人個人で悩んでる問題が違ってきているので、それに一つひとつ対応していくことの方が、交流会なんかよりも必要性がある」。「むげん」でも個々の避難者への個別対応が多くなってきた。

子どもの学校や仕事、土地・住宅の取得などのタイミングで、柏崎を離れて福島に帰還する避難者も増えてきた。この時点ではまだ、双葉郡などの避難指示は解除されていないので、帰還先は浜通りのいわき市や双葉郡からの避難者が多い郡山市が中心である。年配の人を中心に「もう自分の家で落ち着きたい、とにかくもとの生活を取り戻したい」という思いが強くなってきている。

しかし福島県内では、避難指示区域からの避難者に対する受け入れコミュニティのまなざしは、かならずしも温かくないという。避難者は多額の賠償を得ているという情報が行き渡る一方で、それが「被害」に対する賠償なのだという理解は進んでいない。こうした福島県内の様子は、柏崎からの帰還を予定する避難者にも伝わっていた。引っ越し先に受け入れてもらうために、双葉郡出身の避難者であることを隠すこともあるという。

早い時期に帰還した人は、出身地を隠していない。そうした人からは「隣近所でお茶飲みしているけど、うちなんかはあまり入れてくれない」という話が聞こえてくる。だから「みんな地元を隠します。大熊から来たとか、富岡から来たとか、絶対口が裂けてもいわないみたい。学校の先生にも口止めしてもらってるって」。この先帰還を予定している人も、「これから近所と仲良くなって、どこまで大熊町の人間だということを隠せるんだろうかという不安がある」と話していたという。増田さんは、「自分の生きてきた場所を隠す行為はつらいと思う」と心を痛めている。

支援の模索

この時期、増田さんの活動にもいくつかの変化があった。帰還者の増加によって、「ズーズー」プロジェクトの和紙漉きハガキづくりに集まる人が少なくなってきた。そこでハガキづくりはいったん休止して、2015年度は「再会」をテーマの一つにして活動しようと考えている。福島県内の温泉地で、柏崎に避難し現在は福島に戻っている人と、柏崎に依然として避難中の人が一緒に集まる場を設けた。「一回結ばれた絆というか縁を絶たないように、福島と柏崎に離れ離れになっていても仲間だよというのを感じてもらえるようなツアーをしたかったんです」。

古民家を再生した「Bond House」は、2014 年から「産地直売＆手作り雑貨のお店」という看板を掲げている。当初から山間過疎地と被災者の「ダブル復興」を目指していたが、最初の 2 年間ほどは、活動場所である地区の住民と十分な交流ができたとは言い難かった。行事をするたびに根気よく誘い続けた結果、ようやく 3 年目に「一緒に何かしませんか」と地域の人から声をかけてもらった。自家用野菜のお裾分け程度の小さな規模で直売所を始めたところ、「野菜を出してくれたおばあちゃんたちは、今まで自分が食べるためだけに育ててたのに、それがお金になって生きがいとかやりがいになったみたい」。

増田さんからみると、こうした「Bond House」の状況は、そこにかかわる避難者にとって大きな励みになっている。「自分たちも柏崎の地域おこしに役立っているんだという気持ちになれる。野菜を出してくれる方たちも元気になってるというのは、すごくいい関係かな。地域に根づくには、2、3 年かかりましたけれどもね」。避難者にとっては、一方的に支援されるだけではない、相互的な関係の中で手応えを感じることのできる場所になっている。

しかし表面的な安定とは裏腹に、避難先にとどまっても帰還する道を選んでも、避難者の困難や不安は増している。賠償の意味づけや避難生活の現状について、周囲との認識のギャップは大きくなるばかりである。増田さんは、避難者の次のような言葉も耳にした。「ここまで国やいろんなところにお金以外のことで放っとかれると、被災者から避難者になって、結局本当に難民なんだなって思うってことは増えてきた。自分たちにそういう事故が起きて、平和が失われたっていうことに関して、マスコミも騒がないし、国自体も全然騒がない」。周囲に「忘れられてしまう」心配が現実化しつつある。

3. 「支援」の背景とコンセプト

3-1　経歴と震災経験

祖父母の影響と転勤族の生活

前節でみてきたように、増田さんはこの 5 年間、そのつどの避難者のニーズに対応してできる限りの支援をおこなってきた。そのアイディアの豊富さと行動力には驚かされることが多い。ここに至るまでの道のりで、どのような経験がその力を育んだのだろうか。

増田さんは、1964年に埼玉県深谷市に生まれた。自分の活動について語るときに、増田さんは「義理人情」や「身の丈支援」という言葉をよく口にする。こうした発想をするようになったのは、祖父母の影響が大きいという。「困ってる人がいたらまず助けてやれ、その代わりちゃんと地に足を着けて助けろと教えられました。『背伸びすると、かかとが上がるからフラフラするだろ。だから気持ちもフラフラするんだ。そんなんで人は助けられない。困ってる人がいたら、ちゃんと地に足を着けて、いまの自分ができることで助けてやれ。それ以上のことをしていい格好をみせると、今度はおまえが苦労するぞ』ってすごくいわれた」。

高校卒業後、専門学校で保育士の資格を取り、隣町で保育士になった。自分は保育園にも幼稚園にもなじめなかったが、保育士になることは幼いころからの希望だった。「私がされて嫌だったことは全部しない保育士になろうと思った。だから私は、にんじんが嫌いな子には『無理やり食べなくていい。でも、一口でもかじったらシール1個、貼ってあげるからね』っていった。毎日一つ二つかじってれば、だんだん食べられるようになってくるんですよ。無理やりはよくないって思ってたので、それだけはしなかった」。

やがて柏崎市出身の会社員と結婚し、転勤族の夫とともに長岡市、新潟市などに移り住んだ。この経験の中で「人との距離の取り方」を学んだという。「友だちが欲しくて、ものすごく近づいて自分からアピールしていくと、『何あの人？』っていわれる。でも、ここでめげてたら、私も子どもも誰も友だちができなくなっちゃう。だから、まずその町をよく知る。子どもと遊びながら、ママたちが公園でどういう会話をしているのか観察する。ここはこういう所だから、こういうふうに近づいていくのがベストなのかなっていうことを経験してきたんです。絶対にいえることは、あまり近づき過ぎない、いい距離感の保ち方が一番大切なんだということ。それはママさんでも被災者でも変わらない」。

中越沖地震の経験と「むげん」の立ち上げ

増田さんは、長女の小学校入学を機に、1996年から柏崎の夫の自宅で暮らしている。子育てが一段落した後、市役所の嘱託職員として約10年間勤務してきた。最初は公立保育所の保育士だったが、その後は子育てアドバイザーとして、子育てに悩む母親の相談相手などの業務に携わってきた。そのさなか、柏崎市は立て続けに災害に襲われる。2004年の中越地震、2007年の中越沖地震である。とりわけ中越沖地震では、増田さんは市職員として開設された避難所の運営業務にあたり、そこで「平等という名の不平等」を嫌というほど感じることになる。「例えば200人いる所に198個のおにぎりだったら配らない。全員にいかないから。だけど、そこで『半分こにして食べてください』っていえば、倍のおにぎりになるじゃないですか。でも行政サイドとしては、とりあえずストックなんですよ。それが私の中では納得いかなかった」。

避難所生活が長くなってくると「被災者が被害者に変わってしまう」ことに対しても、増田さんは大きな疑問を感じていた。配布される食料などが豊富になると、文句をつけて食料を棄ててしまう被災者も出てくる。食料の配布もトイレ掃除も、職員やボランティアがしてくれるのが当たり前という態度になる。

「それが私の中では絶対許せなくて、クビになってもいいから私の責任で話をさせてくださいってお願いをして、避難されてる方を集めて話をしました。『このままだとだめだと思う。だから皆さんのなかで、自分も何か手伝おうって思う方がいたら、明日の朝から炊き出しやお掃除のお手伝いをして欲しい。一人でもそういう方がいたら、私に声をかけてください』っていいました。そうしたら次の日に、10人くらいの女性が『手伝います』っていってくださって、その人たちと一緒にやるようになった。そのうち中心になる人が出てきて、ちゃんとローテーションの表をつくってくれた。そうすると隣の人にも目が向くようになって、おたがいを助け合うことが自然とできるようになってきました」。この経験は、その後の広域避難者への支援の中でも活かされることになる。

その後、市職員として勤務中に、子どもの虐待が疑われるケースで自宅に行って母親と話をしていたら、お茶を出してくれたおばあさんの身体にあざがあった。児童虐待よりもむしろ高齢者虐待が問題だと思ったが、市役所の担当部署が異なっていたので手を出すことができなかった。結局そのおばあさんが入院してしまったと聞いて、ショックを受けた。地域の問題に対して、縦割りに対応する市役所のシステムに限界を感じたのである。

「あの時に助けられなかったというのが、一番大きかった。社会というのはいろんな人たちが生活しているのだから、ここに社会をつくろうと思いました。社会って高齢者もいるし障害者もいる、子どももいれば大人もいる。だったら赤ちゃんから高齢者まで誰でも気軽に、気楽に来られる場所をつくろうと考えて、2010年の6月にサロンを立ち上げました。だから震災前からあった場所なんです」。

元寿司屋だった店舗を安く借りることができて、「共に育ち合い(愛)サロンむげん」がスタートした。子育ての悩みを抱えた母親や孤立しがちな高齢者、何かにつまずいて引きこもりになってしまった若者などが、居場所あるいは相談の場として訪れるようになった。その当時は飲食の提供もおこなっていたので、それがメインの収入源になった。あとは柏崎市の補助金の助成なども得て「むげん」を維持していった。「だんだん口コミで広まっていって、もうじき1年だねっていうときに、東日本大震災になったんです」。

3-2　「支援」へのスタンス

「身の丈支援」

その生い立ちや市職員としての避難所運営経験、一民間人としての広域避難者支援の経験などを通じて、増田さん自身の「支援」に対する考えが形成され、明確になっていった。「私は顔の見える支援しかしないってずっといい続けてきました。困ってる人がいて、もし駆け込み寺のようにここに来たら、その人を100パーセント救う。来る人は仲間だし、私のもっている限りのネットワークを使ってその人を守る。だけど、それ以外のことはしない。私は『身の丈支援』っていってるんですけど、それ以上のことをすると続かないんですよ。福島原発事故に関しては、細く長くだと思うんです。だから細く長くやっていくには、本当に身の丈でやっていかないと、いつか私のほうが駄目になっちゃう。それはずっと当初から変わらずやってきています」。

福島事故から３年を経過するころ、被災者支援に携わる団体が減少してきた。その理由は、国や復興庁からの「上からの矢印」で動いていた団体が多かったからではないかと増田さんは感じている。だから補助金がなくなると、支援を必要としている被災者がいるにもかかわらず、支援が終了してしまう。増田さんは逆に、つねに避難者の声を聞いて活動を組み立ててきた。「うちはNPOなどの組織がついてない、本当に私個人がやってる団体なので、矢印はつねに下からだったんです。被災者から『この時期だから田植えがしたい、畑がしたい』っていわれると、誰かから畑を借りる。いろんな所に補助金の申請書を書いて、助成を得る。そういう矢印だったので、何年たっても変わらないんですよね」。

増田さんは、避難者に対して相手の力を引き出すような問いかけが必要なのだという。「『何をしているときが一番楽しいですか』と聞けば、『いまは一人で手芸してるときが一番落ち着くかな』っていうかもしれない。そうしたら『一人で手芸しててもつまんないから、これだけ上手なら、みんなに教えてくれない？』っていって、その人の存在意義をみつけて引っ張り出す」。たとえば子どもの問題で悩んで相談に来る人には、中越沖地震の時の経験を話し、災害時にはよくある精神状況なのだと伝える。その上で、「『次に相談に来る時までに、思ったことを書き出して。ばかやろうとか悔しいとか、何でもいいから書いて、それを余裕があるときに見返してごらん。何かが解決していれば、書いたことの意味が分からなくなってるから。そうなったら消して』っていうと、だんだん自分で自己解決できるようになっていく」。

自己解決ができるようになった避難者は、やがて身近な人のことを気にするようになる。「自分が悩んでいたはずなのに、『誰々さん最近顔色悪いけど、どっか何かあるんじゃない』って他人のことが気になってくる。誰かが自分を助けてくれたら、今度は他人のことが気になって、自分が誰かを助けたくなる」。支援者は避難者を抱え込まず、少し距離をおきながら、「自分でどうにかする方向」に向けていくことが肝心なのだ。

「緑のおばちゃん」

増田さんは、「支援」における自分の役割を「緑のおばちゃん」にたとえている。旗をもって通学路に立ち、児童の安全を守る仕事である。「子どものころに、緑のおばちゃんがいると安心できたんです。毎日同じ顔のおばちゃんが立っていてくれる。おばちゃんは青信号のときにはふつうに渡れるから、『気をつけていってらっしゃい』って背中越しに声をかける。黄色になって行こうかどうしようか迷ったときは、グッと手を握って『次の青まで一緒に待とうね』っていってくれる。赤で渡ろうとする人がいたら、「渡っちゃ駄目」っていって全身で止める。私の支援は、たぶん緑のおばちゃんなのかな」。

こうした考えは、福島からの避難者とかかわる中で培われてきたものである。「まだ1年目、2年目は、私も漠然としていたんですよ。このまま続けられるのか、このやり方で正しいのかも分からないし。でも、目の前にいる人を体当たりで救おうと思ってやってきた。3年目になって、客観的に私を見てくれている被災者の人や他の支援団体の人たちと話をする中で、自分の支援のあり方について考えるようになったんです。本当に行ける人は行かせればいいんですよ、自分の足で。だけど迷っている人がいたら、一緒に立ち止まって手をつないで話を聞く。危険があって、行ってはよくないことが分かっていたら、全力で守る。それは全部距離のもち方だと思うし、そういう支援のあり方がおたがいにとって一番いいんじゃないかな」。

支援を必要としない人まで支援の対象にしようとすると、無理が生じる。支援者の側の論理で支援をつくり出すのではなく、黄信号の前で迷い、赤信号の前で苦しむ人に手を差し伸べることが支援なのだ。そのためには支援者の役割の自己限定と、対象者の話に耳を傾け、的確にニーズをくみ取るセンスが必要とされる。それに加えて、支援活動には「ワクワク、ドキドキ」が大切だと増田さんはいう。「自分が楽しくなければ働く意味がない。支援者が疲弊するのはたぶん自分が楽しくないから。その仕事を楽しくするかしないかは、自分次第だと私は思っています」。

もちろん増田さんは、一人で避難者支援を実現できたわけではない。その折々に周囲のサポートを得ながら（あるいは周囲を巻き込みながら）、そのユニークな支援を継続してきた。たとえば、中越地震・中越沖地震を契機として設立された中間支援組織や復興支援に携わるNPOなどの団体が、「むげん」の活動に協力しサポートしてきた。また民間の一個人である増田さんが、震災復興関係の補助金に申請する際には、こうした団体の中心メンバーや市の担当者が推薦人になるなど協力している。こうして、連続する災害をきっかけとして形成された民間の諸団体や支援のノウハウを蓄積してきた行政が、個人として活動を続ける増田さんを応援する役割を果たしている。

4. むすび――インターディペンデンス

増田さんの避難者支援に対する構えを端的に言い表すと、〈「仲間」としての支援〉ということになるだろう。支援という関係のあり方には、どうしても支援する／支援されるという役割がそれぞれに付与され、固定化される傾向がある。災害や事故にあい支援を求める（かわいそうな）人びとを、余裕のある側が助け、支援するという一方向の役割関係である。被災直後の緊急時には、こうした関係が必要とされる場合も多いだろう。しかしこの関係が長期間持続すると、被災者の側に依存の傾向が強くなり、その自立が損なわれてしまうこともある。また支援側も、一方的に依存される関係には疲れてしまう。あるいは、被災者が被災者であり続けることに、支援する側が“依存”してしまうこともあるだろう。

中越沖地震の際の避難所支援で、「被災者が被害者に変わる」姿を目の当たりにした増田さんは、自分の支援がこうした依存関係の形成につながることを何としても避けたいと考えてきた。「共に育ち合い（愛）サロンむげん」という名称にも、この考えは示されている。避難者にサロンのスタッフの役割も担ってもらい、ことあるごとに「頼りになる福島の仲間に支えられて」と強調する。それは、鷲田清一のいう「インターディペンデンス」とも重なり合う。

> 他者の存在はたしかにわたしの「自由」を束縛してくるものではあろうが、その「自由」を支えてくれているものでもある。だれかに依存し

> てしか生きてゆけないところに、たしかに自由はない。しかしだからといって、「自由」は他者からのindependence（独立）のほうからのみ規定されるわけではない。その中間に、他者たちとのinterdependence（相互依存）という位相がある。「自由」を「自立」と考えるときに抜け落ちているのが、このインターディペンデンスという相互支援の関係である。（鷲田2015：183）

依存と独立の中間にある「インターディペンデンス」。支援の場面においても、増田さんはこの相互性を確保し続けることに注力していた。増田さん自身がけっして組織に属さず、組織の中での肩書きをもたない一人の個人として避難者と向き合ってきたのは、個人対個人の対等性を何よりも重視したかったからなのだろう。対等な「仲間」として避難者とかかわることは、一方的な依存をつくり出すことでも、「自立」の方向に突き放すことでもなく、たがいの自由を支え合うような軽やかな相互依存を続けていくあり方を意味している。「個人」としての支援を持続していくためには、周囲とのさまざまな関係を活用していく必要がある。前述したような諸団体との協力関係が重要な役割を果たしているし、その活動に注目して個人的に応援する人も少なくない。「むげん」を取り巻く外部との間にも、「仲間」という関係が築かれている。

さらにこの「相互支援の関係」は、中越地震と福島第一原発事故という過去と現在の被災者の間にも築かれていた。たとえば中越地震で被災した旧山古志村や旧川口町の住民と「あつまっかおおくま」のメンバーとの交流である。また「Bond House」という場を媒介とした過疎地の地域住民と避難者との間でも、まったく接点のなかった両者を結びつけ、たがいの新たなあり方を引き出すような関係形成がなされている。いずれも増田さんが取り結ぶことによってはじめて成立した関係であり、一方向的な支援とは異なる「インターディペンデンス」という性格が、（おそらくは意図的に）付与された関係である。

増田さんの避難者支援は、柏崎市の行政や、市がNPOに委託して開設した避難者支援施設「あまやどり」の活動とは、相互補完の関係にあるといえる。行政と「あまやどり」は、柏崎市内の避難者全員をもれなく把握して、情報や支援を「平等に」届けることを目指している。そのために避難者宅の戸別訪問による見守り支援に重点がおかれてきた[4]。それに対して、増田さんは「むげん」に常駐して、支援を必要とする人、とりわけ深刻な相談を持ち込む人と向き合ってきた。自分を必要とする相手に深くコミットして、その必要がなくなるまでとことんつきあうというスタンスである。幅広い組織的な支援と深い個人的な支援は、多くの避難者を抱える柏崎にとって、ともに必要な支援である。

個人として避難者と向き合ってきた増田さんは、徹底して一人ひとりの小さな「声」を聞き取ることを心がけてきた。小さな声は、増田さんが「むげん」に常駐し、避難者から信頼されてはじめて聞き取ることができるものである。足かけ５年にわたる期間のそのつど聞き取ってきた声を、それぞれの段階や状況に応じて外部とつなぎ合わせ形にして、有効な支援に結びつけていった。その取り組みは、個別的な声にもとづいているがゆえに、ほかに例のないユニークなものとなった。しかしまだ、事態は何も収束していない。増田さんがいうように、これからも「細く長く」支援を続けていくことが必要とされている。

注

1　増田さんへの聞き取りは、2012年３月、2012年５月、2013年４月、2013年８月、2014年８月、2015年５月の６回おこなった。本章は、折々に聞き取った増田さんの「語り」と関係資料にもとづいて構成されている。なお、2014年８月の回は「福島被災者に関する新潟記録研究会」（髙橋若菜・小池由佳・田口卓臣・山中知彦・稲垣文彦の各氏と松井）による聞き取りである。
2　本章では、資料類の提示を省略している。柏崎市における広域避難者と避難者支援の概況については、本書第２章を参照。
3　山古志地域の復興に関しては、本書第７章も参照。
4　柏崎市の行政と「あまやどり」による支援については、本書第２章を参照。また、こうした支援に中越沖地震の「経験知」が活かされていることに関しては、髙橋編（2016）も参照。

第2部
広域避難者の記録

第4章　「宙づり」の持続
——新潟県への強制避難

第2部は、新潟県で暮らす原発避難者を対象として継続的におこなってきた聞き取りをもとに、その生活と思いの変化を記録した各章からなる。福島県から避難中の方々による「語り」を、できるだけ文中に生かすように心がけた。いずれも、避難の様子や避難生活の経過、将来の見通し、故郷・福島に関して思うこと、奪われたもの・失ったものなどについて、話してもらっている。

本章は、避難指示区域である大熊町・富岡町から柏崎市に避難している5名、および南相馬市小高区・楢葉町から新潟市に避難している2名への聞き取りをもとに、現状とその変化などをたどっていく。それを通して、なぜ表面的な生活の安定にもかかわらず避難者の迷いや不安、「宙づり」の感覚はむしろ深まっているのか、について考えたい[1]。

1.「タンポポの種みたいなもの、風に吹かれて着いたところがここ」
——Aさん（富岡町・男性・40代）

Aさんは、富岡町に生まれ、町の中心部で親の代から続く自営業（手芸用品・文房具・化粧品類の販売、ミシンの販売・修理）を営んできた。同時にPTAや商工会などで多くの役職を引き受けてきた。震災時点での家族構成は、本人、妻、長女、次女、長男、父、母の7名である。

2011年3月11日の地震の後、余震もひどかったので、とりあえず着の身着のままで富岡高校の避難所に家族で避難した。翌日、防災無線で川内村への避難を指示され、車に家族7名が乗って避難所に向かう。中学校の体育館に開設された避難所に入り、そこで2泊した。食事はパンやカップラーメンが提供されたが、一人1個ない状態だった。2回目の爆発（3月14日）のニュースが流れた後、柏崎で暮らしていた妻の姉からこっちに来るようにうながす電話があり、柏崎に向かうことにする。途中、会津若松の仕事関係の知り合いの所に1泊して、近所の温泉でようやく入浴することもできた。

柏崎には15日に到着し、当初は妻の姉の家に身を寄せた。その後、近所の国道沿いの店舗だった物件を借りて、その2階にしばらく7人で暮らす。7月にアパートを借り、同じ棟の2階に両親、3階にAさん一家が入居した（店舗はそのまま）。

「不安の中で闘っていました」——2012年4月

2012年4月の聞き取りでは、主に避難後1年間の苦闘の様子が語られた。避難翌月の4月には、知り合いの東電関係者から衝撃的な話を聞かされる。「20年、30年は帰れないよって。事故ももう収まったことだし、あと数ヶ月くらいかなって軽く思っていたのが、そんなことじゃないっていうんです。あれ聞いた時は、やっぱりショックでしたね」。

先がまったく見えない遠方での避難生活が始まり、Aさんは「働かないと食べていけない」という危機感に襲われて、4月から翌年の2月まで市内の菓子工場でアルバイトとして働く。その傍ら、富岡で営んでいた家業を柏崎で再開するための準備も続けた。精神的にはつらい時期だった。「お金は入ってこないし、仕事はできないし、アルバイトをやっても微々たるものだし。だから先行きがものすごく不安でした。いつ食えなくなるのかわからない状態の中で、不安の中で闘っていました」。

この時期は、3人の子どもたちも元気がなかった。「ものすごいストレスを感じていたと思います。親が不安だと子どもも不安になるんですね」。富岡の高校で野球部のマネージャーをしていた長女からは、転校先でも続けたいといわれたが、「うちはいまお金がないから無理だ」と断った。「生活していくのがやっと、食べていくのがやっとだったので。かわいそうなことをしてしまいました……」。

富岡町は、全町が福島第一原発から20キロ圏内の警戒区域に指定されていたが、この時点で避難指示区域再編の話がもち上がっていた。年間積算線量の状況に応じて、帰還困難区域・居住制限区域・避難指示解除準備区域に三分割する案である。「やっぱり反発しているのが富岡町を三分割して、戻れる地区と戻れない地区に分けようとしていること。うちは戻れる方に入っているんですけどね。戻れるっていわれても、そんなの町一つ戻れなかったら生活になんないですよ」。

その一方でAさんは、避難先の地域には暖かく受け入れてもらったと感じている。Aさんが店舗とアパートを借りて避難生活を送っているのは、2005年に柏崎市と合併した旧西山町である。大家さんの紹介で、避難翌月の地域の祭りにすぐ参加することになる。それをきっかけに、町内会のさまざまな集まりやバーベキュー、新年会といった行事にも積極的に加わっていった。買い物もできるだけ地元でするようにして、自分の店で扱うミシンも最初に買ってくれたのは地元の人だった。この先は、小学校で子どもたちにミシンを教えてみたいと考えている。

「柏崎市でもお世話になっているので、少しでも恩返しができれば。前向きに行きたいと思います。後ろを振り返っていてもしょうがないので。本当に、ここにいま根を張りつつありますから」。

「家の中はネズミ、外は放射能」――2013年7月

2013年7月にうかがった時は、まず富岡に残してきた自宅の惨状が話題になった。「一昨日、昨日と、1年ぶりくらいに家に行ってきたんですよ。愕然としましたね。ネズミにみんなやられてるんですよ、家の中。臭いもひどくて。ああ、もうこの家には住めないなって思いました。家の中はネズミ、外は放射能。こんなことは想像もしなかった」。

富岡町ではこの年の3月に区域再編がおこなわれ、Aさんの自宅があった地域は居住制限区域に指定された。富岡町の一部と隣の大熊町の大部分は帰還困難区域に指定され、立ち入りが原則禁止されている。将来、避難指示が解除された後に、富岡町に帰る可能性があるか尋ねてみた。「国が帰還困難区域の土地を買い上げるとすると、放射能のごみが全部集まってくるわけで

しょ。その中に囲まれて住めるわけないです。まず子どもを連れては戻れないし、戻ったとしても生活がどうなるか分からない」。

だから、国が進めている帰還政策には懐疑的だ。「もう国に全部土地を買い取ってもらえばいい。除染費用にかけるこのお金をやるから、好きなところに家を建てて生活してよっていわれた方がいいのかな。富岡町がなくなってしまってもしょうがない。双葉郡は地図から消しちゃったらって、極端な感じそんなところですね。長年生まれ育った土地ですから惜しむ気持はあります。かといって、そこに未来はないです。子どもも戻らないでしょう」。

Aさんは、現在の避難先である柏崎市で仕事を続け、自宅を建てることも考えている。現在のミシン販売の取引先は、会津と北陸が中心となっている。「私は刺繍の技術とミシン修理の技術をもっているので、ここで小さくても店舗があれば、食べていくだけだったらそれだけでやっていけるのかなと思います」。柏崎（西山町）でのつながりもいっそう深まってきた。今年からゴルフの会に入り、町内会では広報の副部長を務めている。またこの先、西山町に家を建てることを考え始めている。仕事をする上では柏崎市の中心部の方が都合がよいが、「便利さよりも人間関係」を重視したい。

子どもたちも就職先や進学先が決まり、この地に根づいてきた。両親も老人会や趣味の畑、グラウンドゴルフ、絵画教室など地域の人びとと盛んに交流している。「家族というこの一番小さな単位が、私にとって一番大切なんです。みんなで肩を寄せ合って頑張っているこの単位を崩したら、何に向かって頑張っていいのか分からなくなっちゃいますからね」。

もう帰れないだろうとは思っていても、故郷に対する心残りはいまも強くある。Aさんは富岡町では、地域の中堅として多くの役職をこなしていた。加入している団体は、消防団、商工会、よさこい実行委員会など町内だけでも7つを数えた。「心残りはありますよ。ものすごくあります。PTA会長をやってましたし、消防もよさこいの祭りにしても、すべてが中途半端ですよね」。夜は毎晩、遅くまで飲み歩いていた。

原発事故と避難によって、「仕事以外の活動が全部奪われちゃった。社会貢献の活動にしても、すべてが奪われてしまった。同時に、そばにいた友だちも一緒に奪われた感じですね。……私らも別にここに来たくて来たわけじゃないですから。タンポポの種みたいなものです。風に吹かれて着いた所がここ、みたいな感じですからね」。

「気持ちの奥底では富岡を捨てられない」――2015年6月

Aさんは結局、柏崎市西山町に土地を求め、自宅を建てることを選択した。2016年2月には完成の予定である。その後、隣接して事務所・店舗も建てることにしている。3人の子どもは、いずれも新潟に定着しそうだ。その一方で、ミシンの売り上げは厳しくなってきた。「この先どうなのかなって思いながらやってます。将来的には、本当に不安だらけです」。2015年6月の聞き取りでは、以前よりも不安や迷いが深まっている様子がうかがえた。

富岡時代と比べると、売り上げは5分の1くらいになってしまった。東電による営業補償の打ち切りもニュースになっている。「補償を打ち切られたら生活できないですよ。あとは死ねっていわれてるのと一緒です。収入がないんですから。いくら切り詰めたってもう無理。生活ができなくなっちゃうんです。向こうにいれば、双葉郡内であれば自分のお店の名前はかなり知れ渡ってましたけど、ここじゃ知らない人の方がほとんどです。知名度を上げるには何十年かかります。それだけの年月をかけた、お客さんの信用がある上での仕事ですから」。

だからといって、富岡に戻ったとしても商売が成り立つ見込みはない。というのも、「いま富岡が廃炉に向けた最前線基地ですよね。それに関連した人しか戻って来ない。私の1番のお客さんである手芸をする人や学校の生徒は、もう以前のようには戻らないですから。双葉郡の人が全員戻ってきますよっていうんだったら戻りますけど、そんなのあり得ない。本当はね、気持ち的には戻りたいんですけど、無理。帰りましょう、帰りましょうって行政がやってるのみると、気持ちを逆なでされてるような気がします」。

避難指示が解除されれば、やがて賠償も終了するだろう。「そんなものなのって感じですよね。結局私らはこのまま一生背負っていくのに、たったこれだけっていう感じです」。金銭でしか換算できないことは分かっていても、失ったものへの対価としては不十分だとしかいいようがない。「もう自分の故郷に戻れない。好きでここに来たわけじゃないですから。何をしたら十分なのっていわれても、壊れたものは元に戻らない」。

富岡に対しては、思いは複雑である。「富岡町に生まれて48年いましたからね。自分が生まれた故郷なので簡単に切ることはできないです。同級生や友だちもたくさんいますので、簡単に切れるというものでもない。割り切ってしまえば、こっちで生活するというのは正しい選択なんでしょうけど、やっぱり気持ちの奥底では富岡を捨てられないという部分もあります。思い出が詰まってますから。いままで自分がやってきた祭りにしろ、仕事にしろ」。

自分としては「もう腹を決めて、戻らないでこの新天地でやろうとして、いまとりあえずここで頑張ってる」。その一方で、故郷とは「つながりをもっていたいという部分もあるし、もう思い切って切り離してもらった方がいいのかなとも思うけど。住民票もずっと向こうじゃないですか。なんだかすべてが中途半端なんですよね。中途半端のままで、どこまで行くんだろう」。

Aさんは柏崎に自宅と事務所を新築し、避難先で新たな一歩を踏み出そうとしている。一見すると、前を向いて生活再建を果たしているようにみえるかもしれない。しかし実際は、時間の経過とともに不安と迷いが増しているように思える。故郷への思いもゆれていて、「地図から消しちゃったら」と話す一方で、「気持ちの奥底では富岡を捨てられない」ともいう。どうしてもうまく割り切ることができずに、いまはまだ「中途半端」な気持ちを抱えたままで生活を送っている。

2.「うちらは避難民じゃない、難民」
――Bさん（富岡町・男性・80代）・Cさん（同・女性・70代）

BさんとCさんの夫妻は、富岡町の中心部でクリーニング店を営んでいた。昭和の初めに父の代で開業した老舗で、双葉郡内で最初のクリーニング店だった。長男は東電関係の会社に勤務し、いわき市に居住、長女は結婚して柏崎、次女も結婚後埼玉に住んでいる。合計6人の孫にも恵まれた。Bさんは、1988年から2000年まで3期にわたり富岡町議会議員を務め、区長会会長なども歴任している。妻のCさんも商工会理事などの役職を務めてきた。

2011年3月11日の震災の夜は、町内の小学校に避難した。翌日からは川内村の高校に開設された避難所で3日間過ごし、須賀川市のアリーナ(2日間)を経て、新潟県新発田市にたどり着いた。新発田で2日過ごした後、長女の嫁ぎ先である柏崎に避難した。

「避難で10キロやせました、娘が見まちがったくらい」――2012年7月

地震当日の夜すでに、富岡町内の東電の社宅は無人になっていたという。「事故があった時には東電関係者がすぐいなくなるという噂は本当だったんだ」。翌朝、原発に不具合があったので逃げるようにという放送があったが、Bさんたちは地域の見回りをしていたために川内村に向けて避難するのが遅くなった。ほとんど食事をとることもできなかったので、途中の都路地区のガソリンスタンドでもらったおにぎりのおいしさ、ありがたさが忘れられない。

原発事故のことは、川内村の避難所にあったテレビで知った。避難所で支援をしてくれた川内村の人びとも避難を始めたため、Bさんたちも中通りの郡山に向かった。富岡町の住民の多くが避難していた郡山市の避難所がいっぱいになってしまったため、須賀川市の体育館に避難した。

その後新潟県に向かったが、新潟市内の避難所も満員で、北寄りの新発田市にある避難所に入った。そこに迎えにきた長女は親の姿に驚いた。「避難で10キロもやせました。娘が本当の親かなって、急にこんな痩せちゃって、ちょっと見まちがったかっていう感じだったってあとでいわれました」。柏崎の娘の家で3月末まで過ごした後、4月から近所にアパートを借りて、夫婦で暮らしている。

避難先の柏崎市二田地区は、柏崎市の中心部から15キロ程度北東部にある。2007年の新潟県中越沖地震の被災地でもあり、地区の住民たちは遠方から避難してきたBさんたちを暖かく迎え入れ、食料や食器、洋服、毛布などを提供してくれた。

その後もBさん夫婦は、二田地区の住民とのつきあいを楽しんでいる。地区内にある物部神社を中心に多くの地域行事があって、もともと交流が盛んなところだった。Bさんたちも体操やコーラス、そば打ち、グラウンドゴルフ、お茶会などの活動に加わり、毎日のように予定がある。「野菜をあげるからとか、遊びにおいでとか、散歩のとき寄ってとかいってくれる。友だちがたくさんできて、いろんな情報が入ってくるので不自由しないんですよ」。

柏崎市の避難者交流施設「あまやどり」のサポートで、2012年4月に富岡町出身者の同郷会「さくら会富岡 in 柏崎」が設立され、Bさんが会長になった[2]。柏崎に避難中の富岡町民は、この時点で92世帯216名だった。そのうち17名が集まって会を立ち上げることになり、月1回の例会で情報交換や交流をはかろうとしている。今後は周囲に声をかけて、メンバーも徐々に増やしていくつもりだ。福島県内の仮設住宅などに比べると、広域避難者に対する町からの情報や支援が非常に少ないと感じている。だから、「町長あてに要望書を出しました。情報が町から入ってこないので、みなさん不安なんですよね。新聞等ではいろいろいうわけですよ、これから帰られる、帰られない、帰る場所を三つに分けるなんてね。そういうのがみんなの不安の材料になっている」。避難先で近所づきあいのない人も多く、二田地区はむしろ例外的のようだ。そういう人たちからは、「さくら会をつくってくれてよかった」と感謝されている。

Bさんたちの自宅は、福島第一原発から11キロのところにあり、除染は難しいと感じている。「除染というより、放射性物質を一時移動しているような感じだもんね」。これから5年間は、富岡町に帰れないことがはっきりしたので、除染以外の対策が必要である。「富岡の人がどこかに行って、第二の富岡町をつくることを考えるべきかなと思うんですよ。それでなければ、国で保証して個々に生活の場を設けさせる、そのどっちかだね。国策の中で起こった原子力災害なんだから」。

夫妻は二人とも富岡町で生まれた。「住んでいるときはふつうだと思ってましたけど、よそに来て振り返ると、自分のふるさとの町はいいところだったなって感じます。自然もいいし、水もきれいだし、雪も雨も少ない。桜のトンネルは日本一だと思っています。今年桜のタペストリーをつくってもらったんだけど、飾ったとたんにみんな思い出して、泣いちゃった……」。

「夢が突然、カーテンを下ろされたように見えなくなった」――2013年7月

避難してから２年以上が過ぎ、富岡町民の集まりである「さくら会」のメンバーにも落ち着きが見えてきた。「前から比べると、辛い顔ではなくなったね。地域に慣れてきたのかな。顔もにこやかになったね。あきらめの顔かもしれないけど。会にくると安心して、何でも話せるみたいな雰囲気にはなってきたかな」。昨年の暮れから、和紙を漉いて手づくりの葉書をつくる「ズーズー」プロジェクトも始まった。こちらは、出身町の別を超えた浜通りの人びとの活動で、毎週集まるのを楽しみにしている。故郷を軸にした避難者コミュニティの効用は、確実にあるようだ[3]。

Ｂさん夫妻は、避難先での生活をできるだけ充実したものにしようとして、積極的に活動している。しかし、本当は福島に帰りたい。富岡の自宅があった場所は居住制限区域に指定され、当面戻ることは難しい。このごろは、あまり一時帰宅もしなくなった。帰宅するのが「最初は楽しみだった」が、家の中を片づけてもゴミを出すこともできない。「このあいだは、１時間くらいで何だか空しくなって帰ってきちゃった」。近隣のいわき市に自宅を求めたいが、希望者が多くて物件が手に入らない状態だという。いわき市に住むのは、あくまでも「仮の家」で、いずれは富岡に戻りたい。「いわきあたりに仮の家をつくって、そこで帰るのを待つしかない。富岡の家に帰る準備のための家、そういう考えなんです」。

富岡に帰って、クリーニング店を再開することが目標だ。それはどこまで故郷の再生が進むかにもよる。ある程度の人口が戻らなければ、商売を成り立たせることは難しい。それでも、何とか復活させたいと願っている。地震前、クリーニング店の経営は順調だった。手仕上げのていねいな仕事ぶりが評判で、町外のいわき市にも客がいた。「いい服はみんな運んできて下さった。だからお客さんには不自由しなかった。たくさんいいお客さんをもっていました」。Ｂさんが洋服を中心に扱い、Ｃさんは和服を中心に扱ってきた。

「私ね、和服の染み抜きを40年以上やってきたんですよ。業者にも指導できるだけの〈匠〉という資格ももらって。一生懸命勉強して身につけたものだから、誰にも取り返されることもなく、これからもできると思っていたんですよね。いわき地区からも、お花の団体やお茶の先生がたの和服の仕事がたくさん舞い込んできて、お客さんも安定していました。だから将来は、洋服とか小物をやめて和服専門にしようかなって。夢かもしれないけど、そんな感じでいたのね。……でも５年も10年も仕事から退いちゃうと、手の感覚が働かなくなる。薬品も１ヶ月後にはもう別の薬品が出てる。ずっと続けていたかったかなって、いまでも思います。夢をもたないと暮らせないかもしれないけど、その夢が突然カーテンを下ろされたように、もう見えなくなったのは、とてもつらいことですね」。

Ｂさんはそば打ちを趣味にしていて、本格的な厨房を建てたばかりだった。毎週仲間が集まって、「男の料理教室」を楽しんでいた。「仕事は仕事でだんだん細くはなってきているけど、こっちで膨らましていこう、仲間の集いみたいなので暮らしていって、そうしたらなんとか生き延びられる。そんな感じでお父さんはお父さんの夢、私は私の夢でおたがいにやっていけたかなあなんて思うけど」「だめだった、それも」「振り返ったってしょうがないことだから、前に進むしかないけど……」。

「希望はあったのに、気力が薄れてきた」――2015年６月

Ｂさん･Ｃさんの夫妻は、昨年（2014年）春、いわき市に自宅（中古）を購入した。近所には親戚も友人もいないため、「人間関係もすべて一からやり直し」になってしまった。新潟で腰と心臓の専門医にかかっているため、現在の生活は柏崎といわきで半々である。柏崎では、いまでも地域の行事に誘われる。「いまはここを去りがたいです。だからいわきに行っても、こっちがすぐに懐かしくなって、『帰んなきゃなんねえ』っていう感じになってしまう。不思議なんだよね」。

こうした柏崎への思いは、じつはいわきでの生活の厳しさを反映しているのかもしれない。いわき市には、事故の後、原発周辺の町村から多くの住民が避難した。急激な人口増による混雑や避難者が得ている賠償金に対する複雑な感情もあって、市民の避難者に対するまなざしには冷ややかなものがあるといわれている[4]。Bさんたちも、引っ越しの挨拶をした時に、隣人から「おつきあいはいいです、来なくていいですから」といわれてショックを受けた。地域には何となくよそよそしい雰囲気があり、賠償への妬みもあるのかもしれない。「事故にあって避難しているのに、『あなたたちは恵まれている』という態度が感じられます」。

柏崎と行ったり来たりの生活だったこともあって、町内会にもまだ入らないでくれといわれた。それで困ったのは、ゴミを出せなかったことだ。「ゴミは新潟に行くときに持ち帰ってくれって。それが一番困りましたね。瓶とか缶とか持ち帰れるものは持ち帰ってきたんですけど、生ゴミはどうしようもないですよね。穴掘って埋めてみたり、色々してみましたけど」。今年の4月から町内会への加入が認められ、ようやくゴミも出せるようになった。

「別な所に家を建てて行くと、また新しく近所づきあいを始めなければならないわけですよ。2回も3回も同じことを繰り返して、ようやくその地に足を下ろして、ここで下駄を脱ごうとして目を開いてみたら、近所は誰も知らない人ばかり。年寄りは1日家にいるわけですから、近所づきあいが一番大事なんです」。

富岡で暮らしていたころは、商店街の人びととはよく行き来があり、おたがいの様子も分かっていた。しかし、全町避難から4年が経過し、両隣の家族がいまどこにいるのかも、元気でいるかどうかも分からない。「これまで何十年も、それこそ先々代からのつきあいでずっと暮らしていた家同士が分からないっていうのは、ホント情けない話だよね。耐えられませんよ、そんなの」。

いわきに自宅を求めた理由は、近いところにいないと富岡の情報が入ってこないということもある。また近くにいれば、富岡の自宅や店の様子も時々見にいくことができる。そう思って見に行くと、警察が回ってきていろいろと聞かれる。「どこから来たとか、名前はとか、免許証見せてくださいっていうんですよ。こんな情けない話ありませんよね。自分の家に入るのに時間限定されて、写真を撮ってて免許証見せろってのはないよね。自分の買った土地に自分の家が建ってんのに、何でそういうことしなきゃなんないのかなって思うけど。情けないですホント。もう先がないのでね」。

仕事の技術に関しては、時間の経過とともに自信がだんだんと薄れてきた。「あれから5年経つと、いろいろお勉強している人たちにはすっかり抜かれているわけです。まあやりだせばもとに戻る方法はあるのかもしれないけど、やってみたいっていう気力がだんだん薄れてきたみたい。いままでは、まだできるっていう希望はあったんですよ。だけど、だんだんと気力がなくなってしまった。復活するのには丸3年はかかります。年をとるっていうのは情けないことだけど、こんなに体力も気力もなくなるのかなって」。

あらためて思うのは、国や東電には加害者意識がないということだ。めども立っていないのに、「帰還」の旗を振り続けることに不信感が募る。「うちらはね、避難民じゃないですよ。地に足がついていないんだから難民です。これは国の虐待だと思います。虐待したら罪になるんだよ。難民だったら救済しなきゃなんないのに、集まるところもつくらない。復興住宅だってくじ引きですからね。ようやくくじにあたって、復興住宅に入られたんだよって喜んで、入って隣同士がまた分からない。仮設に戻りたいっていう人がいますよ。それが現実です。また一からやり直しなんだよ」。

BさんとCさんは、富岡町で人望の厚い名士として安定した暮らしを営んできた。それが原発事故により、仕事も家も人間関係も将来の夢もすべて失ってしまった。新たに生活の場を築こうとしているいわき市でも、近隣関係に苦労している。生活を新たに一からやり直すことは、若い人でも大変なことである。日々みずからの老いと向き合う年配者にとっては、なおさらであろう。長期化する避難生活の中で、徐々に再生への希望が失われていく。その果てに、みずからの境遇を地に足がついていない「難民」と呼ばざるを得ない現状がある[5]。

3. 「誰もいないのに時計を動かしている、本当は時が止まっているんだけど」――Dさん(大熊町・女性・50代)

Dさんは宮城県生まれの元保育士で、原発関連会社に勤務する男性と結婚して、1984年の秋から大熊町に居住していた。大熊町では、2人の男の子を育てながら中学校図書館の司書などを務めた。子どもはすでに社会人と大学生となって大熊を離れ、東日本大震災の時には夫と2人暮らしだった。

地震があった夜は、自宅前に止めた車の中で過ごした。翌朝、防災無線で各地区の集会所での屋内退避を指示され、その後、町が用意したバスで小野町の体育館に避難した。避難所で3泊した後、15日の昼に夫の勤務先の事務所があった新潟県刈羽村から迎えの車が来て、その日のうちに刈羽の会社の寮に入ることができた。3月下旬に会社が用意した柏崎市内のアパートに一時的に入居し、8月に借り上げ仮設住宅制度を利用して現在のアパートに移った。夫は、柏崎の事務所で勤務を続けている。

「防衛本能なのか大熊での暮らしを忘れてきている、本当は忘れたくないのに」――2013年4月/7月

2013年には、Dさんから2回聞き取りをおこなった。そこでは自分たちの将来や故郷について、焦りやゆれる気持ちが語られた。夫が定年になるまでは、柏崎での生活を続けることになる。だがその後どこに住むかの決断がつかない。夫や自分の実家近く、あるいは子どものいる場所などが候補になるが、決めかねている。「いまだったらまだローンを組んでもやっていけるので、私たちの世代では、家を買ったり建てたりしている人たちが多いんです。それを聞くとちょっと焦りも感じる。うちはのんびりしてていいのかな、

一時帰宅の様子(大熊町)

でもまだ決める時ではないし、なんてゆれ動いてる」。

いまのところ、柏崎に永住することは考えていない。だが柏崎にもとりあえず〈わが家〉があった方がよいと考えることもある。「仮住まいじゃなくて、自分の家って思えるものがあったら、もうちょっと落ち着いてここで暮らしていけるのかな。とりあえずとか、いまは仮住まいだからいいわって、すべて過ごしちゃっているので」。しかしその先を考えると、ここで家を建てることは現実的ではないと思い直す。

子どもにとっての「実家」という点でも、いまの状態は悲しい。「帰ってきてほしいんだけど実家じゃないし、落ち着ける自分の部屋もない。ここに来ても友だちがいるわけではないし。あの子たちにとっては、友だちと誘い合わせて遊び歩くのが実家に帰ってくることだったので、それができないのは可愛そうだな」。

宮城県出身のDさんにとって、大熊町は「結婚して、たまたま」住んだ場所だった。しかし「家も建てたし、子どもたちもあそこで育てて、多分ずっといるんだろうなって思っていた。それがもうかなわなくなったというのはすごい喪失感ですよね。夫の方がもっとショックなんじゃないかな。帰るたびに家を点検しながら、最初のうちは『ここ直したら住めるかな』っていってたのに、最近は『やっぱり住めないな、ここには』なんていいながら、でも片づけてソファーに座って『ああやっぱり家はいいな』っていっているの」。

大熊町は、子どもを産み育てた町なので「第二の故郷」だと思っている。印象としては「子育てのしやすい町」であり、過ごしやすい落ち着いた町だった。自分の子どもに絵本を読んでいた親たちで「絵本の会」をつくり、図書館や小学校、幼稚園などで読み聞かせの活動をおこなった。こうした活動を通じて仲間もたくさんできた。「そこのつながりが強くて、友だちとすぐに会えないのは、私にとってはものすごく辛いことです」。

大熊への一時帰宅には、案内があるたびに一度も欠かさず参加してきた。「一番最初の時は、ああ帰ってこれたって、本当に涙が出てきました。その時はまだ、帰って暮らせるかもしれないと思っていたんです。……何回目かに子どもたちを一緒に連れて行ったんですよね。その前から私たちは、もうここには住めない覚悟はできていたけど、そのときに家族全員で覚悟ができた。それ以降は、もうなんかご機嫌うかがいに行っているような感覚になってますね。いつも帰ったときには『ただいま、来たよ』といって。出るときには『また来るからね、それまで待っててね』なんていって、鍵を閉めてきます。だんだんあきらめてはいるんだけど、本当にあきらめて、もう行かなくてもいいやっていう時が来るのかな。まだ私は行きたい、行けるときは行きたい」。

「うちの時計、毎時音楽が鳴る時計なんですけれども、私たちがいなくても時を刻んで鳴ってるのが、ものすごくうれしいような悲しいような、複雑な気持ちで。前の前ぐらいに行ったとき、止まってたんです。これは止めちゃならんっていって電池を入れ替えたので、誰もいないところでいまも鳴っていると思います。本当は時が止まってるんだけども、これだけは止めたくないよねって。不思議なんだけど、地震後もずっと止まらずにいた時計なので。ここで、時を刻んでてね。それもいつまでかな。もしかしたら止めようかなって思うときが、本当にあの家にお別れするときなのかななんて思っています」。

たとえば、大熊町の自宅がある土地を中間貯蔵施設建設のために国や東電が買い上げれば、あきらめもつくだろう。「家がそのままあるうちは、まだ本当の区切りにはならないのかな。住めないのは分かってても、あることによって、なくしたくない半面もある。息子たちにとっての故郷はあそこなので、まったくなくなっちゃうのも切ない」。

大熊への思いを強く引きずっている一方で、次のような発言もあった。「防衛本能なのか、大熊の暮らしをかなり忘れてきているんです。本当は忘れたくないのに、忘れてきている。いまの暮らしがとくに不自由ないので、これでよしとしようと意識しなくても思っているのか、怒りや悲しさ、辛さとかあまり感じない。自分でも、その部分は不思議なんだけど。防衛本能で、自分の中にうまく調節する機能が備わっていて、そうなってるのかもしれないです」。

だから、避難先でも「基本的には穏やかに過ごせている」と思う。だが、そこにはかなり意識的な部分もはたらいている。「いまは転勤でここに来ているつもりで過ごしています。アパート暮らしを始めたときから、そう思おうと思ったし、その方が自分は楽だなと思うので。だから被災者のＤさんが何々をしたっていわれることが、すごく嫌でした。記事にはいいんでしょうけど、ずっと報道も断っていた。被災者はどうしても、みんなから可哀想と思われるって考えたから。あなたは被災者だから、何かしてあげたいというのは嫌だなと思ったのかもしれない。たぶん意地っ張りで、見栄っ張りなんです。向こうはそんなつもり全然ないと思うんだけど、私の気持ちの中で、自分をかわいそうにしたくなかったのかな」。

「こういう理不尽なことは、歴史の中でままあること」――2015年6月

2015年度からDさんは、大熊町出身の避難者グループ「あつまっかおおくま」の代表になった。「あつまっかおおくま」は、柏崎市内で避難者支援をおこなっていた「サロンむげん」での出会いをきっかけとして、2011年9月に結成された同郷会である[6]。月1回の定例会やバスツアーなどの行事をおこなってきた。近年は徐々に福島県内に帰還する人も増えてメンバーも減少し、会合への参加者も固定化の傾向がみられる。

Dさんによれば、この会への参加によって「大熊の仲間が近くにいるって思えた」。大熊町にあった店の話や知り合いの話など、ローカルな話ができたことは「私にとって支えになっていた」。しかし会合の雰囲気や会話の様子も、時間の経過とともに変化がみられる。「最初のうちは、みんなでがんばって町に帰ろうという雰囲気がありました。町に帰って大熊町を盛り上げなくっちゃねっていうような。だんだん、そうならないことが分かってきてからは、今後どうするっていう話になりました。とりあえず自分の居場所を決めてそこに移るとか、柏崎に当分いるつもりだよとか」。大熊に帰ることが難しいと分かってきたために町の一体感が徐々に薄れ、それぞれの今後の方向性によって分化がみられてきたようだ。

さらには、「あつまっかおおくま」によって避難先でのつながりが一定はできたので、定期的に集まる必要はだんだんなくなってきたと感じている。実際、子育て中の母親だけの集まりやもう少し上の世代の集まりなど、「ここを支えにしながら他の場所でも活動する雰囲気になってきた。それはよい方向だと思います」。

Dさん自身は、夫の定年までの8年間は柏崎で過ごすことにしている。「とても微妙な年数で、私にとってすごく悩ましい。2年前よりも分からなくなっています。この8年をどう過ごすのか、また8年以降をどう過ごすのかが堂々巡り。柏崎に永住する気持ちになれたらどれだけ楽だろうと思うんですが、その気持ちにいま一つなれない。なぜなれないのかが、自分の中でよく分からない。かといって大熊町に戻れないことははっきりしている。いまでも町に戻れるものなら戻りたい気持ちはあるけど、生きてる間には無理かなっていう感じです」。

地元の自治会も、積立金を配分して解散状態になった。隣近所とも、たまに連絡を取り合っている1軒以外は、連絡先もどこにいるのかも分からない。前回(2013年)からの変化としては、「大熊町に帰ることをまったく考えなくなった。2年前は、もしかしたらというところがどこかしら残っていたかもしれない。自宅に住まなくても、その近くに戻るのかもしれないって思っていた。いまは、まったくないですね。確実に、もう戻れる場所ではない」。

自宅から比較的近い場所に、放射性廃棄物の中間貯蔵施設の建設が予定されている。町としての具体的な土地利用計画は決まっていないが、更地になる可能性もある。「誰も住まないのに、あと何十年もあのままで残っているのもすごく切ない。かといって、更地になっちゃうというのもまた切なくなる。どっちにしても、自分の家があって住めないのは切ないんですけどね」。

自宅がまだ住める状態で残っていることと、将来どうするかを決めかねていることは、ひょっとすると関係があるのかもしれない。「あそこで子育てしていたという家の歴史や重みというのは、他のものには代えられないものがあるから、いろんな迷いや、ふん切れないことがあるのかな。なんとなくもやもやするし、家のこと考えるとキューっと胸を締め付けられるような辛い思いになる。……ダムに埋まった村もたくさんあるし、島ごと避難しなければならなくなったところもあります。自然災害じゃないだけで、それと同じかなって思えば。こういう理不尽なことは歴史の中でままあることなんです、って思うようにしています」。

その一方で、大熊のことを「思い出すことは、前よりも多くなった。かなり忘れているんですけど、部分部分で覚えているところは思い出す。とっても懐かしくていい場所。思い出になってきてるんでしょうね。思い出しますね」。とくに、大熊の自宅のどこに何があったというようなことを、折にふれて思い出すという。

Dさんは、サロン「むげん」に半分スタッフのような形でかかわってきた。主宰者や他のスタッフが、「最初から私を被災者として扱わないでくれたので、それが心地よくて、ここに来ています」。読み聞かせの活動に通っている「絵本館」でも、そうしたフラットな心地よさを感じることができる。報道についても、被災者として枠づけられることに対して抵抗を感じてきた。一方的に支援を必要とする被災者、みずからの境遇を怒ったり悲しんだりする被災者というステレオタイプを受け入れることは、誇りを傷つけることになるのだろう。

だから「転勤でここに来ている」、避難は「歴史の中でままあること」と思うようにしている。しかし意識的にそう「思うようにしている」のであり、いずれにせよ「理不尽なこと」には違いない。自省的な言葉の背後には〈抑えようとしているもの〉の存在を感じざるを得ない。心を込めて建てた自宅はそのまま残っており、割り切れない思いを抱いている。住めないけどなくしたくない、忘れたくないのに忘れつつあると話し、時間の経過とともに気持ちの「ゆれ」が強くなっているように感じる。

4.「失っていないものはない、継続できてるものがないからね」
——Eさん（大熊町・女性・40代）

Eさんは富岡町出身の元会社員で、原発関連会社に勤務する男性と結婚し、隣の大熊町に居を構えた。福島第一原発から4キロのところにある新築して間もない自宅で、震災時点で中1、小5、小3の3人の娘とともに5人で暮らす専業主婦だった。震災当夜は隣人の車の中で過ごし、翌日バスで田村市の体育館に避難した。体育館で3週間の避難生活を送った後、大熊町役場が移転した会津若松市内の旅館に移り、およそ3ヶ月滞在する。その後、会津若松市内の借り上げ仮設住宅で8ヶ月ほど暮らし、2012年の4月から夫の転勤先である柏崎市に転居した。

「心配じゃないことの方が少ない、しがらみも帰るところもない」——2013年4月

Eさんは、震災の翌日にバスによる避難を指示された時は、状況がまったく分からなかったという。「最初はバッグひとつで出てきた状態だった。原発が爆発したのも聞いていなかったし。私たち何のために逃げてるの？　という感じでした。遠くに逃げてから、じつは爆発してもう家には帰れないことを知らされて。お財布ももたずに出てきた人もいたぐらいでした」[7]。

避難所の寒さ、旅館暮らしの不自由さを経験した後、会津若松市内の借り上げ住宅に入居した。「その時やっと人間になれたなって思いましたね。人間に戻れたなって。ふつうの一般の人たちと同じレベルにやっと戻ってこられたなと感じました」。しかしその後、おそらくは震災と避難生活の影響で長女が病気になる。夫も転勤になって、自分一人では子どもたちの面倒をみていくことが難しくなり、夫のいる柏崎への転居を決意する。

子どもたちにとっては2度目の転校になり、その負担も心配だった。「3人いると、学年によっては必ずきりの悪い、犠牲になる子」が出てしまうことも気になる。「一番動かしたくない時に動かしちゃって、やっぱりよくなかった。大熊の時の友だちが本当の友だちだっていまだにいいます。こっちの友だちは仮の友だちだって。幼稚園ぐらいからずっと一緒の仲間だったので、たかが半年や一年でそれを越えるものにはなかなかなれない」。

そうしたことも含めて、子どもについては「心配じゃないことのほうが少ない」。とくに精神的な面が気になる。「見えるところでは、そつなくこなしている感じなんですけど、心の中のことは見えないですよね。全部出せているのかな、話できてるのかな、溜めこんでないかなとか、そういうのは日々気になります」。

母親たちも、自分の子どもだけでなく「同級生のだいたいの子を知っているような雰囲気」で子育てをしてきた。Eさんが避難先に柏崎を選んだ理由には、PTAなどでつながりのあった大熊時代の知り合いや友人が多いこともあっ

た。柏崎での同郷会である「あつまっかおおくま」にも誘い合って参加している。とくに同世代の母親たちの間では、子育てに関する会話が中心になっている。子どもがぶつかっている問題や、柏崎の学校の情報などがやりとりされる。そうした場がないと一人で抱え込むことになり、耐えられないかもしれない。

柏崎で新たに知り合った母親たちから、「ずっとここにいたら、とか家を建てちゃえばいいじゃんなんていわれると、やっぱうれしいですよね」。しかし、柏崎に永住する気にはなかなかなれない。「両親や身内がほとんど福島にいたりすると、やっぱり戻るところは福島なのかなって思います。でも子どもたちが手を離れるまでは、ここにいたほうがいい」と考えている。当面は柏崎にいるにしても、「仮住まい」のままである。

子どもたちにとっては、将来帰ってくることのできる「実家」を失ったことになる。それは、帰れば友だちに会える故郷でもあったはずだ。「もう子どもたちも、福島に帰っても会津に行っても、友だちがみんな本当にバラけちゃってるから、もう会津にも未練はないみたい。会津にも行きたいっていわなくなった。年々どんどんみんなバラけていっちゃって、去年一緒に学校に行ってた子たちも、もうほとんどいない」。

大熊での暮らしをあらためて振り返ってみると、いい面しか思い浮かばない。「すごくいい生活をしていたと思います。だって悩みがなかったですね。人間関係もよかったし、家もよかったし、環境もよかった。悪かったところなんてない。文句なんか一つもなかった。わたし大熊に嫁に来て本当によかったと思ってた」。

もちろんそうはいっても、「しがらみ」を感じていた部分もあった。「学校の役員にしても町内会の役員も、そういうしがらみが全部なくなったことで、ちょっとスッキリした」という。「しばられるものが何もなくなっちゃって。帰る場所ももちろんないけど」。多少の解放感はあったが、「でもそんなの、なくしたものに比べたら比べられない」。結局、「失ってないものはないっていう感じです。継続できているものがないからね。あきらめているけど、未練たらたらっていう感じ」。

「あの一瞬で、もう明日がなくなってしまった」――2015年6月／10月

前回の聞き取りから2年あまりを経過した2015年6月および同年10月に、あらためて柏崎での暮らしや今後の生活の見通しについて話をうかがった。Eさんは柏崎に住まいを移してからも、長女の病気に悩んできた。そんな時に救いの手をさしのべてくれたのが、個人の立場で避難者支援をおこなっていた柏崎市のサロン「むげん」の主宰者だった[8]。親身に相談に乗るだけでなく、福島県からの派遣教諭に連絡をとるなど専門機関とも連携して支援にあたった。柏崎では、同郷会「あつまっかおおくま」とともに、この「むげん」の存在が避難生活を支える重要な役割を果たしてきた。

「やっぱり福島の話ができるのはここ（むげん）か、「あつまっかおおくま」しかないです。子どもたちの友だちのお母さんとか、いまでこそ何人か仲のいい方はいますけど、こちらの方には福島の話はそんなにできない。やっぱり福島の話をオブラートにかぶせなくても話せる場所は、情報を得たり愚痴をいったりという面では必要だったと思います。大熊出身でも、子どもが同じぐらいのお母さんたちはみんな知ってましたけど、ちょっと上になると分からなかったんです。でもやっぱり同郷ということもあり、すぐに打ち解けて、いろんな世代の情報や気持ちが聞けたのもよかった」。

転校は子どもにとって負担になるので、三女が高校を卒業する4年半後までは柏崎での生活を続けたいと考えている。しかし子どもが卒業した後は、「もう私がここにいる理由はなくなる」。夫や自分の両親は、すでに郡山市といわき市に自宅を購入した。「親は当然福島に帰ってくるものと思っているけど、いまの福島の状況をみると、帰る場所かな？ っていう気がするんです」。それは次のような理由による。

「賠償でいがみあっている福島県民の話を聞かされたり、いわきなんかとくに病院でも道路でも恐ろしく混んでいるとか、とにかくいい話が聞こえてこないんです。だから行きたいって思うところがない。むこうでは大熊から来たことを隠して生活している、という話を聞くと、いやですよね。なんで素性を隠して生活しなければいけないのか分からない。私はそういう生活はしたくないので、いくら親が『帰って来い』といっても『いや、いいです』という感じかな」。

柏崎では「いやな思いをした記憶はない」。しかし、柏崎に移住する気になれないのは、福島の浜通りとは大きく違う冬の気候が影響している。結局のところ、4年半後にどうするのかは、まだ決めていない。「いまの状態で福島が急に住みやすい場所になるとは思えないし、だからといってこっちにいる理由もない。夫も先の話をしない。私は話したいんですけど、たぶん話しても出口はない。だからまったくの未定です」。

周囲にいる避難者も、これからどうするかをみんな悩んでいる。「こっちに家を建てると決めて、もう建て始めている方でも悩んでいます。これでよかったのかなって」。多くの人は、大熊では広い持ち家でゆったりと暮らしていた。これから子どもを育てていくことを考えると、狭い借り上げアパートで暮らし続けるよりも、思い切って家を構えることが必要だと考える人も出てきている。だがそうした決断をしても、なお迷ったり悩んだりしている。それは、避難者の中で柏崎を離れて福島に戻る人が増えてきていることによる。「自分はこっちに決めたけど、どんどん帰られる方がいるのを聞くと、『みんな帰っちゃうの？　わたしを置いていかないで』っていう感じだと思います」。

Eさんは、生まれ育った富岡町よりも大熊町に「故郷」を感じるという。とにかく大熊町は子育て環境が抜群だった。「補助がしっかりしていて、子どもを育てていくための施設もすごく充実していました。学校や保健センターや遊ばせるための設備などです。だから大熊の人は、みな子だくさんでしたね。うちはご近所にも恵まれていました。子育ても終わった年代の方たちでしたけど、子どもたちがいくら騒いでいても、『子どもの声いいね』っていってくれるようなご近所でした」。

しかしEさんは、大熊町を懐かしく振り返る一方で、その将来については厳しい言葉を連ねる。「大熊町はもうすべて解散にしたらいいと思います。すごくいい町だったけど、あの時には絶対に戻れない。あの同じ環境に戻すことは絶対無理なのに、戻そうと努力してるのが無駄に思える。いくら除染しても帰れる場所なんか知れている。こんなに年数が経ってしまったら、移住先を決めてる人がいて当たり前で、震災前の環境に全員が戻ることは絶対にない。それなのに、なんとかコミュニティをつなぎとめ、もとの状態に戻そうと努力しても仕方がない。もうそれぞれが、それぞれの道を歩むべきではないかな。あの状態に戻れるんだったらもちろん戻りたいです。お金なんかいらない。でもそれが無理だから解散です。子どもたちがあそこに戻って、また住んで子どもを育てるということは、私の年代ではちょっと考えられないし、子どもたちも考えてないと思います」。

結局のところ、避難により奪われたものは人間関係である。人間関係を基盤とした環境が失われ、そこでの暮らしを取り戻すことが不可能である以上、大熊町は解散するしかない。「毎日のように会って、当たり前のようにつきあってきた方と、もうきっと一生つきあえないということはすごくさびしいです。また明日ねっていった仲間にもう会えない。あの一瞬で、もう明日がなくなってしまった」。

Eさん自身は、長女の病気もきっかけとなって心理カウンセラーの資格をいくつか取り、それをもとにこれから子育て支援の活動に携わろうと考えている。柏崎に避難してきた当初は「怖い顔」をしていたようだ。当時は「がんばってて必死さが顔に出ていた」のかもしれない。「去年ぐらいです。やっと自分の選択が間違っていなかったと思えるようになったのは。いろいろ結果が見えてきたり、子どもたちの言葉を聞いて、福島から出てきたことは間違ったことじゃなかった、やっぱりこっちに来て正解だったと思えるようになりました」。

とはいえ、いまの時点で自分が「復興」したかと問われると迷いもある。一方で、「私的には復興していますよ。もう何も引きずってないです。大熊の家をみたら『もう住むのは無理』という感じであきらめもついたので、新たな方向を向いていこうという意味での気持ち的な復興です」。しかし他方では、「住むところもなければ何にもない宙ぶらりんな感じなので、それが復興なのかどうか微妙なんですけど。家をもって、拠点が見つかった時点が復興なんだったら、まだノープランですね」。

Eさんは、大熊町での生活を強く懐かしみながらも、分断が深まる福島の現状や大熊の将来を考えると、そこはもう帰るところではないと考えている。

生活の基軸をなしていた人間関係を丸ごと再生することができない以上、帰る意味がない。放射能によりひどく汚染されてしまった故郷は、子どもたちにとっても暮らせる場所ではない。「すべて解散にすればいい」という言葉には、失われたものの大きさ、取り返しのつかなさと、もと通りにできないなら過去を振り切って前を向きたいという、悲痛な気持ちが表れている。いずれにせよ、現在は「宙ぶらりんな感じ」のままなのである。

5.「何もかも、すべてにつけて困っている」
——Fさん（南相馬市小高区・女性・60代）

原発事故当時、Fさんは南相馬市小高区の農村部にある集落で、80代の義父母、次女夫婦と3人の孫、三女とともに、4世代10人の大家族で暮らしていた。稲作を営む兼業農家で、Fさんの夫と次女夫婦は勤めをもっている。Fさん自身は小高区内の別集落の出身で、55歳まで勤めていたが、当時は2歳から小学校3年生までの孫の面倒をみながら、家事をする毎日だった。自宅は福島第一原発から16キロのところにあり、事故後は警戒区域に指定された。

「原発が爆発するわけがない、俺は避難しない」——2013年3月／8月

2011年3月11日、Fさんは家庭菜園の手入れをしていたときに、「この世の終わりかな」と思うほどの激しい揺れに襲われた。孫の迎えや家族との連絡に追われたが、その夜は市内の原町区に住む長女一家も合流して、13人で自宅で過ごした。翌日は小高の町の様子を見に行ったり親戚の安否を確認したりしていたが、そのうちに原発関係で勤務していた親戚から「原発が爆発したから、なるべく遠いところに避難するように」という連絡が入った。娘たちもインターネットを使って情報を集め避難しようとしたが、Fさんの父と夫は、「原発が爆発するわけがない。俺は避難しない」といって聞かなかった。「うちのおじいちゃんの年代は、原発は安全で爆発なんかするわけがないって、ずーっとそう思ってたんだね」。「1日2日で戻るから」といって何とか説得し、12日の午後4時くらいには13人で車3台に分乗して避難を始めた。

避難の車で渋滞する中、その夜は川俣町の道の駅で休み、翌日から同町内の避難所に入った。その後も原発の爆発が続き、15日の午後には次女の夫の知り合いがいる柏崎市に向かった。まったくの着の身着のままで、自宅を出てから入浴も着替えもできず、食事も満足にとれない状況で、高齢の父親はすっかり体調を崩してしまった。16日の朝方に柏崎の手前にある温泉で休憩し、市内の体育館でスクリーニングを受けて、知人が手配してくれた借家に入った。すぐに近所の人びとが訪ねてきた。「着いた途端に近所の人たちが、まるで待っていてくれたかのように、ポットと毛布3枚と電気カーペット、それとハロゲンヒーターをくださった。返さなくていいからって。別の人は、カップヌードルとかタオル、石けんなんかも。もうありがたくてね」。福島ナンバーの車3台で空き家に来たので、すぐに避難者と分かったらしい。

こうして総勢13人での避難生活が始まったが、買い物に行ってこれまではほとんど買ったことがなかった野菜の値段に驚き、将来が不安になった。「次の朝に、とりあえず1週間くらいで、あとはもう帰ってきていいっていわれると思うから、頑張ろうっていう感じでした」。ところがいつまで経っても帰られる状態にはならず、4月22日には自宅のある半径20キロ圏内が警戒区域に指定され、立ち入り禁止になる。この先、借家の家賃や大人数の食費を払い続けて生活が成り立つのか、金銭面での心配がつきない毎日だった。借り上げ住宅支援も東電からの賠償の話も、まだなかった時期である。

避難先の自治会や隣近所は、引き続きさまざまな支援をしてくれた。布団やテーブル、洗濯機などに加えて、孫が通った小学校からランドセルや学用品などをもらった。柏崎の人びとは、2007年の中越沖地震で被災した際に全国から支援を受けたことが念頭にあったようだ。「おたがいさまだから、また柏崎でなんかあった時は、みなさんにお世話にならなきゃいけないんだからなんていっていただいて。もう本当ありがたかった。新潟の人たちって、なんでこんなに優しい人たちばかりなんだろうって、避難者みんなで話してます」。

新潟市内の市営住宅が無償で貸与されるという情報を得て、この年の5月に転居した。生活費を切り詰めるためというのが主な理由だったが、避難先を新潟市にしたのは、Fさんの実家が避難していた会津若松市に近いこともあった。同時に、次女夫婦は仕事の関係で茨城県に転居し、長女夫婦は原町区に戻った。新潟に移ったのは、Fさん夫婦と両親、三女の5人である。しかし市営住宅は古くて手狭だったため、7月中旬に借り上げ仮設住宅制度を利用して1戸建ての借家に引っ越し、現在に至っている。小高では孫の世話をしながら大勢でにぎやかに暮らしていたのに、家族がバラバラになって、さびしい思いをしている。父親は、12月に胃ろうの手術をして、しばらく入院した後にケアつきの老人ホームに入居した。「おじいちゃんを元気に小高に連れて帰りたいっていう気持ちで、生き延びられるのなら胃ろうの手術をしようと決めました」。

翌2012年の2月に、Fさんは主として警戒区域からの高齢の避難者の集まり「のんびーり浜通り」を立ち上げる。避難先の新潟市で初めての冬を過ごす高齢者たちの、孤立と心身の不調が目立ってきたからである。ちょうどそのころ、避難所でのつながりをもとに結成された「うつくしまクラブ」が一時休止になって、高齢者たちは行き場を失っていた。「体調を崩したり、生きる望みを失っている人がけっこう多くなって、よく分からない熱が出たり、フラフラして歩けなくなって救急車で運ばれたりとかが2、3人続いたものですから。みんな孤立したんでは、絶対もう駄目になってしまうんじゃないかなと思って」。

知り合いの支援者や「うつくしまクラブ」の代表などに相談して、地域の自治会館を借り、毎月2回定期的に交流会をもつようになった[9]。メンバーは、主に浜通りの原発20キロ圏から避難している60代以上の高齢者25名ほどである。夫婦で参加する人が多く、地元の支援者や比較的若い避難者がサポートして活動を続けている。集まっておしゃべりや食事を楽しむことが中心だが、「佐渡おけさ」の練習をしたり、花見などのイベントをおこなったりしている。会員の要望もあり、やがて毎週集まるようになった。「1年か2年で帰れるんじゃないかなって思っていたころなので、それまで何とかみんなで新潟で頑張ろうって話してました」。

ところがその後、原発事故の影響の深刻さが明らかになり、帰還には時間がかかることがはっきりしてきた。「いまになってみると、いつになったら帰れるのか。双葉や浪江の人は、5年、10年は帰れないなんて話をしているし、実際帰れないと思うんですよね。帰っても町が成り立たない。商店街の人たちは人が帰れば帰ります、避難者の人は町が活性化すれば帰りますって、おたがいそういう感じだから、たぶん無理じゃないかな。……借り上げ住宅にいられるうちは、みんなで新潟でお世話になりたいって話しているんですけど、ここから出ていったら、どこに住んでいいかもわからないし。ここにいる人たちは、帰るところがないからね、本当に」。

南相馬市の小高区は、2012年4月の避難区域再編にともない、一部を除いて避難指示解除準備区域に指定された。住民の一時帰宅は自由に認められるが、宿泊は禁止されている。Fさん自身は、今後避難指示が解除されたとしても、自宅に戻るかどうか決めかねている。「自宅の片づけに帰っても、ごみの捨て場も決まってない。だから家の片隅に大きなごみ袋を積み重ねておくような状態なのね。雨漏りもしているから、いつ住むのかわからなくても直しておかなければならない。ネズミなんかは当たり前で、天井裏にハクビシンが住みついてます。住めないかなって思うんだけど、1年か2年して借り上げ住宅が廃止になったら、やっぱり自宅に戻って住むしかないのかな。何から手をつけていいのかわからないし、これから先どうしていいかもわからない」。

自宅のある集落は、小高区の中心部から3キロほどのところにあり、60世帯ほどが暮らしていた。現在は県内・県外に散らばって避難している。電話で連絡を取り合うほか、年に一度、原町区で大字会を開いている。山に近いので比較的線量が高く、当面若い世代が戻る見込みはない。「自分たち、年寄りばかりが帰ったとしてもね、いまはいいけど10年後になったら年寄りだけの町。うちの集落、若い人で帰ってくるのは誰もいないのね。ただ、いま自分たちが頑張って町を再建しないと、もうだめになっちゃうんじゃないかと思って。何とか頑張れるだけ頑張って、やがて子どもたち、孫たち……住むかどうかわかんないけど、住めるような状態に少しでも近づけられればいいなと思っています」。

小高区全体でも、この時点で病院や商店街が再開する見通しは立っていない。除染もまだ始まっていない。「何か困ったことはありますかって聞かれても、何もかも問題は増えるばかりです。何もかも、すべてにつけて困っている」。だから「のんびーり浜通り」の集まりの時には、そういう話はできるだけしないようにしている。

「これから落ち着けば落ち着くほど、昔のことをどんどん思い出す」
――2015年6月

前回からおよそ2年後の2015年にお話をうかがったときには、Fさんの思いや状況にいくつかの変化があった。「のんびーり浜通り」の高齢者は福島県内に戻った人も多く、いま残っている人も新潟に家を建てたり、この先の行き先を決めたりして方向が安定してきた。Fさん自身も、次女一家が現在暮らしている茨城県内に自宅を新築して同居することに決めた。新潟市内の施設に入所中の義父は移動することが難しいため、これから茨城と行き来しながら世話を続けることになる。

Fさんの故郷に寄せる思いにも変化がみられた。「前はね、若い人たちが帰ってこないんだったら私たちの年代が帰って、地区をみんなで守っていこう、何とか頑張って除染したりして、みんなが帰れるような場所をつくっていきたいと思っていました。お友だち同士で連絡し合って、そういう話をしていたのね。でもだんだん帰れないんじゃないかと思い始めて、みんなも同じ思いだった。避難先に落ち着くか、子どものところに落ち着くか。原発も次々に問題を起こすでしょう。もう戻れないねって……」。

自宅の後ろには、近隣の5集落分の除染ゴミの捨て場ができてしまった。「黒い袋がむき出しになって、さらけ出してある。帰還していいよといわれても、そんなところには気持ち悪くて帰れないです。若い人たちは絶対に来ないと思う」。時間が経過した分、家の傷みもいっそう激しくなった。最近の意向調査では、集落の60世帯のうち、戻る意思を示しているのは12世帯にとどまる。そのほとんどが高齢者で、「行く当てがないから戻る」という感じである。「避難して2年目のころは、半数ぐらいの人たちが戻るっていっていたのにね。なんかすごく悲しい現実で、私もさびしくてどうしたらいいのか」。

Fさんによれば、故郷の集落はまとまりが強く、盆踊りや神楽、スポーツ大会などに熱心に取り組んでいた。まわりは農家も多く、昼間家にいる女性たちが農作業の合間に集まって、よくおしゃべりを楽しんでいた。そうした仲間が、避難によってバラバラになってしまったのである。「これまで連絡をとりあってきた人たちは、いまは自分が進む道を決めるために各自が精いっぱいで、友だちとおたがいに助け合う、話し合う心の余裕がなくなってきているような気がする」。こうした故郷の大切な人間関係を失ってしまったことに、もっとも大きな喪失感を感じている。「私たちが先頭に立って、みんなが戻れるまちづくりをしよう」という話は、ある時点からぱったりと誰も口にしなくなった。

ただ、長年暮らしてきた集落に対する思いは、もともとそこで生まれた男性と、結婚後に来た女性たちとでは違いがあるかもしれない。「とくに長男で昔からそこに生まれ育った人なんかは、うちの夫ももちろんそうなんだけど、もっとふるさとが恋しいんだと思います。私たちのようによそから嫁に来た人は、子どもたちと一緒によそで頑張るかっていう気になるんだけど、そこで生まれ育った人たちは、ときどき電話して、みんな住まなくても俺たちだけで帰るかとか冗談半分で話しているんですよね。私たちとは違った家や土地への愛着、捨てられないという気持ちが強いみたい」。

男性たちは、いまでも月に1回集落に集まって「大字会」を開き、お墓をどうするかや集落センターの建て替えなどについて相談している。Fさんの夫も、「集落のみんなが小高に帰るんだったら家を直して戻るかとか、夢のような話をしているんです。女は家族を大切にして、男は家を大切にする。うちの集落では、みんなどこでもそういう感じなのね」。

Fさんとしても、故郷を恋しいと思う気持ちは強い。「一生暮らすつもりでしたから。茨城に家をつくっても、なんで私たちはここに住まないといけないのという気持ちがいつもあります。茨城に行ってうれしいことは、家族全員が一緒に住めるというそれだけですね。あとはすべてにつけて、小高に戻れない辛さっていうか悲しさっていうか、一言ではいい表すことができない。さびしさ、悲しさ、情けなさ。……なんかこれから落ち着けば落ち着くほど、昔のことをどんどん思い出すと思うのね。落ち着いて静かになればなるほど、昔のことを思い出して、懐かしくなるんだろうなって思っています」。

農業や野菜づくりができなくなったことがさびしいし、何よりも「両親を小高で看取ってやることができない」ことがつらい。以前から、「どこに行っても自分たちは小高のお墓に入れてほしいと、おじいちゃんとおばあちゃんはいうのね。お墓のことは、これからいろいろと考えなければならない。私たちが生きているうちは、まだお墓参りに行けるけど、私たちがいなくなったら無縁仏になっちゃう」。

Ｆさんがいまもっとも大事に思うのは「家族と生活すること」であり、だからこそ茨城で次女たちと同居する道を選んだ。「いまは自分の家族を守って、新たな土地で生きることで精一杯。若い人たちも、お勤めしながら子どもたちを学校や地域に馴染ませていくことで精一杯だと思います」。新しい転居先では、いくつかの問題も感じている。近所には、浜通りからの避難者であることはとくに告げずにいたが、子どもが通学する学校の関係で情報が広まったようだ。「最初ほんとに厳しくいわれたのね。これあなたの家の土地でしょ、買ったからには草を生やさずきれいに刈っといてくださいって。そして家をつくったら、ブロック塀が地震で倒れたら困るから、あまり近くには掘らないでっていわれたみたい。……いろんな人がいるので、おつきあいも大変。新たに土地を求めるっていうことはそういうことなのかな」。Ｆさんは、避難者だから余計に厳しい目でみられているのではと感じている。

Ｆさんは、新潟市における避難者コミュニティで中心的な役割を果たしてきた。避難先で孤立しがちな高齢者にとって、毎週顔を合わせることのできる場所があることは、どれだけ救いになったことか。Ｆさん自身、当初は仲間と一緒に帰って故郷の集落を守っていくことを目指していたが、時間の経過とともに戻れない現実が突きつけられる。新たな土地で子どもや孫との暮らしを再構築しようとしているが、故郷やそこでの人間関係に対する思いや喪失感は、どんどん強くなっているように感じる。

6.「住所も動かさないで避難者でいる、それがわずかな原発に対する抵抗」
――Gさん（楢葉町・男性・50代）

Gさんは福島県楢葉町生まれ。県内の会社を早期退職して、震災の前年に実家に戻った。親から受け継いだ3ヘクタールほどの畑で妻と一緒に農業を始め、1年も経たないうちに震災と原発事故が起こった。楢葉町の自宅は、福島第一原発から約12キロの距離にある。

震災当日は妻、長女とともに楢葉町の体育館に避難し、翌日朝になると原発がおかしくなっているとのことで、役場からの指示で大渋滞の中、いわき市の小学校に移った。「図書室の本棚と本棚の間で、何回もの余震の中、みんな肩を寄せ合って寝たんですよ。板の間で布団もありませんから、寒くて震えていました」。過酷な状況にあったいわき市の避難所で3日間過ごし、郡山市の長男のアパート、西会津町の旅館を経て、3月18日に新潟市内の体育館に到着した。7月中旬まで避難所で過ごし、その後は新潟市内の借り上げ仮設住宅で妻とともに避難生活を送っている。

「一方的に加害者サイドで物事が決められていく」――2012年10月

2012年の聞き取りでは、まずGさんが4ヶ月ほどを過ごした新潟市内の避難所（西総合スポーツセンター）での活動から話を聞いていった。西総合スポーツセンターは、新潟市内に6ヶ所開設された避難所の一つで、ピーク時には500人ほどが避難していた。Gさんは、2011年5月に避難所内で「福島第一原発事故避難者の会」を立ち上げ、代表を務める。

「いずれにせよ長期戦になることは当初から予想されていました。放射能の問題なのでたとえば補償問題にしろ健康問題にしろ、晩発性の被害ということで水俣病みたいに何十年も先に出てくるという話は聞いていましたので。だから、バラバラになっていても問題解決にならないので、この地域に避難している人で避難者の会、情報共有の場をつくろうと考えたんです。当初は120人ほどの会員がいました」。

「避難者の会」では、2011年5月に「放射能の被曝被害等に係る謝罪要求と諸損害賠償の早期回答要求について」という文書を東京電力社長あてに送り、18項目にわたる質問への回答を求めている。指定された期日までに「柏崎補償相談センター所長」名で回答はあったが、誠意と責任を感じさせるものとは言いがたかった。結局のところ、「予想通りどうしようもない。除染のことにしろ賠償にしろ、どの質問項目に対しても、被害者の要望にはまったく向き合おうとせず、事故を起こしたという当事者意識もない対応で、一方的に加害者サイドで物を決めていくという高慢な態度でしたね」。

また同年8月には、避難者同士の交流の場として「うつくしまクラブ」を結成した。当初は20人ほどの集まりだったが、回を重ねるたびに参加者が増えて、若い母親と子どもを中心に100名を超える避難者が参加している。避難所解消後は市内に分散して生活している避難者が、月に一度集まり、おしゃべりや情報交換の場としてにぎやかに過ごしている。

こうした活動の一方で、このまま何もしないでいられない思いから新潟市の臨時職員に申し込み、7月から「見守り相談員」として避難者宅を巡回訪問する仕事に就いた。見守り相談員は新潟市全体で5名配置され、Gさんは避難先である西区の担当になった。新潟市への避難者は、当初は警戒区域からの強制避難者が多数を占めたが、徐々にいわゆる自主避難者の割合が増え、聞き取りをおこなった2012年時点では、6割弱を自主避難が占めている。この時点で270世帯750人ほどが西区で避難生活を送り、とりわけ自主避難の母子の割合が高かった。Gさんは1日およそ20世帯を訪ね、声をかけたり郵便受けに通信を配布して、避難者の様子を見守っている。

避難者宅を巡回して話を聞く中で、気になることはたくさんある。自主避難者の場合は賠償もほとんどないため、経済的な問題を抱えている世帯が多い。「福島との二重生活で生活費が大変だという問題が大きいです。あと、お父さんとバラバラになって子どもの情緒の不安定さも心配ですね。家族の中でも、お父さんやじいちゃん、ばあちゃんからは、『いつまで避難してるんだ』っていわれることもあるでしょう」。住宅や高速道路の支援もいつまで延長されるのかが不明で、長期的な見通しが立てられない。「先が不安定な状況なので、本腰を入れて仕事をみつけるのも難しいですね。生活上の悩みも多くて、なかなか落ち着けない。何よりも放射能による子どもの健康問題が不透明なことも、小さな子をもつ親として悩ましい大きな問題になっています」。

その一方でGさんは、強制避難者のことも気にかかる。「まわっていて一番心配なのは警戒区域の中の高齢者ですね。5、6年では帰れない状況なので、本格的にあきらめるしかない人もいる。親子兄弟もバラバラになっているし、家族とか地域の絆の部分もかなり崩壊している。町に戻れない失望感、喪失感が相当ある。若い人はまだやり直しがきくけど、あの辺の地域で商店とかやっていた人はだいたい高齢者なんで、こっちに来て新たに店をもつことも仕事に就くこともできない。そういう年寄りの人が相当参っちゃってる。年いけばいくほど、生まれ育った故郷に対する思い入れも強い。自宅の庭が草ぼうぼうになって荒れているのは、年寄りの人には見るに堪えないでしょう。何とも切ない部分です」。

警戒区域から新潟市に避難している高齢者の間では、将来的な見通しのなさや慣れない冬の気候のために、精神的・肉体的にダメージを受ける人も多くなってきた。彼らの孤立を解消するために、前述のFさんが中心になって2012年2月に立ち上げた「のんびーり浜通り」をGさんもサポートしている。「毎週集まって、元気を確認しています。お茶飲みながら世間話」。「うつくしまクラブ」は若い世代が中心なので、高齢者にとっては貴重な集まりの場となっている。

聞き取りの時点では、福島県内に警戒区域の住民のための「仮の町」をつくり、帰還を進めるという話が持ち上がっていた。「仮の町といっても帰ってくるのは高齢者ばかりで、若い人はおそらく少ないと思うんですよ。そこでまた新たな隣近所づきあいとなると、それも難しい。これから造成して、10年以内に移り住むという目標でやってますけど、それだったら避難した先々で生活ができるような手立てをする方が結局は安く済む。町も県も県外に流出した人がなるべく戻ってくるようにって国の方針に従って動いています。県外にいる人には情報すら流れてこない地域もあるので、取り扱いに冷たさを感じている人も多いです」。

高齢者は、福島に戻れば野菜をつくり、魚やキノコをとる生活がしたくなるだろう。「住宅地は除染したので大丈夫です」といわれても、安心して生活できる環境ではないと考えざるをえない。福島県内の安全性を示すために発表される数値に対しては、不信感を抱いている人も多い。それなら、避難先で安定した生活を送れるように条件を整えてほしい。見守り相談員の経験をふまえると、住宅の問題がもっとも重要である。「子どもを連れてきているので、下の子が卒業するまで、5年、10年というスパンで借り上げるのを考えてもらいたい。そうしないと、なかなか落ち着いた生活ができない」。

原発事故の責任を誰も取らないまま、また廃棄物の最終処分も見通しのない状態で、原発の再稼働や運転延長の話が出てくることは許しがたい。「私は、そういう無責任極まりないのが福島の事故の最たる問題点だと思います。加害者意識をもっている人が誰もいない。被害者だけが全国に避難し、慣れない不安定な生活の中で被害をこうむっているんですよね。東京に電力を送ってきて、事故の被害を受けて、その上最終処分、仮置き場、中間施設もみんなこの地域にもってきて、そこで避難指示を解除しましたから同じように生活しなさいよっていわれても……。若い人が安心して子育てするのは、あの地域ではなかなか難しいでしょう。この先何十年もの間、廃炉作業にかかることを考えれば、避難した先々での生活が確実にできるような保障をきちんとやってもらいたい。こうなってからもとに戻せっていってももう無理なわけですから」。

「どうかかわっていくかが「半身」になっている」——2015年6月

避難生活も5年目に入った2015年6月に、2回目の聞き取りをおこなった。楢葉町では、この年の8月に予定された避難指示解除に向けて準備を進めていた時期である（実際には9月5日に解除）。まず、これからの生活の見通しについて話をうかがった。「去年あたりまでは何とか戻る算段をしていたんですけど、いまは新潟にしばらくお世話になるという覚悟でいます。なかなか帰れる生活環境にないので」。その理由としてあげられたのは、①住宅の傷み、②新築・リフォームの人手不足、③インフラの未整備、④自宅近くに建設される仮設焼却炉、⑤廃炉作業の車・作業員の出入り、⑥最終処分場問題、などである。

Ｇさんが避難前に暮らしていたのは、60世帯ほどの集落だった。いまのところ、避難指示解除とともに帰還を予定しているのは３世帯にとどまるという。農村集落だが、農業を営んでいくことは難しい。「いまさら帰っても農業もできないです。あとは現実的に隣組も帰ってこない人が多い。自分としては自宅周辺を草ぼうぼうにもしておけないので、たまに手入れに行くような感じですね。建物は、母屋も納屋もみんな壊す申請をしています」。

集落の住民は、それぞれ家族単位で避難先を決め、その先の生活再建を模索してきた。「みんなそれぞれの家族を大切にして、生きていくということだと思います。今回の原発事故でこういうふうにバラバラになったので、葬儀組合も空中分解しちゃって、お葬式も家族葬になっちゃいました。お墓にも入れられない人も。だからうちでは、もう散骨でいいなんていっています」。とはいえ集落の自治会組織は残っていて、Ｇさんも役員を務めている。先日も町の避難者の多いいわき市に20名ほどが集まって、バーベキューを楽しんできたという。

日常生活については、買い物や病院などは北隣の富岡町とつながりが深かった。富岡町が再生しなければ、楢葉だけでは生活が成り立たない。さらに北側の大熊町には、放射性廃棄物の中間貯蔵施設の建設が予定されている。大熊町の高齢者の立場に立ってみると、「お墓もあるし、代々住んできた所でもある。そこを中間貯蔵施設のために国が買い上げて、立ち入り禁止になって故郷がなくなっちゃうことは、年配の人を始めとして耐えがたい部分があるんですよね。誰しもその身になってみないと、実感として理解できないかもしれないけれど。避難先で新しい家をつくって住んでいても、故郷がなくなっちゃうのは耐えがたい。それは金銭の問題じゃないんですね」。

放射性廃棄物を福島県の浜通りに集約しようとする動きに対しては、Ｇさん自身も怒りを禁じ得ない。「私らにしてみれば故郷も奪われて、放射能で汚染されて帰れなくなっちゃったところに、そっちこっちに散らばった汚染物質を集めて焼却灰から最終処分場からもってくるっていうのは、どうしても傷口に塩を塗られるような思いなんです。素直に『はい分かりました』っていえない。だから新潟にずっと住むにしても、故郷は故郷でいまの状態で、思い出としてそっと残しておきたいんです。心中穏やかではないですけど。帰りたい部分も死なないと消えることはないでしょうから」。

新潟に避難してから4年あまりが経過し、生活そのものには慣れてきた。しかし、「なかなか落ち着かない部分があるんですよね。どこか将来の生活に不安が残っている。こちらでのお祭りなどには全然参加してません。いわゆる隣近所づきあいのレベルしかないです。そういう部分では、なかなかしっくりしない。都会暮らしじゃなくて田舎暮らしをずっとしてきて、それが生きがいの一つでした。生業っていうか、農作業も含めて。そういうのがなくなっちゃった……」。

警戒区域からの高齢の避難者が集う「のんびーり浜通り」は、「いきいき浜通り」と名称を変えて、今年度からGさんが代表を引き継いだ。週に1度、交流施設でのお茶会を続けている。市内に畑を借りていろいろな作物をつくり、近々じゃがいもの収穫祭を予定している。土にふれることは、多くの避難者にとって故郷での暮らしを思い起こさせ、安心感と癒やしにつながっている。比較的若い世代の自主避難者が中心の「うつくしまクラブ」も、バーベキュー大会などのイベントを中心に継続している。2つの避難者コミュニティは、避難元もさまざまな条件も違うので、できるだけ時間や場所が重ならないように工夫しているという。「話が合う」者同士で、「棲み分け」がはかられている。

Gさんはこの先、新潟市に自宅を建てて暮らしていくつもりでいる。しかしそれは、必ずしも、避難の終了や一般的な移住を意味しているわけではない。「私の場合は、脱サラして農業をやる気でいたのに1年ぐらいでできなくなっちゃったので、人生の歯車が狂った。これから家内と2人で新潟で生活するといいながら、どうなんだろうなって。いつまで避難者でいるのかも考えなければならないですよね。住所は向こうにあります。住所を移せば避難者であることと決別できるかもしれない。でも、移すことによって地域とのつながりがなくなっちゃう面もある。なかなか完全に吹っ切れない部分が根底にありまして、住むのは家を買って住めばいいだけの話ですけど、中途半端な気持ちで両方どうやってかかわっていくかが、どうも半身になっちゃってるんですよね」。

「半身」というのは、どういう意味なのだろうか。それは、都市部での生活や社会関係の持ち方になじめないために生じる、精神的な「ズレ」のようなものかもしれない。「向こうの田舎では、地域とかかわってずっとやってきました。ふと考えると、それが時々よみがえってくる。根底にある田舎暮らしの部分が出てくるんでしょう。あるいはさびしさみたいなものかもしれない。それでいまも農業をやっているのかもしれないです。どっかに、もとに戻りたいという部分が残っているんでしょうね」。

だから、「避難者」でなくなるという決断を下すことができない。「避難者でなくなるというのは、もちろん身も心もすべてこっちに移すってことなんでしょうけど、まだそこまでの決断にはいたっていないというのが正直なところなのかな」。この点では、妻との間に男女差を感じるという。男性である自分は、家の跡取り、家を守るという思いが強い。だが妻は、「嫁に来て、よその家に入って」きたので、さほど避難元に未練がないようにもみえる。Ｇさんは「のんびーり浜通り」の高齢者にも思いをはせながら、次のようにいう。「避難者でなくなるときは、死ぬときかもしれない。なかなか断ち切れない部分かもしれないです。年齢を重ねれば重ねるほど、小さい時の思い出に帰っていく。記憶でもなんでも、そうですよね」。

Ｇさんの場合はさらに、「福島第一原発事故避難者の会」の代表として国や東電と対峙してきた経験から来る思いもある。避難者であり続けることで、それを原発反対の意思表示としたいということだ。「国が、放射能があろうと住民を戻そうとする。避難指示を解除して何でもなくしたいということであれば、小さな抵抗でも避難者でやっていく。ずっと新潟にいて、住所も動かさないで避難者でいる。それが自分としてのほんの小さな、原発に対する抵抗だと」。

Ｇさんは警戒区域からの避難者であると同時に、新潟市の見守り相談員を務め、いくつかの避難者コミュニティを中心的に担うことによって、支援者としての顔ももっている。活動の中で多くの避難者とかかわり、広域避難の問題性や理不尽さを目の当たりにしてきた。個人的にも、脱サラ後の農業を楽しみにしていた矢先の原発事故で、人生設計を大きく狂わされてしまった。原発や国の政策に対する激しい怒りは、こうした背景をもつ。新潟に自宅を新築して移住を決めているが、割り切って新しい生活を始めるという心境にはなれない。故郷に戻りたいという思いは消えず、故郷が放射性廃棄物の処理場になるという現実は耐えがたい。新潟での生活も「半身」で送らざるをえず、また原発反対の意思を示すために自覚的に「避難者」であり続けようとしている。

注

1　本章のもとになった調査は、2012年4月から2015年6月にかけて実施した。同じ対象者に、間隔を置いて2〜4回の聞き取りをおこなっている。なお、各ケースの見出しに記してある年齢は、原発事故時点のものである。
2　「あまやどり」の支援と「さくら会富岡 in 柏崎」については、本書第2章を参照。
3　「ズーズー」プロジェクトについては、本書第3章を参照。
4　いわき市における原発避難者と受け入れ住民とのあいだの軋轢に関しては、川副(2013)、高木・川副(2016)などを参照。
5　「難民」という概念やイメージを用いて原発避難の問題を考察したものとしては、開沼(2012)、今井ほか(2016)などがある。
6　サロン「むげん」と「あつまっかおおくま」については、本書第3章を参照。
7　避難経過に関しては、部分的に2015年6月・10月の聞き取りデータも含んでいる。
8　第3章に登場する増田昌子さんのことである。
9　「うつくしまクラブ」の代表を務めていたのが、次項のGさんである。

第5章 「避難の権利」を求めて
——新潟県への自主避難

本章では、避難指示区域外の福島市から新潟市に母子で「自主避難」している3名への聞き取りにもとづいて、避難生活のありようとそれぞれの対象者が抱える困難を描き出す。聞き取りの内容は、前章同様、避難の様子や避難生活の経過、将来の見通し、故郷・福島に関して思うこと、奪われたもの・失ったものなどである。とりわけ、二重生活による経済的な苦しさや避難元の家族・近隣との関係の難しさ、存在が認められないことへの不安などがテーマとなる[1]。

1. 「絶対安全かどうかが分からないところで子どもを生活させたくない」——Hさん（福島市・女性・40代）

Hさんは福島市の出身で、公務員の夫と結婚して同市内在住。震災当時は、前年に建て替えた夫の実家で、夫と小学校入学直前の長男、夫の両親・祖母とともに6人で暮らしていた。本人はパートでホームヘルパーの仕事に従事していた。原発事故の後、Hさんが小学校1年生の長男とともに新潟市に避難したのは、2011年の9月末だった。

「なんとか手をつないで、不安の波に呑まれないようにしている感じです」

——2013年2月

震災・原発事故直後は2週間ほど福島市内で生活していたが、長男の保育園卒園から一時新潟県内の親戚宅に避難した。小学校の入学式前に福島に戻り、「本当に健康に影響がないのかどうかすごく心配で、食べるものにもかなり神経質に気をつけたり、なるべく外を歩かせないようにして、土日はなるべく県外に遊びに行ったりなんていう生活をしていました」。

夏休みに入って、福島から岡山に避難していた友人から無料で受け入れてくれる旅館を紹介してもらい、母子で岡山に2週間ほど滞在した。「なんかもう、ふつうの生活ですよね。外で遊んで、川遊びをしたり、本当に自然に触れて遊んでくることができました」。福島では外出もままならなかったため、「子どもも家の中で奇声を上げるような、ちょっとストレスが溜まっている感じ」だった。

県外に出てあらためて振り返ると、福島での生活がふつうじゃないと強く思えてきた。「子どもが一番外で遊びたい元気な盛りに、家の中でだけ過ごすなんておかしいと思って、岡山にいる間に避難することを決めました。夫にも電話で伝え、仕事もその場で辞めて、福島に戻ったらすぐアパートを探し始めました」。避難先を新潟市に決めたのは、保育園時代に長男が仲のよかった友だちが、震災直後から新潟に避難していたことによる。借り上げ仮設住宅の制度を利用して、その子と同じ学区内のアパートに決め、同じ小学校に通えるようにした。

同居していた夫の両親に、避難を理解してもらうのは難しかった。原発事故の後は、たとえば関東圏や福島県産の食材を使うかどうか、自宅の畑でとれたものを子どもに食べさせるかどうかということで、両親との仲がギクシャクしていた。避難することについても、「あまり面白くはなかったと思うんです」。自宅があるのは福島市内でも比較的線量の低いところだったので、「そこから避難するのはどうなの」ともいわれた。

「私としては、やっぱり危ない、絶対安全かどうかがわからないところで子どもを生活させたくないという気持ちなんですけど、そういう気持ちはなかなか理解してもらえなかった。食べ物のことも、みんな我慢して食べてるんだからみたいな感じで、すごく神経質な嫁だみたいに思われていましたね」。最終的には、子どものためだからしょうがないという形で、なんとか納得してもらった。夫も「もうちょっと様子をみよう」という考えだったが、Hさんが避難する決意を伝えると「じゃあ分かった」と答えた。

9月末に新潟に避難してきて感じたのは、大きな解放感だった。「福島から離れられたということで、本当にもう『わーっ、外で遊べる』とか『窓がふつうに開けられる』とか『洗濯物が外に干せる』みたいな喜びでいっぱいでした。子どもも『マスクしなくていいの？』といって。今までは『あっ、マスク忘れた』って口を押さえていたんですよ。そんな感じだったのが、本当にふつうに生活できる。外で走ったりもできるし、公園で遊べるし。食べ物も産地なんか気にしなくて、ふつうにスーパーで買えるとか、そんなふうに何も気にしなくていいんだ、というような感じでした」。

しかし1ヶ月を過ぎたころから、新潟でも汚泥から放射性物質が検出されたり、キノコに汚染がみられたりという情報が伝わってくる。新潟にいても、完全に安全が得られたわけではない。さらに、事故直後の被曝のこともだんだん気になってきた。「子どもの被曝量はどれくらいだったのか。自宅周辺は線量が低かったんですが、子どもの保育園は線量の高い地区にあったんですね。しかも木造の古い建物で、建物の中にずっといたのに外とあまり変わらない線量だったというのがあとで分かって。1週間だけですけど、卒園まで通っていたんです。それでずいぶん被曝しちゃっただろうなと思って。避難はしてきたけど、初期被曝はたぶんすごいものだったろうし、その後半年は福島に居続けたので、避難してきたからといって放射能から切り離されたわけじゃない。それがすごく不安です」。

避難先である新潟の支援については感謝している。借り上げ仮設住宅の制度や見守り相談員による訪問支援、新潟市がNPOに委託した避難者交流施設の存在などである[2]。交流施設に配置された職員には、日常的にさまざまな相談を持ちかけ助言を得ることができたし、避難者が気兼ねなく集まれる場でもあった。「いままで会ったこともない、同じ福島県に住んでいても顔も名前も知らない人だけれども、ここで会ったら同じ境遇で、気持ちは一緒みたいなところがあります。あっという間に仲良くなって心が許せるし、みんな思っていることは一緒なので分かりあえる」。

この交流施設には、現状では結果的に自主避難・母子避難の親子が多く集まっており、その中で得られる安心感は大きい。「ふだん思っている不満だったり、不安だったりを、ここでみんなでしゃべることによって安心に変えられる。自分がやっていることが正しいのかどうか、みんな不安なんです。避難はしてきたけど、本当にこれが正しい選択だったのか、自信がなくなるときがある。福島の方からは帰ってこいという圧力がかけられ、健康に被害なんてないんだからっていわれると、自分のしていることは無意味なのかなって思ったり。でもやっぱり、放射能は目に見えないけど怖いんだからというのをここで再確認して、みんなで『そうだよね、危ないよね。私たちの判断は間違ってないんだよ』と確信して。みんなで本当になんとか手をつないで、不安の波に呑まれないようにしている感じですね」。

避難先での支援や交流施設が果たす役割は重要だが、避難生活で困っていることはたくさんある。自主避難者の場合はとりわけ経済的な問題が大きい。仕事をやめて避難してきたので、その分の収入はなくなり、生活費にも不自由している。かといって、子どもを「我慢させてこっちに連れてきた」のに、一人で留守番をさせながら仕事をするのはかわいそうである。子どもの健康も心配で、ちょっとしたことでも子どもの体調が気にかかる。

今回の避難によって失ったものは数多い。真っ先に思い浮かぶのは、ホームヘルパーの仕事の中で築いてきた信頼関係である。「結構難しい利用者さんと、すごく時間をかけて何とか打ち解けてもらって、やっといい関係を築いて、チームみたいになっていたところだったのに。それを全部、捨ててきてしまった」。さらには、仲良くしていた友人と連絡を取りづらくなったし、自分の両親にも親孝行ができない。福島の豊かな自然環境も失われてしまった。

これから先の予定を立てられないことも、とても悩ましい。子どもから「僕はどこの中学校に行くの」と聞かれても、うまく答えることができない。「先の予定やビジョンがまったく立てられない。地に足がついてないような生活が、一番本当に困ったなあというところです」。将来どうするかについては、夫と意見が一致しているわけではない。夫はそのうち線量が下がって、長男は福島の中学校に行けると考えている。Hさんは、不安は解消されないので、できればこのまま新潟にいたいと考えている。

「帰ってしまうと、私は不安できっとおかしくなると思うんですね。目に見えないものを本当に避けきれるのか、すごく不安なので。だからいまは、できれば夫も新潟に来て、こっちで生活していきたいとすごく思っています。でも夫には仕事もあるし、家のローンもあるので、仕事を辞めてというわけにはなかなかいかない。……いずれは帰ってくるものと信じている夫と、帰りたくない私ではどうしても衝突してしまう。週末しか会えないのに、大切な時間をケンカして過ごすのはよくないと、おたがいに大事な部分には触れないで様子をみている感じですね」。

いまあらためて思うことは、「自主避難を認めて欲しい」ということだ。「福島でも、平成30年までに避難者ゼロにするみたいな目標を掲げて頑張っているようですけど、避難する、しないは個人の自由だと思うんですよね。自主避難も一つの選択だと思うし。不安に思っていることを『安心だから』『安全だから』っていくらいわれても、それが信用できなくて避難しているので、そこをもうちょっと認めてほしい」。

「帰りたくないといってる人を無理やり帰すような動きをするのは、やめてほしい」
――2016年6月

前回から３年４ヶ月後の2016年６月に、２回目の聞き取りをおこなった。借り上げ仮設住宅の支援が2017年３月で打ち切られることが発表され、また避難者に選択が迫られている。避難時に小学校１年生だった長男も６年生になり、来年には中学校への入学を控えている。新潟の中学校に進むことに決めたが、父親がいる自宅が福島にあることを本人は気にしているようだ。Hさんは、2014年の春からパートタイムで訪問介護の仕事を始めた。

他の避難者でも仕事に就く人が増え、交流施設で時間を過ごすことは少なくなった。空き時間に集まりやすい場所で、気の合う数人で会うことが多い。年の近い子どもがいる自主避難の母親同士で、２週に１回くらいは顔を合わせている。話題は、夫の愚痴、子どものこと、今日の晩ご飯のことなど多岐にわたるが、もともと新潟にいる母親たちには話しにくいことも話題になる。「放射能のことなどは、他の人にはちょっといいづらいんですね。軽く話せる話ではなくて、どんなに心配でも口をつぐんでしまう。同じく避難してきた人たちとは、ふつうに気をつかわずに話ができます。甲状腺検査の話も、当たり前のようにできて。あとは骨折すると、放射能のせいじゃないのかな、骨が弱くなってるのかな、なんていう心配もあって、そんな話もしています」。

時間の経過とともに、避難者同士のつきあいのあり方は、交流施設に大勢で集う形から、気の合う少人数で比較的頻繁に会う形にシフトしているようだ。いずれにせよ、避難者コミュニティの存在は、避難先での不安をやわらげる重要な機能を果たしている。それは現在の生活の張り合いにもなっている。「子どもが楽しく元気にいまを過ごせていることが一番の私の張り合い、喜び。とりあえず夫が、元気に毎週通ってきてくれることもありがたい。あとは、おたがいに気持ちが共有できる気のおけない仲間が私にもいることが、本当にありがたいですね。一人で誰にも相談できない状態だったらと思うと、ぞっとします」。

一方で、福島にいる友人たちとはだいぶ疎遠になってきた。仲がよかった友人とは、SNSなどを通じてごくたまにやりとりがあるだけで、「音信不通に近い状態」になってしまった。「結局避難した、しないで、多少のわだかまりがあるんですね。なんとなくやっぱり、気をつかってしまうところがある。そして段々疎遠になってしまうというのが、正直のところです」。

国や福島県による帰還優先の政策に対しては、不信感が募る。借り上げ住宅支援の終了を見越した引っ越し支援や就労支援も、すべて福島への帰還を前提としたものにしかみえず「本当に腹立たしい」。「『除染が終わったから帰って来なよ』っていわれても、それ庭の一部に埋まってるし、いずれ掘り起こしてまた運ぶだろうし、除染したものを入れてる袋だってちゃんと遮蔽されてないと思う」。福島の山をすべて除染することは不可能なのに、「一部分だけを除染して帰って来いといわれても、心配している私たちにとっては全然安心につながっていない」。

だから、新潟で仲良くしている避難者たちは、こちらに残ると決めた人が多い。「帰りたい人は帰ればいいと思うんですけど、帰りたくないといってる人を無理やり帰すような動きをするのは、やめてほしい。そこは、皆それぞれ自由だと思うんですよね。もう終わったことだからって決めつけないでほしい。5年経ったからもういいでしょう、ではないと思います。まだ終わっていないことだし、甲状腺がんの子どもたちも増えている。のらりくらりとかわすのは止めにして、正しい情報をちゃんと出してほしいと思います」。

現状では、長男が高校に進む３〜４年後に、安心して帰られる状況になるとは思えないが､進学先をどうするかはまだ夫婦間で合意ができていない。「なんか不穏な空気になるので、おたがいに大事な話は避けています。『まだ３年も先だからこの話はいいね』という感じで、ちゃんと話をしていません」。借り上げ仮設住宅の支援が来春終了した後も、いまのアパートに住み続けたいと考えている。そのためには、現在よりも仕事の時間数を増やすことも必要になる。しかしそれだけではマイナスになるので、貯金を切り崩すことになりそうだ。「詳しい計算は、まるでしていない。なんかもう心配で頭がいっぱいになっちゃうので、あまり考えないようにしています」。

やはり、借り上げ仮設住宅の支援が終了して毎月の家賃を負担していくのはつらい。それで生活が続けられるのかどうか、本当に不安を感じる。「これからどんどんお金がかかってくる時期になるので。自分が健康なら、いくらでも仕事を増やしていけると思うんですけど、やっぱり具合を悪くすることもあるから」。

子どもの健康問題も心配である。2013年の春に甲状腺の検査を受けたところ、家族３人とも「橋本病」という診断だった。１年後の検査では問題ない数値に下がり落ち着いたが、それ以外でも心配は尽きない。「今後甲状腺がんだけではない他の病気が出てくる心配もあります。あっちが痛いとか、こっちが痛いといわれると、必要以上にドキドキしてしまう。どこか悪いのかなって。健康が当たり前じゃなくなった。事故直後に結構浴びてしまっているので、その不安がぬぐいきれない。それこそいってしまえば、結婚した後に本当に無事に子どもが生まれるのかなって、そこまで正直心配なんですね」。

新潟での避難生活も５年近くになり、仕事も始めて、Ｈさんは平穏な生活を続けているようにみえる。避難者同士のつながりも強く、気のおけない仲間の存在が心の安定をもたらしている。だがその一方で、借り上げ仮設住宅支援の打ち切りが１年後に迫り、経済面での不安は大きい。健康面でも心配は尽きることなく、不安を抱えながらの生活である。安心も安全も確保されないまま進められる一方的な帰還政策は、Hさんにとって本当に腹立たしい。家族の中でも、避難の継続についての判断を先送りにしたままで、寄る辺のない思いを抱えた生活を送っていかざるを得ない。

2.「安全だという話よりも、危ないという話を信じた方がいいと思う」
――Iさん（福島市・女性・40代）

Iさんは福島市の出身で、結婚後は専業主婦をしていた。震災当時は、福島市内で会社員の夫、小学校入学直前の長女とともに暮らしていた。2011年8月から、新潟市内のアパートで当時小学校1年生の長女と2人で避難生活を送っている。

「何十年後にどうなるかは誰も分からないこと。子どもの健康が一番です」
――2013年2月

原発事故の後、Iさんの夫がインターネットでチェルノブイリ事故のことなどを調べて、避難することを考えた。しばらくはガソリンが調達できずに自宅にとどまっていたが、1週間後に何とか入手できて、新潟市内のホテルに家族で1週間ほど避難した。しかし小学校入学の準備や夫の仕事の関係で、いったん福島市の自宅に戻る。その後、新潟県湯沢町で母子の緊急避難を受け入れるという情報を知り、ゴールデンウィークに学校の受け入れ状況などを下調べした。5月20日から湯沢町のホテルに母子で滞在し、長女は夏休みまで湯沢小学校に通った[3]。

湯沢に避難中に新潟県の借り上げ仮設住宅支援制度の話があったので、ホテルのパソコンを使って、新潟市内の小学校を調べていった。できるだけ新しい小学校を探して、その年の4月に開校したばかりの小学校に決めた。校舎が新しければ地震による倒壊の危険性は少ないし、内陸部だったので津波の心配もない、そういった目線で転校先を選んだのである。借り上げ仮設住宅も、海岸部や高層の物件は避けて、災害時にできるだけ安全を確保できるものに決めた。8月中旬に新潟市に転居し、現在に至っている。

「最初は主人の方が私よりも心配していて、早くどっかに行ってくれっていう感じでしたね。私は40年間福島を離れたことがなくて、出ることはやっぱり大きな決断でした。避難しない人の方が多いわけだし。でもやっぱり、放射能の中にいることは耐えられなかったので、子どもの将来の健康被害を考えて、これは出るしかないなと思いました」。実家や親戚からは、とくに県外避難を反対されなかったが、数年後には戻ってくると思っていたようだ。地元の人とは放射能のリスクに対する認識の差を感じる。「福島に住んでいたら安全な情報を選んで信じるのかなと思うけど。うちの親にも『野菜とか検査したら』というと怒られます」。

福島に残った友人たちとのつきあいは難しくなってきた。「当たり障りのない話しかしなくなっています。放射能のほの字も出せない感じです」。子どもが小さいうちに母親と父親が離れて暮らすのはよくない、といわれることもあった。仕事もあり、高齢の母親もいるので、夫は福島を離れることはできそうにない。「そんなに心配していると病気になっちゃうよ」という言葉にも傷ついた。いま福島に戻ったとしても関係の修復は難しいと感じている。「本当にいろんな意味でのストレスがいっぱいあると思います。なかでも人間関係のストレスが一番でしょうね」。

だから、避難により失ったものとしては、友人が真っ先に思い浮かぶ。「意見の食い違いでメールもできなくなっちゃった。気持ちが違うのかなと思うと、うわべだけでメールするのもなんか。すごくさびしいと感じています。まだ話せる友だちと電話でしゃべったりすると、幼稚園のころは楽しかったね、あのころが一番楽しかった、戻りたいねなんて」。

家族の時間も取り戻せない。ふつうだったら、父親は子どもの顔を毎日見ることができるのに、会えるのは月に数回の週末だけである。子育てやしつけにかかわることは、ほとんど母親の責任になってしまい、プレッシャーを感じる。ふと気がつくと、子どもを「怒ってばかり」の自分がいる。

今後もできるだけ新潟での生活を続けたいと考えているが、経済的な負担に耐えられるかどうかが一番の問題である。「あとは、主人がこっちに来るのが大変になったり、誰かが病気になったりしたら、戻らなければならない」。借り上げ仮設住宅以外の支援や賠償がほとんどない中で、現在の二重生活をどこまで維持できるか。国あるいは新潟県による高速道路料金の補助があったが、車を運転して福島と新潟の間を往復する夫の身体的負担も重い。家族の健康を前提とした〈綱渡り〉の状態が続いている。

国に対して要望したいのは、何よりも自主避難を権利として認めて欲しいということだ。それがないために、「ちょっと馬鹿にされているみたいな」視線を感じる。現状では、自主避難に対する風当たりは強いと感じるが、子どものことを第一に考えた自分の選択を信じたい。「人によって優先すべき問題は違うと思うんだけど、子どもは親について行くしかないわけです。やっぱり安全だという話よりは、危ないという話の方を信じた方が、いいと思う。それで何十年後にどうなるかは、誰も分からないこと。子どもの健康が一番です」[4]。

「だんだんに忘れ去られて行くんだなって感じます」――2016年6月

前回から3年4ヶ月後におこなった2回目の聞き取りでは、生活や思いの変化などを中心にお話をうかがった。住民票は福島市に残したまま、小学校6年生になった長女と2人で現在も母子避難を続けている。子どもといる時間を大切にしたいので、いまのところ仕事には就いていない。避難者交流施設には、以前ほど顔を出さなくなった。仕事を始める避難者も増え、それぞれ自分なりのコミュニティができてきたので、みんなで集まることは少なくなってきた。

避難当初に始まった子どもが通学している小学校での集まりは、10家族ほどが参加して、月1回のペースでおこなわれてきた（今春からは勤めに出る人も増え、集まる人数や回数も減少した）。学校側は校長・教頭・避難児童担当の教諭などが参加し、避難者がおたがいの近況報告をしたり、学校の様子を聞いたりしている。「学校とのつながりがあると、学校の様子が分かってありがたいです」。年に数回は、福島県から派遣されている教員が小学校を訪問して、懇談する機会をもっている。

新潟市での避難生活も5年近くに及ぶが、避難先としての新潟については、好印象をもっている。食べ物がおいしくて、自然にも恵まれ、子どもを連れて行って遊ばせるところもたくさんある。「新潟はすごくよいところで、来てよかったなと思います。子どもを育てるにはいい環境ですね」。同じ小学校に子どもが通っていた避難者で、今年の3月に福島に帰った友人がいるが、月に1度は新潟に来て食料品などの買い出しをして帰るという。その友人は、「子どもたちはのびのびしているが、近所の人から野菜やお魚をもらったりするのがつらいとか、外遊びが気になるって話していました」。

長女が時々体調を崩すことがあり、心配している。「娘がちょうど去年の今ごろ体調を悪くして、1ヶ月以上思うように食事がとれなくなったんです。食べられなくて、日に日にやせていく子どもを見てるのはやっぱり辛くて、自分も食べられなくなってきて。結構主人がマメに来てくれて助かりましたね。……なんとか夏休みぐらいに徐々に復活してきて、夏休み明けからはふつうに学校に行けるようになりました」。その後は健康を取り戻し、いまは安定している。

福島に残る夫は、周囲から「いつまで奥さんは向こうに行ってるんだ」といわれているかもしれないが、自分たちのところにちゃんと通ってきてくれている。それにしても、「ふつうの家族の生活」は奪われてしまった。「日々のささいなことなどを、そのつど主人にも報告することができない。ふつうに一緒に生活してたら、毎日娘の顔も見れて、一緒に食事もする。そういうふつうの生活がなくなってしまった」。それと引き替えに、母親たちは強くなってきたような気がする。「何かあってもすぐに当てにはできないので、自分で何とかしなければならない。強くならないとたぶん避難もできなかったと思います。まず最初に出るということが、すごく勇気のいることだったので」。

自主避難者に対する借り上げ仮設住宅の支援が2017年3月で終了することになり、避難生活を継続するハードルが上がってしまった。「住宅は生活の基本なので、住宅支援は続けて欲しかった…」。ADRでは一昨年の3月分までは認められているが、それ以降については、申し立てをおこなっているところである。「条件も厳しくなっているみたい」なので、楽観はできない。

来春の長女の中学校進学を機に帰還するか、それとも避難を継続するかについては、まだ決めていない。住宅支援の打ち切りともタイミングが重なり悩ましい。「気持ちの上ではこっちにいたいんですけど、まだ検討中です。子どももこっちの中学校に行きたいといってます。でも『自分が決めることじゃないから』っていうんですよ。親が決めることだからっていわれると、どうしようって。プレッシャーを感じています」。長女に「どうして帰りたくないの」と聞くと、「放射能があるから帰りたくない」と答えたという。娘からそういわれると、帰るという判断は下しにくいとも思う。

福島に帰省するたびに、自分でも生活環境への不安が募る。「向こうに行って、歯磨きやお風呂に入る時に、この水は大丈夫かとか思う自分もすごく嫌でした。帰ってきたらずっとこの環境で生活しなければならないんだなと思うと、それに慣れるのかなって。そう考えると、すごく辛い。きっと苦しくて息が詰まると思います」。実家の駐車場には印がついていて、その下には除染で出た放射性廃棄物が埋められている。そうしたことも気になっている。

福島で法事があったときのこと。「親戚のおばさんなどとは『もう来年は帰ってくるんでしょ』という話にやっぱりなる。『もう今年が最後だから、まだ新潟にいる間に遊びに行こうかな』とかいわれて、『どうぞ来てください』とはいうんですけど。なんとも返事ができなくって、いつも困っちゃうんです」。やはりそうしたやりとりの中で、無言の圧力を感じる。

Iさんは、できれば避難を継続したいと考えているが、一方で新潟に「一生はいないかな」とも思う。3人姉妹の長女ということもあり、高齢になってきた父母が入院したりすると心配になる。「私も主人も長男長女なので、家をどうするというのもあります。いずれは帰らなければいけないのかとは、やっぱり思いますね」。だからいまのところ、完全に「移住」するという選択は考えにくい。

東電や国の姿勢、報道のあり方に対しては不信感を抱いている。「後々になってからメルトダウンしてたと発表されても、結局そんなに大騒ぎなニュースにはなったりしない。まあだから何なんだみたいな感じで、なかったことのようにされている」。現実に生じている被害についても、十分に報じられていないのではないか。「子どもの甲状腺がんが増えたって、報道されることがない。地元でも、ちょっとしか報じないような感じ。こんなに増えているのに、それでいいのかな。日本全国でちゃんと調べたらいいんじゃないかと思うんですけど」。

社会全体の原発事故・原発避難に対する関心の薄れや「風化」に対しては、焦りも感じる。「熊本でも地震が起きましたけど、次々に大きな災害が起こると、だんだんに忘れ去られていくんだなって感じます。当事者になってみないと分からないんだなっていうのが、すごく分かる。遠いところの話だったら、自分でも対岸の火事で気にしなかったんじゃないかと思うんですよね。自分じゃなくてよかったって。だからそれは責めることはできない。皆そうなんだろうなって思う」。

避難区域の設定にしても、「日本は土地が狭いからしょうがないのかなって思うんですけど、チェルノブイリだったら避難していい地域なのにと考えてしまう」。原発の再稼働の問題に関しては、こんなに危険なものをなぜまた動かそうとするのか理解できない。事故を起こした原発の処理もすんでいないのに。「核のゴミをこれからどうするんだろうって思いますね。子どもたちのことを考えると、これからどうなるかわからないのに」。問題の解決をすべて先送りして、次の世代につけ回しをしていると考えざるを得ない。

家族の健康が維持できるかどうか、とくに住宅支援が打ち切られた後の経済的な負担に耐えられるか、子どもの進学のこと——避難生活はさまざまな条件に左右される。避難生活の継続も〈綱渡り〉だが、福島に戻って暮らすことを考えると不安が募る。来春に向けて難しい判断を迫られることになるが、その一方で社会全体では、避難者の迷いをおき去りにしたまま「風化」が進んでいく。I さんは、それが多くの人にとって「対岸の火事」であることを受け入れながらも、とにかく子どものことを第一に考えて問題に対処しようとしている。

3.「みんなが納得して選べる避難の権利が欲しい」

――**J さん**（福島市・女性・30代）

J さんは福島市出身。宮城県出身の夫と結婚して、自分の実家で夫、3人の子ども、自分の両親と生活していた。父親が勤めをもちながら家族で農業も営んできた。震災当時、長女が小学校入学直前、長男が2歳、次女はまだ0歳だった。2011年8月から、3人の子どもとともに新潟市内で避難生活を続けている。

「時間を返してもらいたい、悔しい」――2013年2月

原発事故の後は、小さな子どもを抱えてしばらく福島市にとどまっていた。「最初のころはいろんな情報が錯綜していたので、どの情報が本当なのかすごく葛藤がありました。福島は駄目なんじゃないかとも考えたけど、国の方できっと何かしてくれるはずだ、集団避難とか考えてくれるんじゃないかと思っていた。期待しながらちょっと待っていて、入学式のあと、5月ぐらいまで子どもを歩いて登校させたりしていました。でも、全然何の連絡もなかった……」。

子どもの習い事が一緒で仲のよかった前出のIさんとともに、5月下旬に新潟県湯沢町のホテルに母子避難する。その後は、Iさんとともに転校先と避難先を探し、同年8月に新潟市に避難して、現在に至っている。避難することに対して、家族は子どものためだからと応援してくれた。しかし、「うちの近所は果樹農家が多いので、その中から避難者が出るのは風評被害にもつながるって、まわりから非難の目で見られたかもしれない。もしかしたらうちの両親も、肩身の狭い思いをしたのかな」。

避難当初は子どもが小さかったこともあり、「もう本当に無我夢中で、すごく大変でした」。子どもたちも父親と離れて暮らすことにさびしさを感じていて、週末に会えるのを楽しみにしていた。避難先でのコミュニティは徐々にできていった。新潟市内の避難者交流施設や子どもの通学先の小学校で定期的に開催される「茶話会」などをきっかけとして、とくに自主避難者の知り合

いが増えた。交流施設で顔を合わせることによって、「最初は自主避難ということで、肩身が狭いと感じていたのですが、ここに来ると同じ立場の人がたくさんいるので心強かったです」。避難している母親同士だと、他ではいえないような悩みを打ち明けることができる。

自主避難者にとって、とりわけ悩ましいことは経済面での「生活の苦しさ」である。ほとんど賠償もない中で、食費や交通費、ガソリン代など出費がかさむ。住宅支援には助けられているが、それも「1年ごとの更新だから、先が見えないことがすごく不安です」。1年先の見通しも立てられないまま、避難先での生活を続けて行かざるをえない。「警戒区域からの避難と自主避難とでは、扱いの差が激しすぎると思います。子どもの年齢が上がるにつれてかかるお金も増えてきて、すごく苦しい」。二重生活は、いろいろな意味で「限界を超えている」と感じる。ふつうの家族の暮らしを、すっかり失ってしまった。「時間を返してもらいたい、悔しい……」。

避難生活も2年近くになり、地元との考え方の差が広がっていると感じる。「自主避難の地域では、『フクシマ問題』は話さないというルールが暗黙のうちにできています」。家族や親戚からも、「まだ避難しているの？」といわれるようになってきた。正月に帰省したときなどは、「いつ帰ってくるの？」「もう大丈夫だぞ」という言葉をかけられる。地元に広がる「安全ムード」と避難している自分たちとのギャップが大きい。地元の人は「安全だという情報をひろって」暮らしているのに対して、自分たちは「どうしても一番最悪の情報を信じてしまう。最悪のパターンからひろって、だから怖いんだという生活が続いているので、余計に地元との格差が生まれると思うんです」。

地元に残る家族や親戚からいくら「大丈夫」といわれても、とにかく子どものことを第一に考えたい。「大丈夫って決めるのは、やっぱりまだ親だと思う。子どものことでは絶対後悔したくない。いつも思うんですけど、宝くじを買わなければ当たらないように、放射能もそこにいなければ健康被害を受ける確率には入らない。みんながなるわけではないとしても、自分の子どもたちだけはその確率に入れたくないという思いがすごく強いんです。……子どもが自分で自分の将来を選べるようになるまでは、親が最良の道を守ってやらなければってすごく思う」。

事故直後に福島に来てアドバイザーの役割を果たしていた専門家の発言を、はじめは信じていた。「私も最初はすごく心の支えにしていました。(年間)100ミリ(シーベルト)まで大丈夫なんだったら、(毎時)25マイクロシーベルトなら全然大丈夫だ、よかったってすごく思った。だけど、何を信じてよいのやら。これからこの子どもたちは、一生検査を受けていかなければならないと思うと不憫です」。専門家のいうことは、何も信じられなくなってしまった。

避難により失ったものを数え上げればきりがないが、真っ先に思い浮かぶのは「家」のことである。「私の場合は、うちの祖母が、血筋が途絶えるのを防ぐために(私に)お婿さんをもらって、家を存続させたんです。微々たる田んぼと畑を祖母が守ってきて、父も退職してからやろうとしていた矢先のことでした。次は私たちがその土地を守る番になるのに、なんかもうどうしたらいいんだろう。手放すのは、自分の人生投げ打って守ってきたご先祖さんに申し訳ない。でも子どもたちには、絶対福島に残ってほしくない。違う土地に行ってもらいたいと思っているので、すごくむなしくて。主人にも申し訳ない気持ちだったり、いろんな思いが錯綜して最近気持ちがまとまらないです」。

今後については、できるだけ避難を続けたいと考えているが、迷いもある。「希望としては、すごく居心地がいいので新潟にいたいと思うんですけど、避難生活が長引いてきて、家族の気持ちがちょっと離れてきているんです。すごく迷っている状況ですが、近い将来に戻るつもりでいます」。しかし、「帰ったらものすごいストレス」だろうと思うと、どうしていいか分からなくなる。

とにかく、現在自主避難している自分たちの「避難の権利」を認めて欲しいと強く願っている。「強制避難と同じように、正当で誰がみてもおかしくないような権利、みんなが認めて変人扱いされないような権利」が必要だと思う。「安全」を押しつけるのではなく、「みんなが納得して選べる避難、避難の権利が欲しいです。人それぞれ考え方も違うと思うので、こういう考えも認めてもらいたい」。自主避難が権利として認められていないために、周囲から冷ややかなまなざしが注がれることもある。それが、避難者の暮らしやアイデンティティそれ自体にとって脅威となっている。「避難の権利」の承認が、自分たちへの一番の「支援」になるのだと考えている。

「５年以上たったいまでも、地に足をつけて生活しているという実感はない」

——2016年6月

前回の聞き取りから３年４ヶ月後に会ったとき、Ｊさんの家族関係は変化していた。2014年８月に離婚し、子ども３人と一緒に住民票も新潟市に移したのだ。来年中学生になる長女の進学先は新潟に決めた。避難してきた時は、まだ１歳前で歩くこともできなかった次女は、来年小学生になる。避難者交流施設に行くことは少なくなった。「なくなると困るけど、みんなそれぞれお仕事を始めたり、そこに集わなくても自分のコミュニティができてくると、前ほど集まることは少なくなってきていると思います」。小学校での集まりには、相変わらず定期的に参加している。

Ｊさんが直接耳にすることはないが、地元の福島では、自分たちの避難に関して両親が周囲からいろいろといわれているようだ。「やっぱりまわりからすると、どうしてっていう目がある。両親は『なんで避難を許すんだ、もう大丈夫だろ』といわれることも多いと思います。『いや娘の考えだから』と流してくれているとは思うんですけど、板挟みになっているかもしれない。親戚の集まりの時にお酒がはいると、『ほら、いつまで行かせてんだ』という親戚がいたりするようです」。

自分としても、最初は湯沢に数ヶ月避難して戻るつもりだった。しかし数ヶ月たっても何ともなっていなかったので、新潟市に避難した。「その時にもまだ、本当に２年で帰るものだと思っていた。２年たてばさすがに大丈夫なんじゃないかって。いまの技術で何とかなるのではないかという淡い期待があったので。でも、２年たっても何も変わらない。むしろ安全だという基準だけが上がって、信用できなくなりました。日々の暮らしにいっぱい、いっぱいで、無我夢中でそのまま来てしまった。……5年以上たったいまでも、避難しているという言葉のせいなのか、地に足をつけて生活しているという実感はないです」。

これからどうするかについては、離婚を機に自分だけの判断で決められるようになった。「福島に戻るという選択肢は、いまのところまったくなくなって、新潟にいられるだけいたいと考えています。そこは気持ちの上で変化したところです。永住とまでは言い切れないのですが、子どもたちが進学や就職で福島に帰るという選択肢はないです」。次女が高校を卒業するまで、少なくとも10年以上は新潟にとどまることになる。

小さな子どものいる妹夫婦が、来年から新潟に避難することを考えている。そうすれば一緒に住むことになるかもしれない。離婚は悲しいできごとだったけれども、両親や妹との団結力は強くなった。いまでは、福島に帰ることは出てくることよりも「勇気のいること」だと思う。「覚悟をして、自分が気にしていることをすべて受け入れて暮らしていくのは、決断が難しいと感じています」。

避難先に10年以上とどまることと「移住」とはどう違うのだろうか。「長女ということもあって、家を継ぐというほど重くは考えていないつもりなんですが、やはり自分が一人になった時には、両親のために帰るという選択肢を選ぶのかな。……あとは、あくまで一時的な避難である、自分は遅かれ早かれ福島には戻る、という避難当初の考えがそのまま残っているのかもしれません。自分の先のことは漠然とは考えられても、具体的に決定することへの不安もある。考えなくてはならないことはたくさんあっても、子育てに追われていると言い訳をして、自分で考えることを後回している部分もあります」。

原発事故から5年以上が経過し、報道されることも少なくなって、世の中の関心が薄れてきたと感じている。「いつまでも避難者扱いしてほしいとか、特別扱いしてほしいとは思ってはいないんですけど、なかったことにするのはやめてほしい。解決というのは難しいかもしれませんが、ごまかしたりするんではなく、ちゃんとしてほしいってすごく思います」。

避難者同士、福島の人同士を対立させるような政策にも疑問を感じている。実家の周辺には、警戒区域の人たちの仮設住宅があるが、「地元の人は仮設住宅のことを、ちょっとうらやましいという思いを込めて高級住宅地と呼んだりしている。そういう争いをさせるような政府のやり方は疑問で、同じところに住んでいてそうやって言いあっているのは嫌だなと思うんです。避難区域の線引きは必要だと思うんですけど、なんかその線引きが極端。しかもどんどん帰還をうながしていくと、帰還が進めば進むほど自主避難はもう大丈夫ってなる」。

自主避難者への借り上げ仮設住宅の提供が2017年3月で終了することが決まり、もう受け入れざるを得ないと考えている。「いくら声を上げても聞いてもらえない。あきらめるのもよくないんだろうけど、終わりだなというのはもう受け止めたので。来年の3月で切れたらあとは自主契約で、とりあえずの半額補助と新潟の補助でやっていく覚悟はしています」。

それならせめて、「私たちのような自主避難者をちゃんと認めてほしい。ちゃんと認めてくれないから、変な目で見られることもある。認めてもらって、就労支援や住宅の斡旋などの支援もちゃんと考えてもらえれば、いろいろ進むんじゃないのかなと思います。なんか都合のよい部分だけ、災害救助法に当てはめたりしていますよね。今回のこの災害は災害救助法にパシッと当てはめてやっていくようなものではないと思うんですけど」。

Jさんは、住民票を新潟市に移して、この先10年以上は新潟にとどまるつもりでいる。しかしそれは「移住」とは受け止められていない。子どもを守るために「避難」してきたという思いが、5年たっても残っている。「覚悟」を決めている一方で、やはりいまの生活は「一時的」でもあり続けている。故郷に残してきた「家」（両親）への思いとともに、「避難の権利」が認められないことによる不安や寄る辺のなさが、そうした意識の背後にあるのかもしれない。

注

1　本章のもとになった調査は、2013年2月から2016年6月にかけて実施した。同じ対象者に、間隔を置いて2回の聞き取りをおこなっている。なお、各ケースの見出しに記してある年齢は、原発事故時点のものである。
2　この避難者交流施設「ふりっぷはうす」については、松井（2013a：66-67）を参照。
3　東日本大震災直後から2011年8月まで、新潟県湯沢町で「赤ちゃん一時避難プロジェクト」が実施された。複数のNPO法人と湯沢町が連携して、赤ちゃんや小さな子どもとその母親・家族を民間の宿泊施設に受け入れ、休養と栄養、医療サポートを提供する滞在型の一時避難支援である。最終的には150組の家族を受け入れた（赤ちゃん一時避難プロジェクトHP、http://baby.wiez.net/）。
4　低線量被曝による健康への影響については、専門家でも意見が分かれる。ベックのいう「リスク」に典型的にあてはまる問題である（ベック 1998）。2012年に成立した「子ども・被災者支援法」では、低線量被曝については科学的に十分解明されていないことを前提に法律がつくられ、避難する・居住地にとどまる・帰還するといういずれの選択も尊重し、国が支援することを明記している。しかし残念ながら、肝心の自主避難者への支援については、実質的にほぼ機能していない。現状では、個人の責任でリスクに対処することを強いられている。

第6章　避難者と故郷をゆるやかにつなぐ
――「福浦こども応援団」の試み

本章では、原発事故による避難指示が出された南相馬市小高区から新潟市に母子避難中の一人の女性（後藤素子さん、震災時に40代）に焦点をあてる[1]。後藤さんは、全国各地で避難生活を送っている地元の小学生と保護者にあてた通信の送付、避難元近くに残る子どもと保護者の応援、避難元の地域協議会委員や学校評議員としての役割、避難先（新潟市）での避難者支援や地域防災活動への参加、など多方面にわたる活動を繰り広げている。こうした後藤さんの活動の中に、現在進められている帰還政策の問題点と、長期的な復興と再生に向けたヒントを探っていくことが、本章の課題である。

南相馬市は、2006年に小高町・鹿島町・原町市が合併して誕生した新しい自治体である。福島県の太平洋沿岸北部にあり、2010年時点の人口はおよそ7万人だった。東日本大震災では震度6弱を観測し、それに続く津波によって人命や建物に大きな被害を受けた。震災関連死を含む南相馬市の死者・行方不明者は1,100人を超えて、福島県全体の3割弱を占める（2016年10月現在）。地震に引き続く福島第一原発事故により、避難指示や屋内退避指示が次々に出される事態となった。バスでの集団避難や自主的な避難により多くの市民が県外等に避難し、3月下旬の市内の人口は推計で1万人程度まで減少した。

4月には、原発20キロ圏内の小高区全域と原町区の一部が警戒区域、30キロ圏内の原町区の大部分と鹿島区の一部が計画的避難区域および緊急時避難準備区域に指定され、鹿島区の大部分は避難指示区域外となった（緊急時避難準備区域は同年9月末に解除）[2]。合併からまだ日が浅いこと、そして賠償と密接にかかわる避難区域の設定が合併前の旧市町の範囲とほぼ重なっていることが、南相馬の人びとの住民感情を複雑にしていった。全域が避難区域となった他の浜通りの町村と比べて、南相馬市は住民の一体感が生まれにくく、区域設定の相違による分断や軋轢も生じやすかったといえる（**図表 6-1、6-2**）。

図表6-1　南相馬市の合併前の境界と避難区域

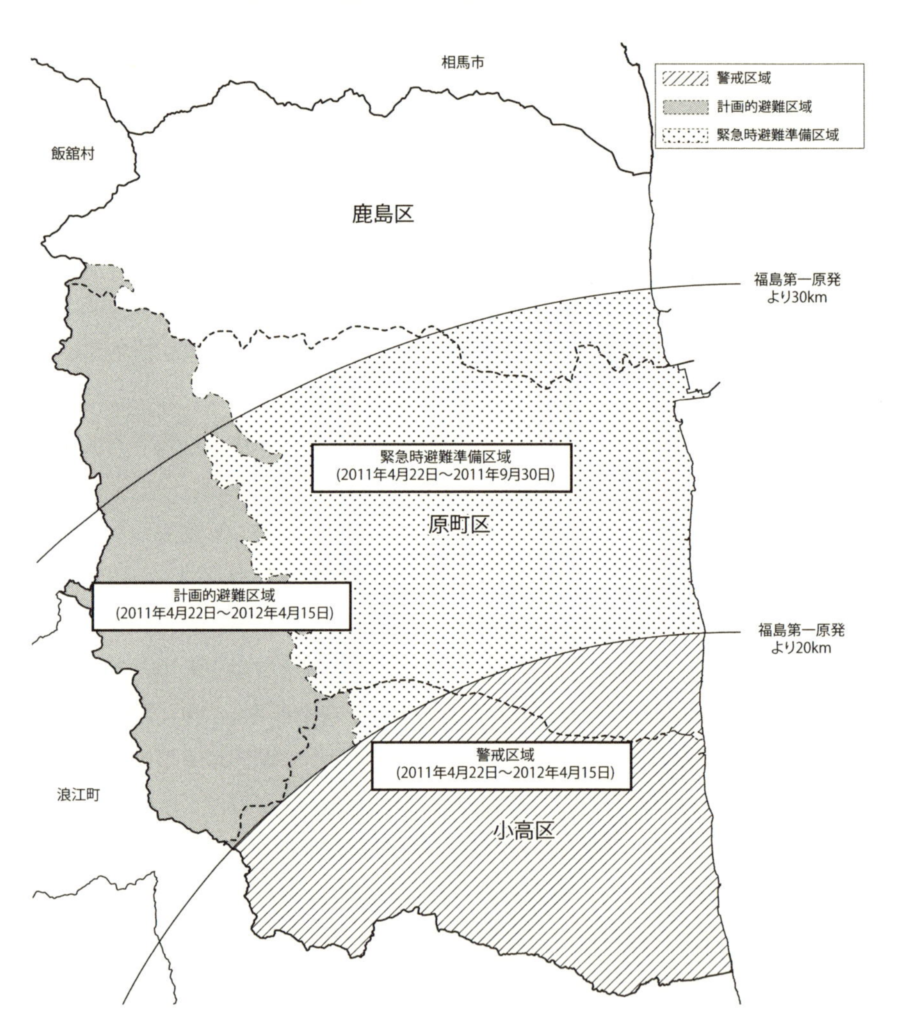

注：南相馬市資料をもとに作成

図表6-2　東日本大震災における南相馬市の状況

日　付	事　項
2011年	
3月11日	南相馬市で震度6弱を観測、津波到達
3月12日	福島第一原子力発電所から半径10キロ圏内の住民に避難指示（5:44）
	福島第一原子力発電所から半径20キロ圏内の住民に避難指示（18:25）
3月15日	福島第一原子力発電所から半径20キロ以上30キロ圏内の住民に屋内退避指示
3月15日	市がバスで市内の避難所から市外に避難を誘導（〜17日、1,939人）
3月18日	市がバスで集団避難を誘導（〜20日、2,725人）
3月25日	市がバスで集団避難を誘導（142人）
4月22日	福島第一原子力発電所から半径20キロ圏内を警戒区域に設定
	福島第一原子力発電所から半径20キロ以上30キロ圏内の屋内退避指示を解除
	同圏内に計画的避難区域および緊急時避難準備区域を設定
7月21日	市内に特定避難勧奨地点を順次設定（〜11月25日、142地点・153世帯）
9月30日	緊急時避難準備区域を解除
2012年	
4月16日	市内の警戒区域および計画的避難区域を、避難指示解除準備区域・居住制限区域・帰還困難区域に再編
2014年	
12月28日	市内の特定避難勧奨地点を解除
2016年	
7月7日	小高区の小中学校5校を2017年4月1日から小高区で再開すると決定
7月12日	市内の居住制限区域および避難指示解除準備区域を解除

注：南相馬市資料をもとに作成

1. 津波と原発事故からの避難

1-1 被害と避難の状況

後藤さんは東日本大震災当時、南相馬市小高区の沿岸部（福浦地区）にあった自宅で、夫、中3・中1・小5の3人の男の子とともに5人で暮らしていた。後藤さん自身は、実家の小規模な建設会社の仕事を引き継ぎ、夫もまた自分の実家（市内鹿島区）近くで別の建設会社を経営していた。後藤さんはまた、子どもが通学していた福浦小学校のPTA会長、小高区のPTA連絡協議会会長、相馬地方の副会長といった役職も担っていた。

地震が起こったときは、長男の卒業式を終えて、三男以外の家族とともに自宅に戻っていた。塀が崩れるなどの被害があったが、津波警報を聞いて、まず地域の避難場所だった集落の集会所に避難した。その後、まだ合流でき

津波浸水区域（南相馬市）

ていなかった三男を迎えに、福浦小学校に向かう。南相馬市の指定避難所だった小学校には、すでに多くの住民が避難してきていたので、PTA 会長の後藤さんはそのまま避難所の運営を手伝うことになる。家族の安否確認のために住民が出入りしていたので、まず避難者名簿をつくり始めた。断水していたためプールから水を運ぶなど、やるべきことは山積していた。

夕方になって、避難してきた知人から携帯電話で撮った写真を見せられ、津波で自宅が流出したことを知らされた。「でも、なくなったというのがよく理解できなかった。それよりも、早く下校した低学年の児童の安否が確認されていなくて、そういうので精一杯でした」。結局この津波により、110 世帯ほどだった後藤さんの集落で 21 人が犠牲になり、子どもの同級生も数人が命を落とした。南相馬市全体では、津波による直接死は 636 人にのぼった。地震当夜は、福浦小学校に 500 人あまりが避難していた。停電のため理科室のろうそくを照明代わりにして、食料も寝具も支援がほとんど届かないまま朝まで過ごした。

翌朝、消防などと連携して、連絡の取れない児童の安否確認を再開した。後藤さんは地震後はじめて夫と会い、3 人の子どもを託した。昼過ぎに避難所運営のために小学校に戻ったところ、避難者は誰も残っていなかった。原発から10キロ圏内に避難指示が発令されたため、11キロの距離にあった福浦小学校から圏外にある小中学校などにすでに移動していたのである。まだ学校に残っていた校長などと今後について話していたときに、下から突き上げてくるような衝撃を感じた。何の情報もないまま、後藤さんはむしろ津波の恐怖に駆られて小高中学校に向かった。

小高中学校のテレビで、はじめて原発が爆発したことを知った。「でも知ったからといって、どういう対策していいかわからないんですよね。窓もガラスですし、防御の仕方も何もわからない。放射能がどんなふうに来るのかもわからないし、中に入っているだけで大丈夫なのか。テレビの報道はあっても、一般の人たちは何もわからないんですよ。それを伝えるべきかどうか、行政でもわからない状態で。とりあえず養護の先生が、給食室からゴム手袋や帽子をもってきたりしたんですけど。何していいかわからないから、これで大丈夫かな、ここから避難しなくても大丈夫かなって。そうしているうちに、7時半ごろ、今度は20キロ先に避難ということになりました」。

住民にも呼びかけて、20キロ圏外にある原町区の小学校に避難することになった。後藤さんは、原発から35キロほどの距離にある夫の実家に向かう。そこが後藤さん自身にとって4ヶ所目の避難場所となったが、次々と避難を繰り返すうちに地域の人びとはバラバラになっていった。12日、13日と夫の実家に泊まり、相馬市の沿岸部に住むいとこを探すなどして過ごした。そのころ、後藤さんのもとにインフォーマルな形で原発事故の状況に関する情報が入り始め、早めの避難をうながされもした。夫も義父母も原発事故に対する危機意識は薄く同行することはなかったが、子どもを連れての避難を決意する。ガソリンはギリギリしかなかったけれども、14日の午後に3人の子どもを乗せて福島市方向に向かった。

福島市内に入ってから知人と連絡を取り、この日はその家に泊めてもらった。当時市内は断水しており、食糧も不足していたので申し訳なく感じた。「近くに水汲みに行くというので、子どもたちに手伝わせました。南相馬では屋内退避になっていたので、下の2人は外に出さなかったんですね。出したくなかったんですけど。本当は、その日は危なかったんです。14日に出しては……」。14日の11時に3号機の原子炉建屋が水素爆発を起こし、大量の放射能が放出されていた。

15日には、福島市内の高校に開設された避難所に移動した。水や食料も十分ではなかったが、夜更けに賞味期限切れ直前のおにぎりが大量に届いたりした。翌日になると徐々に携帯電話も通じるようになって、福島県のほぼ中央にある猪苗代町に避難所が開設され、まだ余裕があるという情報が入ってきた。原発から80キロの距離が目安といわれていたが、猪苗代ならちょうどそれくらいなので、16日中に移動した。体育館に開設された避難所は設備も整っており、そこで4月8日まで過ごすことになる。

長男は地元の高校に合格していて、再開され次第そこに通学するつもりだったが、後藤さんはしばらく戻れないと考えていた。とりあえず、次男・三男を猪苗代の小中学校に通わせる手続きを進めていたが、知人から「新潟は高校も含めて学校で柔軟に受け入れる」という情報を得た。一度下見をしたうえで再度の移動を決意し、4月8日に、新潟市内の体育館に開設された避難所に避難した。「南相馬から避難して、はじめて温かいご飯が出ました」。子どもたちはそれぞれ新潟市内の学校に通うことになったが、高校生の長男は「いつ帰る？」と毎日のようにいっていた。

体育館の避難所も4月25日に閉鎖され、南相馬市が用意した新潟市内の旅館に移る。そこで8月末まで過ごして、9月1日からは借り上げ仮設住宅制度を利用して現在の住まい（市内の民間アパート）に落ち着くことになった。最初に避難した集落の集会所から数えてちょうど10ヶ所目にあたる。

1-2 学校の「仮の受け入れ」

後藤さんが避難先に新潟市を選んだ理由は、上述のように津波や原発事故により避難した児童・生徒を柔軟に受け入れていると知ったからだった。3人の子どもにとって、もっともよい就学先を選びたいと考えていた。長男の新潟市内の高校への転入もスムーズに決まり、それぞれ小中学生だった次男・三男については、南相馬市にある住所・学籍を移動せずに避難先の学校に通学できる「仮の受け入れ」を選択することができた。ほとんどの自治体では、学籍の移動を伴う「区域外就学」か「転籍（転校）」を選択するしかなかったが、新潟市では避難元の学校との関係を維持できる「仮の受け入れ」が可能だったのである。

その結果、たとえば小学6年生の三男は避難元の福浦小学校に学籍が残っているので、南相馬市内の仮設校舎に通学している同級生と一緒に2011年11月におこなわれた宿泊学習に参加することができた。また内部被曝を確認するホールボディ検査も、南相馬市内に残る児童と同じタイミングで受けることができた。三男は、震災翌年の3月に5年間の学校生活を共にした福浦小学校の同級生と一緒に卒業を迎えることを楽しみにしていたのである。

ところが2011年12月、後藤さんのもとに一通の文書が届いた。原発避難者特例法にもとづき、2012年1月1日付で学籍を現在就学している新潟市の小中学校に移す、というものである。新潟市の教育委員会に問い合わせたところ、新潟市としては「仮の受け入れ」のままで差し支えないが、法律によって決まったことなのでどうにもならないという返答だった。原発避難者特例法は、原発事故により住民票を移さずに避難した人が、避難先の自治体で適切な行政サービスを受けることができるように定められた法律である。学籍を移動して避難先での行政サービスを確実に受けるという趣旨だろうが、逆に南相馬市の行政サービスからは切り離される結果となった。

後藤さんからみれば、強制的に避難させられたのだから、避難先に学籍があるのと同じサービスを受けるのは当然である。それとともに、たとえば内部被曝の検査のような避難元でのサービスを受ける権利も有しているはずだ。新潟市の「仮の受け入れ」（いわば「二重学籍」）という制度は、それを両立するものだった。しかし避難者の権利を守るために制定されたはずの原発避難者特例法が、逆に避難者の選択の幅を狭めるという皮肉な結果になっている。法律により学籍の移動を強いられることは、故郷とのつながりを断ち切ることになると後藤さんは考えた。

そこで後藤さんは「『原発避難者特例法に基づく告示の施行に伴う小学生・中学生の学籍移動』等について（要請）」という文書を作成し、2012年1月11日付で南相馬市の教育長あてに届けた。同時に南相馬市長や市議会議員あてにも同じ文書を届け、「仮の受け入れ」が可能となるような対応を要請している。この文書では、特例法が故郷との「関係維持」を目的としているのにもかかわらず、「今回の措置では、住民サービスと引き換えに、逆に避難者が孤独感を深め、希望を見出せなくなる子どもたちが増えかねない」ことを危惧し、南相馬市教育委員会に対して「原発避難者特例法を国の都合ではなく、避難者の立場からあらためて精査して、『絆』を保ちたいという避難者の意志・想いに沿った運用に変更」することを求めている。

この要請に対して、残念ながら真摯な対応はみられなかった。後藤さんからみると、「県外に避難している人間はいう立場にない」という扱いが感じられた。避難元では「学籍が残っている子どもが南相馬の子ども」とみなし、できるだけ早期に帰還をうながしたいと考えているようだ。しかし学籍の有無で区別したり、避難を強いられた住民を今度は無理やり戻そうとすることが、本当に故郷の「復興」につながるのだろうか。もっと別の方法があるのではないか。こうした疑問が、「福浦こども応援団」を中心とする後藤さんの活動を駆動していく。

2.「福浦こども応援団」の試み

2-1 避難前のコミュニティ

後藤さんの子どもが通学していた福浦小学校の校区（福浦地区）は、南相馬市小高区内の東部に位置し、人口が4,000人ほどの地域だった。震災の時点で、小学生は83世帯から115人が通学しており、1学年平均で20人をやや下回る規模の学校だった。「地域の人が福浦の子どもたちのことを一人ひとり把握しているというような、小さいコミュニティです。私も保護者の名前や、おじいちゃんおばあちゃんの名前まで分かるような感じ。どの子どもでも、なんとなく分かる。長年のつきあいのなかで育まれた、しっかりしたコミュニティがあって、いつでも挨拶を交わしあい、まわりに見守られながら安心して暮らしていました」。

後藤さんは2009年度から福浦小学校のPTA会長を務め、地域の保護者や住民とともに学校行事をサポートしたりお祭りを主催するなどの活動に取り組んできた。夏祭りでは出店の内容を工夫したり、子どもたちが地域の人びとと一緒にお囃子の練習をするなどの点に力を入れた。ラベンダーの小物づくり教室を始めるなど、みずからの創意工夫で新たな企画も立ち上げていった。「PTA活動をするにあたっては、地域を巻き込んでの活動を心がけていたんです。あえて、できないぐらいのイベントを企画して、老人会とか婦人会、区長会など地域の人に助けていただいた。目的は子どもたちへの地域の見守りです」。当時の活動をともにした教員や保護者からは、「前向きにいろんなことを提案して、進んでやる方」「小さいところから始めるようなコミュニティのつくり方がとても上手」といった評が聞かれた[3]。2010年の暮れからはPTAのブログによる発信も始めた。「安心・安全・エコ」というテーマを掲げ、学校を軸とした地域活動に熱心に取り組んでいったのである。

後藤さんの自宅があった浦尻は、110世帯ほどが暮らす海辺の集落だった。福島第一原発から10キロほどの距離にあるこの集落は、東北電力の原子力発電所（浪江・小高原発）の建設予定地でもあった（福島事故後に計画撤回）。浪江町では、原発建設に対して根強い反対運動があったが、浦尻集落を含む小高側では推進の姿勢をとる住民が多かったという。後藤さん自身は、原発に関して複雑な思いを抱いてきた。

「本当に小さいころから原発にかかわってきました。それは簡単なことではない。ちょうど高度経済成長期に父は出稼ぎに行っていたんですが、原発ができるということで原発関係の請負の仕事を始めたんです。出稼ぎをやめて、一緒に住めるようになったという喜びもあった。でも原発の危険性が報道されていたので、そういう心配もあった。浪江・小高原発へは、小高の方ではだいたい賛成、推進だったので、反対の声をあげられないような感じもあったんです。みんな、その大変さを共有していた。仕事に関しても、本当にジレンマがあったんです。親が原発の仕事をしていたことへの確執もあった。私の子どもが学校に行くようになって、原発は一番クリーンで安心・安全なエネルギーだって習ってきて、ちょっと楽になったんですよ。自分のやっていることが正当化できたような感じ。物心ついたときからあったことから解放された。そういう感じだった時に、震災にあったんです。

震災では、浦尻は沿岸部だったので犠牲者も出ましたけれど、少し高いところに原発からの交付金で建てた立派な集会所があったんです。そこに避難したことで、だいぶ助かったところもある。だから、官邸前とかで原発反対の声をあげていますけれども、ちょっと遠い感じ。被災地のためにっていうけど、どこまで分かっていて原発反対なのか。私も別に賛成ではないけれども、原発で働いている人もいるし、私も労働にかかわってきたし。……そういうところから解放されたという感じ、複雑なところがあったり、地域とつながっていないさびしさがあったり。津波で失ったものは家だけですが、今まで築いてきた自分自身がまったくなくなって、避難先で過ごすのはとても不安でした。何年もかかって築いてきたものですからね」。

原発をめぐるさまざまな思いが交錯するなかで、その複雑さを共有するコミュニティとして故郷が位置づけられている。そうした内実は、外部からは容易に理解しがたいものかもしれない。後藤さん自身は、ジレンマ、大変さ、複雑さをふまえた上で、PTA を主要な舞台として学校を軸とした地域づくりに意欲的に取り組んできた。原発事故による学校や児童・保護者の避難、思いを寄せてきた地域コミュニティ自体の解体は、丹念に積み上げられてきた努力の成果を一瞬のうちに吹き飛ばしてしまった。後藤さん自身は多くを語らないけれども、その悔しさと喪失感はいかばかりであっただろう。それが、避難先と被災地を往復しながらの多彩な活動を動機づけていったに違いない。

2-2「福浦こども応援団通信」の発行

「震災で失ったものは、このコミュニティです。なんかそれに私はずっとこだわっていて。避難した先で、みんな孤独でいるだろうなって」[4]。小学校の児童・保護者の多くは避難しているのに、学校や避難元地域からなんのメッセージもないことが心配だった。「もともとの地域から、行政がらみの情報は来たりするけれども、それぞれに寄り添ったものって何も来ていない。そこが私のスタートだったんです」。後藤さんは、2011 年の暮れから、子どもたちと保護者にあてて、クリスマスのメッセージと簡単なプレゼントを送り続けている。

「本当に強制的に避難させられたわけです。子どもたちは地域の子どもという認識で、何かつながる手段をつくりたい。気持ちがすごく不安定だったので、安心して避難先で過ごせるように。行政は、離れている人たちを帰還させることが復興と考えがちです。でも、つながっていれば、たったいま帰還しなくても、子どもたちは成長とともに故郷を分かってくる。何かにつけ故郷を意識していれば、いつか帰りたいと思ったり、そこに貢献したいと思ったりする。それが復興につながっていくのではないかと思って始めました」。

この「福浦こども応援団通信・ふれあい」には、活動を応援している新潟市などの個人・団体の名称が記され、手づくりのクリスマスカードや絵本、アクリルたわしなどのプレゼントを同封して、それぞれの避難先に向けて発送した。後藤さんの活動に共鳴した多くの人びとが協力している。「避難している子どもたちへ届けるのはもちろんですが、それを手に取った保護者や家族やそのことを聞いた地域の人が、自分たちを忘れないで応援している人がたくさんいるということを感じてもらえたらなと思い、続けています。全国に

福浦こども応援団通信
ふれあい
2016年12月22日
Merry Christmas
みなさん、いかがお過ごしですか

「福浦こども応援団通信」

散り散りバラバラになったことで、孤立して孤独になったり、友だちはできてもあの時、そして今までのことを理解して共有する相手がいない人がいる。メッセージを送るために協力してくださる方々がたくさんいるって伝えることで、どこに避難していようと震災前の地域と同じように応援者がいるということを、想像してもらえたらと思っています」。

後藤さんは、避難者にはさまざまな思いがあることを理解している。県外への避難をなんとなく後ろめたく感じている人もいるだろうし、南相馬への帰還をうながされることに抵抗感を感じる人もいる。この「通信」に対しても、よく読まずに行政が帰還を勧める文書と勘違いする人もいた。原発や放射能に対する考え方も多様だ。だから、「何の思想も入れず、こんなに応援してくれる人がいますよということが伝われば」と考えて、この試みを継続している。

「南相馬市としてはバラバラになっている子どもたちや家族を帰還させたいと思っているんでしょうけど、私はいろんな状況の、南相馬にいる子どもたちも、市外の福島県内や県外にいる子どもたち、あと再建した家族、まだの家族、迷っている家族、決断している家族、そうした皆さんがストレスを感じないような内容で発信しています。私がたどり着いたのは、やはり震災前からやっている応援するということ。応援というのは、そのすべてを認めて応援するっていうことです。……このお便りも本当に地味な内容なんですけど、大事なことも何気に入れたりということで、活動しています」。

「通信」の送付先は、南相馬市（原町区・鹿島区）が49名、南相馬市以外の福島県内が33名、福島県外が10府県38名で合計120名となっている（2014年12月時点）。「通信」は、その時点で「本当だったら福浦小学校に在籍していたであろう子どもたち」に向けて発送されてきた。鹿島区にある仮設校舎に移転中の福浦小学校に現実に通学しているのは、30人程度にとどまっている。かつて福浦地区に在住していた子どもたちのうち、それ以外の大部分は避難先の小学校にそれぞれ通学している。しかも、「在籍していたであろう子どもたち」は、毎年入学し、卒業していく。福浦地区のコミュニティが存在しているかのように、「通信」の送り先としての〈仮想の〉福浦小学校が存在し続けていた。

実際に「通信」を受け取ってきた保護者は、どのように感じていたのだろうか[5]。新潟県に避難していた母親は、次のように話していた。「後藤さんがいた当時の1年生までだったらわかるんですが、その次の年に入ったうちの下の子にも贈ってくださったので驚きました。(「通信」には)校歌が書いてあったりして、いい学校だったので子どもたちは福浦小の思い出が強くて、喜ぶんですよね。長女なんかは校歌を2年間歌っていたので、『懐かしい』って。別の学校に通っていても、やっぱり福浦小の子どもなんですよね。気持ちがまだそっちだったから、なおさらうれしかったみたいです」。

原発事故の後一時群馬県に避難し、現在は南相馬市内で暮らす母親には、次のように感じられた。「避難先に行っちゃうと自分たちの生活で精一杯になると思うんですけど、向こうにいながらこっちのことを気にかけてくれているんだなって感じました。お便りを読むと、意識が一緒だったころにふーっと戻ったりする。ミニオカリナなどは、子どもにとってはプチプレゼントなので喜んでいました。つながりを感じるものですね、やっぱり」。「通信」の存在は、突然故郷を離れざるを得なくなった子どもたちや保護者に、ふと故郷とのつながりを感じさせる機会となった。

2-3 南相馬での活動

後藤さんは新潟市に避難して以来、月に平均3回ほどは継続的に南相馬に通っている。自分の子どものことを考えて県外避難を続けているけれども、もとの地域のことは心を離れない。原発事故によって避難指示区域に指定された福浦地区は、避難を繰り返すたびにコミュニティがバラバラになっていった。「津波被害だけであれば、地元の人たちと思いを共有しながら心を回復していくことができたのに……」。こうした思いを引きずりながら、地元のためにできることを模索してきた。学校評議員や地域協議会委員などの役職を続けるとともに、地域や学校の行事にも引き続き積極的にかかわっていく。

とりわけ、地元に残った子どもたちのことが心配でならなかった。福浦小学校は、避難指示区域の外側にある市内鹿島区の小学校に間借りする形で再開した。原発事故当初は多くの家族が市外に避難したため、最初は10数人の児童で始まった。やがて少しずつ児童も戻り始め、避難中の他の学校ととも

図表6-3　福浦小学校の移転状況と児童数の推移

年度	移転状況	児童数の推移	
		福浦小学校	小高区内4小学校合計
2010	福浦小校舎	105	705
2011	八沢小校舎（4/22） 八沢小ユニット（8/29） 鹿島小内仮設校舎（11/21）	16	62
2012	↓	33	178
2013	鹿島中内仮設校舎（4/1）	30	179
2014	↓	31	155
2015	↓	31	134
2016	↓	18	92
2017	小高小学校校舎（4/1）	8	62

注：南相馬市教育委員会資料をもとに作成

にプレハブの仮設校舎に移った。福浦小学校は、合計4回の移動を繰り返すことになる（**図表6-3**）。

そうした環境の中で学校生活を送る子どもたちのことが、とても気にかかる。「地域に残っている子どもの多くは仮設住宅で暮らしているので、地域の人と会う機会がないんです。もともとのコミュニティにあった地域の見守りがまったくなくなっている。中学生の不登校が多いですし、高校生になって学校をやめた子も、震災前に比べてだいぶ多いですね。ふだんであれば保護者同士で会って悩みを打ち明けるところですけど、話す機会があまりなくなっている。地域が壊れてしまった感じで、その中に子どもたちがいるというのが心配です」。

後藤さんは、これまでの地域が学校を拠点として固く結ばれてきたと振り返る。だから、「学校を絡めて、あらためてコミュニティを再構築することができるのではないか」と考えている。小高区では、震災前から小学校を舞台に冬場のイルミネーションを続けていて、震災翌年の2012年に再開することになった。だが、今回は点灯式だけと聞いて、参加する子どもたちも楽しめるようなイベントにしたいと考え、豚汁を振る舞うことにした。積極的に受け入れられている感じではなかったが、「勝手に入る形で」参加した。

翌年からは、学校側から依頼され、3年目からは市の予算もつけられた。

地域の婦人会や行政区長会、建築組合なども巻き込んで「小高区4校小学校合同イルミネーション点灯式応援プロジェクト」をつくり、規模を拡大して継続している。保護者も自主的に手伝ってくれるようになった。「仮設にいるとやってもらうのが当然になってくるのですが、保護者たちが私もやるっていってくれて、うれしくなりました。これからはバトンタッチして、私たちが手伝いで入ってもいいな。大勢の子どもたちが保護者と一緒に来ますし、こういうイベントがあることで、ゆっくりできる。保護者同士が会う機会も少なくなっていますから」。最初は3人ほどで始めたささやかな試みが、いまでは多数の児童と保護者が集う冬の一大イベントに成長した。

後藤さんは、震災前の2010年4月から南相馬市小高区の地域協議会委員を務めてきた[6]。地域協議会とは、合併を契機に旧3市町のそれぞれの区域に設置された地域自治区の運営について、地域住民を代表して意見・提言をおこなう組織である。後藤さんはこの協議会に、震災以後は唯一の県外避難者として参加してきた。協議会の場では、PTAを中心としておこなってきた活動の延長線上で、地域の子どもたちの成長を応援するという立場から発言してきた。とりわけ、小学校に在籍していた（はずの）子どもたちの多くが市外・県外に避難している現状をふまえて、「その声を届けたい」と考えてきた。

だが、時間が経過するにしたがって、被災地との温度差が広がってきていると感じる。たとえば、子どもたちの「体験（保養）プログラム」の話をしても、「行きたい人が行けばいい」という冷ややかな反応が返ってくる。「小高区が避難解除されれば高齢者の町になるから、その高齢者に対してどうするかというような協議ばかりになっています。そこで私は、子どもたちの成長のために、いままであった地域との関係を再構築する必要がある。以前はふつうにかかわっていたけれど、いまは努力しないとやれなくなってしまったので、それに取り組んでほしい。提言も考えていきたいといったんです。けれども向こうでは、子どもたちはもうたくさん支援を受けてわがままになっているから、あんまりそんなことをしない方がいいっていうんですよ。見ているところが違って、なかなか伝わりにくい」。

その「なかなか伝わりにくい」部分とは、「いままであった地味な部分を取

「福浦こども応援団」のプレゼントづくり（新潟市）

り戻していきたい」ということだ。それは、子どもたちにものをあたえるとか、「派手にあちこち行く」ということではない。「小学校の秋祭りのときに、地域の人と『ポン菓子』をつくって食べた。うちの子どもは、それがすごく印象的だったといっていました。ほんとにただのポン菓子なんだけど、それを地域の人と一緒にやったっていう記憶。それが、なんか心に残る。派手なものは印象に残るかもしれないけれど、それは心に残ってふと思い出す。地域の人たちに見守られてあんなことやっていたなあっていうのを思い出す。それがいま仮設の校舎にいて、地域の人たちも仮設住宅に広範囲にばらばらになって、子どもたちの見守りなんかもできない。それはいま自然にはできないことだから、つくり上げていかなければならない」。

後藤さん自身は一貫して、「避難していても、被災地と一緒に共有できる方法があるんじゃないか」と考え、活動してきた。「福浦こども応援団」としてクリスマスのメッセージを送り、小学校仮設校舎のイルミネーションを応援してきた。しかし被災地では、「帰ってこない人は帰ってこないのだから、いる人だけでがんばろう」という雰囲気が強くなり、避難指示解除・帰還に向けた動きも進行している。2013年の時点で、後藤さんは次のように話していた。

「先日も、小高区の全面解除の話で住民説明会があったんですが、若い人は解除になれば逆に離れるんじゃないかな。原発から10キロ近いところに、子どもを連れて戻れないですよね。そうすると、お年寄りだけが残る。避難している人もいろいろでしょうけど、いまは帰れないけれども、将来的にも帰らないということではない。やり方を間違うと、帰ってきたい人も帰れなくなる。うちの上の子なんかは、いつかは戻りたいといっていますし、ほかの子どもたちも、自分の故郷だと思っているから、20〜30年先でも定年後でも戻りたいという思いがあるようです」。

2-4 避難先での活動

後藤さんは県外避難を続けながら、全国に避難中の故郷の子どもたちのことを気にかけ、被災地に残った子どもたちを思って南相馬に通い続けてきた。その一方で避難先の新潟市においても、住民と協力しながら、避難者の支援や「防災」をテーマとした活動に取り組んでいる。活動の出発点になったのは、避難した年の夏に豪雨で怖い目にあった経験だった。「すごい災害の状態で、水があふれてどこにも身動きが取れなくなったんです。もうとても怖くて。それは私がその土地を知らない、歴史を知らないから、そういう目にあってしまった」。

その当時後藤さんが避難していた新潟市内の地域（旧亀田町）は、かつて排水の悪い泥田が広がる低湿地だった。その土地でつくられ、時代とともに衰退した「亀田縞」という織物は、泥の中で使用されることを想定した丈夫な布地だった。後藤さんは「亀田縞」の復活にもかかわり、この布地を用いた服やバッグを身につけることもある。「亀田縞をみて、泥沼だったことを思い出さなければならない」。こうした経験を、まったく知らない土地に避難中の子どもたちに向けても発信している。「地域の人と交流することで、知識を得てほしい。歴史を知ることが、災害やその土地の危険を知るということですから」[7]。

2014年の3月から、新潟市の住民と避難者が集って日常的に防災について話すことを目的とした「防災カフェ」を始めた[8]。後藤さんは「経験にもとづいた警鐘が必要」と考え、その立ち上げから企画・運営に中心的にかかわっている。新潟市の助成も受けて、年に4回ほどイベントを開いてきた。3月11日には毎年規模の大きなイベントをおこなっているが、それ以外は少人数で防災にかかわるおしゃべりを楽しんでいる。重度の障害をもつ子どもを育てている母親や重いアレルギーの子どもをもつ母親も参加して、当事者の不安や悩みを聞き、サポートのあり方を考える機会も得た。

2015年度から、後藤さんは三男が卒業した中学校の「地域教育コーディネーター」に任命された[9]。たとえば、中学生の職場体験先をコーディネートしたり、地域のお祭りに生徒がボランティアとして参加するのを調整するなどの仕事をおこなってきた。「まだわずかな期間しかいないのに地域の仕事ができるか不安でしたが、子どもたちが地域の方々とかかわり安全に暮らすこと、そして大人も子ども目線の新しい情報をもらって安全に暮らすこと、学校が地域の核を担うことのお手伝いができればと思っています」。この仕事をしていると、かつて福浦小学校でやっていたことと同じだと感じる。「(福浦では)子どもたちが学校で野菜づくりをする時に、迎えに来ているおばあちゃんに何気に声かけて、『じゃあ明日なんか手伝ってよ』っていうようなことをやっていた。それと同じことなんですね」。

避難先の新潟市で後藤さんが取り組んでいる活動は、みずからの経験を活かし、伝えることに重きを置いている。津波被害と原発避難という二重の災害経験をふまえた、防災を縦糸とした活動である。防災を軸としながら、震災前からおこなってきた地域と学校を結びつける活動を避難先においても繰り広げている。そしてこうした活動を通じて得た多くの仲間が、後藤さんの「福浦こども応援団」の取り組みに共鳴し、手づくりのプレゼントの作成などまさに「応援団」の一員として熱心に協力している。

後藤さんはその一方で、自分同様に原発事故によって福島県から新潟に避難してきた人びとの支援にも取り組んできた。新潟市では避難指示区域外からのいわゆる「自主避難者」の割合が徐々に高くなって、自主避難・母子避難を中心としたコミュニティや彼らを主に受け入れる交流施設も整備されてきた。その一方で強制避難者、とくにそのうちの高齢者は、避難先での居場所も将来への展望も見いだしがたい状況が続いていた。「高齢者が日に日に、精神的に追い詰められているような状況になって、もう明日・明後日どうなるか心配だっていう声が聞こえてきました。やはり同じ立場を共有できるような会が必要になったわけです」。後藤さんは、新潟市内のグループとも協力しながら、「のんびーり浜通り」の設立(2012年2月)と運営をサポートしていった(本書第4章参照)。

2013年から、新潟市郊外のクリニックで福島からの避難者を対象とした「よろず相談会」が年2回のペースで定期的に開催されている。この相談会は、健康相談に加えて法律相談、生活相談、ヨガ教室、交流会などのプログラムを含むもので、後藤さんも当初からかかわってきた。新潟市からの避難者向け情報で告知し、避難指示区域外からの母子避難者を中心に各回40〜50名ほどの避難者が訪れる。最初の2年ほどは子どもも保護者も落ち着かない感じで、子育てに深刻な悩みをもつ人も多く、相談中に涙を流す姿もよくみられた。

3. 現状と展望

3-1 避難指示解除と学校の帰還

南相馬市における避難指示区域(居住制限区域・避難指示解除準備区域)が2016年7月12日付で解除されることが、同年5月に正式決定・公表された。この避難指示解除の時期や解除の是非をめぐっては、もともとの住民の間にも多くの議論や意見の対立がみられた。その前年(2015年)の時点で、地域協議会の場でも、帰還を予定している人、避難先での生活再建を模索している人の双方が、避難指示解除の方針に対してストレスを感じている、という報告があったという。

「戻ると決めてはいても、戻れる状況なのかという疑問がある。除染の進み具合に対する不安だったり。現状からしたら、戻りたい気持ちはあっても実際に戻れる環境が整っている家庭はあまりない。放射線量、除染からしてなかなか4月までは難しそうですし[10]。そんな現状をみると無理があると感じているところに解除。20キロ圏内で学校を再開する予定だけど、保護者の生活再建がそれぞれの土地で進んでいたりする。鹿島区の借り上げや隣の相馬市だったり。そういった所から仮設の学校に通わせている。解除となると20キロ圏内の小高に戻すことへの不安だったり、距離的にも再建場所から遠くなってしまったりということで、不安や将来に向けての複雑な思い、迷いまであるのかな」。

2015年の時点では、避難指示解除は2016年4月、公立学校の帰還が同年の2学期からという方針が示されていた。こうした方針に対して、中学校の保護者有志が疑問をもち、小中学校の帰還は、早くても2017年4月からに遅らせるよう要請をおこなった。放射線量や除染作業への不安、学年の途中で動くのは困るといった理由による。その結果、2017年4月の帰還に方針が修正されたが、それ以上遅らせることはなかった。しかし帰還時期の確定は、小中学校に通学する児童・生徒数の減少を招くことになった。

「南相馬市では、学校が帰還すれば帰還する人も増えるという見通しを立てたんだと思います。仮設の校舎がなくなれば、戻るしかなくなって戻るだろうって思ったのかもしれない。それが逆にいったような感じで、進級や進学に関して迷っていた保護者が、帰還するのであれば避難先の学校に転校するというケースが、だいぶ多くなってしまったようです。福浦小学校に入学した1年生も1名だけでした。……本当は、いまの仮設の学校も尊重しながら移行期間が必要だったんじゃないかな。体験として小高の小学校に週何回か通うとか、そういう柔軟さが必要だったんじゃないかなと思うんですが」。

小高区内の小学校4校が合同して、もとの小高小学校校舎に戻ることになっている。この4校合計でも、2016年度の入学者は6名にとどまってしまった。4校合同になるとそれぞれの地域で培ってきた伝統芸能の継承なども心配になるし、津波被害を受けた沿岸部や比較的線量の高い山間部などの地域特性に応じた寄り添い方も難しくなる。

3-2 福浦小関係者への聞き取りから

避難指示解除や学校の帰還をめぐる最近の状況について、当事者はどのように受けとめているのだろうか。震災当時福浦小の教員だったKさん、福浦小の保護者で県外での避難生活を経て現在は南相馬市および相馬市に住むL

さん、Mさんから話をうかがった[11]。

Kさんは、学校が帰還しても子どもが戻らないこと、合同により伝統が失われること、などを心配していた。「解除になっても、若い人たち、子どもたちは小高地区になかなか戻らないみたいですね。学校を向こうで開くことは、地域にとってはよいことだと思いますが、やっぱり原発が心配です。解除になったとしても絶対安全なわけではない。まだ人が戻っていないので空き家ばかりですし、除染や工事の人がたくさん入って治安の面でも不安だという人もいます。また、それぞれに伝統ある学校だったので一つになるのはさびしい気もします。あとは、子どもたちはどこから来るかですよね。避難したままで、そこからスクールバスで通う人もいるだろうし。相馬や鹿島から長距離をバスで通うとなると、子どもたちも大変です」。

たしかに通学先の仮設校舎は施設も十分ではなく、そのうえ何度も移転が繰り返された。それでも保護者は避難先の学校に転校させずに、子どもを仮設の福浦小に通わせてきた。その理由として考えられるのは、これまで一緒に過ごした同級生と離れたくない子どもの気持ちや、自分の母校でもある地域の学校に通わせたいという保護者の気持ちである。しかしそうした子どもや保護者が、学校の小高区内への帰還をきっかけとして離れていってしまうことが予想されている。そのようなケースについて考えるために、震災時に福浦小の保護者だったLさんとMさんの選択と思いを取り上げることにしよう。

Lさんは原町区の出身で、震災時点で福浦小に通う長女と幼稚園に通う次女・三女、夫、夫の両親とともに小高区で生活していた。20キロ圏内の避難指示を受けて、震災翌日に原町区の自分の実家に身を寄せる。原発の危険性が高まったという情報を得て、14日の未明には友人がすでに避難していた新潟をめざして避難を開始した。新潟市内の避難所を経て、4月初めにはアパートを借り、2015年の3月まで4年間避難生活を送った。仕事の都合で夫が南相馬に戻ったため母子での生活になったが、新潟では学校の先生や近所の住民に親切にしてもらい、「いまはもう故郷」という気持ちである。

2015年4月に鹿島区の借り上げ住宅に移ったが、南相馬に戻った理由は「夫が新潟との行き来に疲れた」ためだった。戻ってからは、子どもたちは小高中と福浦小学校の仮設校舎に通学していたが、2016年の4月から原町区内の小中学校に転校させた。もう小高には戻らないことに決めて、原町区内に自宅を建てている最中である。子どもたちの転校と小高に戻らない理由を尋ねた。

「とにかくもう20キロ圏内には入れたくない。除染もいまだにしていると聞いていますし。仮設校舎のままだったら、まだいたかもしれないですね。学校が戻るっていうのが、主人と主人の両親の背中を押したんです。……小高の学校に通わせる人は、たぶん少ないですね。私の知っている父兄の中では、小高に戻るという人はいないです。店や病院関係が整っていない状況で、たとえば子どもが体育の時間に骨折したら、原町の病院まで運ばなくちゃいけないわけじゃないですか」。

小高区の避難指示が解除されても、いまのところ少数の年配者が戻っているにすぎない。子育て世代の多くは帰還をためらっている。小中学校の保護者の間では、早急な避難指示解除と学校の帰還に対して疑問をもつ人が多かったが、その声がなかなか行政に届かないことにいらだちを感じている。

「国にいわれるがままに解除、解除って進めて、学校も戻して高校も再開させて。市民の意見を聞いてくれない。納得いかないです。解除に関しても、反対の意見がいっぱいあったにもかかわらず、『だって戻りたい人もいるでしょ』っていって強制的に解除ですから。ご年配の方だけじゃなくて子育て世代の意見も聞いてくださいって、何回かアンケートに書いたんですけど。いまの子どもたちが将来の南相馬を背負うのに、その子どもたちを市が守らないでどうするんだっていいたいです。子どもたちをこんなに軽く扱って。無理に戻そうとするから離れる。うちもそのパターンです。ここに残っている子どもが少ないなかで、余計大事にしなくちゃいけないのに。ここにいて強く思うのが、自分の子は自分で守らなければいけないってことです」。

もう一人の保護者Mさんは、震災時に長男が小高中、次男が福浦小、三男が幼稚園に通っていた。地震翌日に飯舘村に避難し、その翌日には夫婦と子ども3人で夫の実家がある群馬県に避難した。さらに原発の状況に危機感を覚えて、知り合いが避難していた石川県に1週間ほど避難する。Mさん自身が、仕事の関係で3月末には南相馬に戻らなければならなくなったため、行き来が可能な群馬に避難先を戻した。夫も仕事の関係で南相馬に戻り、子どもたちは群馬の祖父母に預けて、週末に通う生活を1年半続けた。

長男の高校受験を前に、2012年の夏に原町区に一軒家を借りて子どもたちを呼び戻し、家族一緒の生活を再開した。子どもたちももとの小高中・福浦小の仮設校舎に通学する。2015年に北隣の相馬市に自宅を建てて、その時点で福浦小に通っていた三男も転校した。自宅を南相馬市外に求めたのは、「緊急時に逃げる時間を稼ぐため」、原発からできるだけ離れた場所にいたいと思ったからである。2017年春に予定されている学校の帰還について、考えをうかがった。

「学校に戻る方はいても、家自体はそこにはないわけです。住民がまだ戻ってもいない、戻るのをためらっている場所に子どもを集めるのってどうなのかな。私には賛成できない。『学校があって、子どもたちがもう戻っているんだから大丈夫。だから戻って来い』っていうための餌というか、そんなふうに感じられてしまって。でもたぶん、そうしないと帰還をうながせないのかな。ジレンマですね。私だったら転校させます。仮設であっても、もう1～2年は自分たちが住んでいる近くに学校がある方がよかったのにという感覚でした。……『戻るんならもう転校する』といって転校していった子もいます。いまのところ戻る、福浦として通うという、知っている福浦っ子は一人しかいないんです。保護者には反対の人が多いですね。気持ちよく行かしている方ってたぶん少ない。そんな子どもを人質にとるみたいなことをって、つい言いたくなってしまいます。学校の子どもは減ると思います」。

行政側の考えもある程度は理解できる。帰還をうながすためには戻りたい人のための受け入れ先が必要だし、学校をなくしたくないというのもわかる。しかし、いま在籍している子どもたちは、鹿島区や原町区に住んでいるのに、わざわざ小高区で再開する学校に通うことになる。もっと時間をかけてもいいと思うが、そうすると戻ってこなくなることを心配しているのだろう。とにかく、復興が帰還とイコールで考えられていることが気にかかる。「原発さえなければ、それでいいと思います。ただの地震であれば、なるべく早く地元に戻ってコミュニティを再開できるのが一番いいんですけど、原発という収束していないゾンビがあるのに、いつ起き出すかわからないものがあるのに、帰還を急ぐのが複雑なんです。たぶん放射能はダダ漏れなので、その場所に近づくことに親としてはすごい嫌悪感を感じるんですよ」。

とはいえ、Mさんは故郷である小高に対しては、深い思い入れをもっている。「やっぱりなくしたくない。残っていてほしいですよね。外観が変わろうが家がなくなろうが、故郷ってそこにしかないものなので。小高の家をどうするかなんですが、子どもたちからも『売らないで』『残しておいて』っていわれています。私自身も、自分の生まれ育った大好きなところなので、やっぱり残したい。子どもたちと一緒に過ごした場所というのが大きいかな。思い出すイメージが、すべて子どもたちとの生活につながっているんですね。だから、いつかは戻りたいなと思っちゃいます。それもあって売らないでおくことにしました」。

国や福島県の政策と同じく、住民をできるだけ早期に戻し、そのためにも学校を戻すという南相馬市の施策に対しては、多くの保護者が疑問をもっていた。保護者の反対を受けて、学校の帰還時期は当初よりも半年延期されることになった。しかし帰還の方針そのものに変更はなく、後藤さんが危惧していたように、そのことによってむしろ子どもを転校させ、故郷から離れる住民も出てきている。

3-3「福浦こども応援団」の今後

2016年7月に小高区の避難指示が解除され、2017年4月からの公立学校の帰還も決定された。こうした節目を迎えて、後藤さんは「福浦こども応援団」の今後について、どのように考えているのだろうか。いまのところ「通信」の発行も、定着してきた南相馬でのイルミネーション点灯式の応援も、継続していこうと考えている。

「今年度（2016年度）の小学校の在学生は、もうもとの福浦小学校を知らない子どもたちになりました。震災当時1年生だった子どもたちは、もう昨年で6年生になって、3月に卒業してしまいました。でも、もともとの福浦からの発信として送ることで、受け取った皆に地域の応援があるということを感じてほしいと思っています」。たとえ学籍が移動していても、「福浦っ子」であることを忘れないでほしい。地域の人びとの愛情と見守りがあることを感じ続けてほしいと願っている。

福浦に住んだことのある子どもたちがいなくなっても、後藤さんは「通信」を続けていこうと考えている。それは、彼女が地域に寄せる思いによる。「地域がバラバラになった状況の中で、どういう形が地域なのか。いままでにないことですからね。その時に、地域がつながる何かっていうところで考えたのがこれだった。残っている人たちは残っている人でっていう感じもあり、離れてしまった人は離れてしまった人でそれぞれという感じもあったり。その中で何かつながるものがないかなって。震災前は、ずっと地域にこだわって活動していたので。……いま避難しているという認識の家族と、避難先で定住してもう避難状態を終えたというような家族と色々いると思うんですけれども、私としては、福浦こども応援団というのは、そこにゆかりのある人は皆応援しようという感じなんです。だから、これは継続していってもいいのかなと勝手に思っています。いくら離れていても、地域の人が地域の子どもを応援するのは当然でふつうのことですから」。これからも、地域の子どもたちを応援する活動を、自然体で続けていこうとしている。

南相馬に通って続けてきた地域協議会の委員は、3期目（2014～2015年度）を最後に降りることにした。「被災地にいまいる人と私のように出てしまった人との温度差がすごくある。いる人たちでやろうという空気になっています。その中でも意見してきたんですけど、発言しにくくなってきて、これからまた2年間は厳しい。本当はこの厳しい時に入って継続したい気持ちもあったんですが、やれるところでやっていこうかなと思います」。後藤さんは当面、小高区4小学校の学校評議員として、地域とかかわっていくつもりだ。

学校の帰還については、強引に進めてきたことが、児童・生徒の減少を招いていると感じる。「子どもを通じて、保護者や家族、おじいちゃんおばあちゃんも、地域を感じながら学校に通うわけですよね。それが絶たれてしまう。田舎の学校だから、学校が避難して鹿島区にあっても、原町から通ったり、相馬から通ったりしてまで学校に通っているんですよね。それ、すごいと思うんですよ。避難先の土地の学校ではなくて、大変でももともとの学校に通うんです。やっぱり学校が地域なんですね」。性急な学校の帰還・統合は、長い時間をかけて育まれてきた地域と学校との関係を断ち切ってしまう不安がある。もっと柔軟な施策が必要だったのではないかと、後藤さんは考えている。

避難先の新潟市では、長期・広域避難が続くなかで、避難者が見えにくくなっているのではないかと気にかけている。市内の交流施設を利用する避難者は全体からみるとごく一部に限られており、避難者同士の情報交換の場も乏しそうだ。2017年3月で自主避難者に対する住宅支援の打ち切りが決まり、不安を抱えている避難者も多いはずなのだが。

「小さい地域の中で活動できるような助成金があればいいと思います。3人以上いれば地域の活動として認めますというような。それがあれば、地域全体に呼びかけて来たい人には来てもらう。それで、これまで交流施設に足を運べなかった人が、負担なくその地域のなかで情報を共有できたらいい。全然知らないところに来て、孤立しているんですね。同じ地域の人が集まって、そこで自然と避難者同士が交流して、そこにまた地域の人も入って。……こちらで住宅を購入しようという動きもあり、帰還する人もいる、そういう情報の交換も必要だろうし。交流して地域が分からないと、生活再建するのにお金もかかるし、また長いスパンになるだろうし、よく分からないで生活を始めるのは大変ですよね。何度も同じ失敗をしそうな気がして心配です」。

「よろず相談会」に訪れる避難者の様子も、しばらくは少しずつ落ち着いてきているように感じられたが、2016年になるとまた様子に変化がみられた。「いままで来なかったような人も、家族で来るようになった。これまでは、小さな子どものことを心配して連れてくるのが多かったけど、今回は福島に残っているお父さんの健康状態を心配して連れてくる方がけっこう多かったです……当初より参加者が増えていますし、とくに健康状態の確認は納得するまでしたいんだなと思っています」。避難が長期化するなかで、健康への不安と二重生活のダメージが増しているように感じられる。

新潟市で始めた「防災カフェ」も市民と一緒に続けていくつもりだ。さらに2016年度からは、新たに避難先の自治会の婦人部長を務めることになった。さっそく婦人部主催の園芸教室というイベントの際に、防災にかかわる活動を取り入れることにした。例年は寄せ植えをおこなって終わりなのだが、住民が50名以上も集まるような機会はめったにないので、自治会の防災倉庫の説明なども取り入れていこうと考えたのである。「皆が集うっていうこと自体がもう防災につながるので、そういうことを皆さんに意識してもらえたらと思って、中身を何気に充実させています。防災を考えることが日常になっていないから、主張してもすごい壁があるんですよ。だから何気に」。

後藤さん自身は、下の子どもが高校を卒業するまで、あと2年ほどは新潟市での生活を継続するつもりだ。「その後のことは、その時点で考える」ことにしているが、いずれは南相馬に戻りたいと考えている。

4. むすび——「故郷」のゆくえ

東日本大震災の前も後も、後藤さんは一貫して地域と学校をつなぐ活動に取り組んできた。震災前は小学校のPTA会長として、学校行事などに地域の人をできるだけ巻き込み、地域全体で子どもたちを見守る雰囲気をつくっていこうとした。とりわけ後藤さんの故郷は、原発関連の仕事や新たな原発建設計画をめぐって複雑な思いが交錯する場でもあった。そうした地域を学校を軸として結び直すことを後藤さんはライフワークと考えていたのだろう。この故郷＝地域コミュニティこそが、後藤さんにとってアイデンティティそのものだった。

こうした地域への思いや丹念に積み上げてきた活動を、原発事故は一瞬のうちに吹き飛ばしてしまった。津波による行方不明者を後に残したまま、後藤さんを含むすべての住民は避難を強いられたのである。突然の地域コミュニティの喪失による「痛み」や孤独感は、自分だけでなく多くの住民に共有されているはずだ、それが後藤さんの活動を動機づける原点となった。放射能汚染によって、実体としての、地理的空間としての地域コミュニティは失われてしまった。だからこそ、人びとを結びつける「何か」を人為的に創出していくことが必要となった。

原発避難者特例法によって子どもの学籍の移動を迫られたとき、後藤さんが強く求めたのは、「仮の受け入れ」（いわば「二重学籍」）の継続だった。子どもが避難先で安心して通学できることを可能にするのは当然だが、だからといって避難元との関係を断ち切られてよいはずがない。理不尽に避難を強いられたのだから、学籍の扱いをもっと柔軟にして、避難先・避難元双方のサービスを受けられる余地、そうした選択を可能にする仕組みを残しておくのは当然ではなかったか。

震災後のクリスマスに福浦小学校に在学している〈はずの〉児童に宛てて送り届けられてきた「福浦こども応援団通信」にも同様の思いが込められていた。福島県内外に避難を強いられている子どもたちに対して、原発事故がなければ故郷で当然手にしていたはずの、地域の人びとの応援や見守りを届けたい。そういう思いである。近場から現実の仮設校舎に通学する児童に加えて、遠方の避難先で別の学校に通う子どもたちも、福浦小に入学し学年を重ねていくものとみなされている。イメージの中の小学校を軸に、〈仮想の地域コミュニティ〉が維持されているかのように。

こうして避難先に送り届けられる「通信」の内容には、細心の注意が込められていた。「通信」を手にする保護者や家族は、避難という選択や故郷の復興のあり方、原発や放射能汚染に対して、さまざまな考えを抱いている。故郷との「つながり」を強調すると、「帰還」をうながしていると誤解される恐れもある[12]。だから後藤さんは、どのような選択も否定されることはないことを伝え、「あなたを／子どもたちを応援している人がたくさんいる」というメッセージをひたすら送り続けている。被災者・避難者をこれ以上分断させ、さらに苦しめることがあってはならない。そのためには、性急な選択を迫らないことが何よりも必要なのだ。

したがって、現在進んでいるような早期に住民の帰還をうながす政策は、故郷の復興にとってはむしろ逆効果なのではないかと感じている。現実に、学校の帰還をきっかけとして転校を選択するケースも少なくない。「戻そう戻そうといってるのが、逆にバラバラにしている。ただゆるくつながっていれば、いつかは戻れるのに。南相馬で意見をいうと、『活動したいんだったらこっちに戻ればいいんだよ。戻らないんだったら新潟で活動したら』といわれるんですよ。どちらかの選択を迫られてしまう……」。

遠く離れていてもゆるやかな関係を維持し、長いスパンで故郷の再生をはかるためには、何が必要なのだろうか。それは後藤さんの話にあったような、たとえば小学校の夏祭りで地域の人と「ポン菓子」をつくって食べた記憶、地域の人たちに見守られていた記憶、そういった「地味な部分」をあらためて思い起こし、可能な範囲で再建していくことである。子どもたちの日常に編み込まれていた何気なくさりげない出来事、心に残りふとよみがえる記憶に訴えかけること。あるいは、故郷の周辺に残った子どものために、バラバラになった地域の人びとをつなぎ直して、本来ありえたはずの、「地味」で記憶に残るような日常性をあらためて立ち上げること。それは、たとえどこにいても、立場や考えが違っても共有可能な〈コミュニティ〉を形づくるだろう。そうしたあきらめない、粘り強い営みこそが、次の世代、その先の世代をも視野に入れた故郷の再生に道を開く。

注

1　本章は、2013 年 11 月、12 月（2 回）、2014 年 7 月、2015 年 6 月、2016 年 6 月、11 月に実施した後藤素子さんへの聞き取りにもとづいている。上記の聞き取りは、すべて新潟市内でおこなわれた。

2　その後 2012 年 4 月に避難指示区域の見直しがおこなわれ、おおむね南相馬市の緊急時避難準備区域は避難指示解除準備区域に、計画的避難区域は居住制限区域と帰還困難区域に再編された。

3　2016 年 11 月に実施した、福浦小学校元保護者への聞き取りにもとづく。

4　2011 年 5 月の時点で、福浦小学校に通学している児童は 13 名（10%）、福島県内の小学校に区域外就学する児童が 41 名（33%）、福島県外の小学校に通学する児童が 70 名（57%）だった（大和田 2012：223）。

5　2016 年 11 月に実施した、福浦小学校元保護者への聞き取りにもとづく。

6　委員は 2 年任期。2010 ～ 2011 年度は小高区 PTA 連絡協議会からの推薦委員。2012 ～ 2015 年度は公募委員。

7　「避難先の地形や災害の危険を改めて確認する必要性と辛い経験を次世代に伝える大切さを強く感じました。……身近な人、避難先の地域の人と「雑談」をすることで小さなコミュニティができ日常的な防災につながることや雑談だからこそできる無限に広がる可能性を体験しました」（『福浦こども応援団通信・ふれあい』第 3 号、2014 年 12 月）。

8　後藤さんとともに「防災カフェ」を企画・運営している市民グループ代表への聞き取り（2016年9月実施）と関連資料にもとづく。

9　新潟市の「教育ビジョン」にもとづいて、2007年度から開始された「地域と学校パートナーシップ事業」の一環。「本事業では、学校と地域が共に元気が出るように、地域教育コーディネーターを学校に配置し、学校と社会教育施設や地域活動を結ぶネットワークを形成して、「学・社・民の融合による教育」を推進しています」（新潟市ホームページ）。

10　この時点では、2016年4月解除予定だった。

11　聞き取りは2016年11月に実施した（元保護者は注3、4と同じ）。「当事者」といってもごく限られた事例なので、過度の一般化は慎まなければならない。ただ、学校の帰還に伴って転校を選択する保護者が少なくないことを考えると、典型的なパターンとして位置づけることもできよう。

12　聞き取りの時期が後になればなるほど、後藤さんの「つながり」という言葉の使用に対する慎重さが増しているように感じられた。「つながり」や「絆」の強調は、現状ではむしろ、被災者・避難者の分断や排除を加速しかねない。イメージのなかに存在する〈仮想の地域コミュニティ〉は、分断を拒み、多様なものを包含する「現れ」であろう。

補論　広域避難調査と「個別性」の問題
――福島原発事故後の新潟県の事例から

1. はじめに

東日本大震災による福島第一原子力発電所の過酷事故から、ほぼ5年が経過した。事故の影響は広範囲に及び、避難指示が出された原発周辺の地域を中心として、依然10万人近い人びとが福島県内外で避難生活を送っている。いまだに事故が収束する見通しは立っていないが、その一方で避難指示の解除と住民の帰還に向けた施策が進んでいる。この間、避難を選択するかしないか、福島県外に避難するか県内にとどまるか、賠償の有無や放射能の被害に対する考え方の違いなどをめぐって、さまざまな「分断」が指摘されてきた(山下ほか2012、など)。また震災や原発事故を「すでに終わったこと」とみなし、原発の再稼働やオリンピック開催に向かうこの国の社会と、「復興のスタートラインにも立てない」避難者との間のギャップも広がってきたといえる。

日本列島は、地震・津波などの自然災害に繰り返し襲われてきており、災害に関する社会学的研究もそれなりに蓄積されてきた。しかし、今回の原発事故による長期・広域避難はほとんど前例のない事態であり、新たな研究方法や分析視角を必要としている。現在進行中の原発避難について、そのリアリティをどのようにすくい取り、何につなげていけばよいのか。

筆者は、新潟県中越地震(2004年)の後、主に新潟県内の被災者と被災コミュニティの調査研究に携わってきた(松井2008a、2011、2012)。東日本大震災以降は、福島県から新潟県に避難してきた人びととその支援者を対象として調査を継続している。その際に、方法としては量的調査よりも聞き取りによる質的調査、目的としては政策提言よりも「記録」を主として志向してきた。本稿では、とくに広域避難をめぐる調査の過程で浮かび上がってきた方法的・現実的な「難しさ」について考察したい。すなわち、被災者像・避難者像の一面化および固定化という問題と、それをどう回避して避難者の「個別性」を描き出すことができるのかという課題である。

まず、新潟県における広域避難の経過と現状について、手短かにふれておきたい。福島県の隣県である新潟県には、原発事故の直後から多くの避難者が押し寄せた。2011年3月のピーク時には1万人を超える人びとが避難生活を送り、この時点で最大の避難者受け入れ県となった。時間の経過とともに福島県への帰還が増加したが、現在も3,700人ほどが故郷を離れた生活を継続している（2016年1月時点）。新潟県は近年、地震・水害等の災害を立て続けに経験しており、災害対応のノウハウや行政・民間が連携した支援の取り組みが蓄積されてきた。今回の広域避難への対応でも、避難所の運営や避難者支援においてさまざまな工夫がみられ、経験が活かされたといえる（髙橋2012、松井2011、2013a）。だがその一方で、多数の広域避難者の受け入れという今回の事態は、過去の災害とはまったく異質な側面をもっており、これまでの経験と熱意のみでは対応しきれない部分も多い。前例もモデルもない中で避難は長期化しており、避難者も支援者も模索を続けている。

2. 被災者像の一面化と固定化

断片の全面化

原発事故以降、国・自治体やマスメディア、研究者などによって避難者を対象とした各種のアンケート調査がおこなわれた。たとえば新潟日報社の避難者アンケートでは、「今後、どこで居住することを望みますか。最も近いものを1つ選んで下さい」という問いに対して、「なるべく早く地元に戻りたい」「仮設住宅入居など、当面新潟県内で暮らしたい」「新潟県内に定住したい」「まだ分からない」「その他」の5つの選択肢が設けられていた[1]。こうしたアンケートは、避難者のいる多くの地域で繰り返しおこなわれ、避難の状況に関する情報を提供して、この問題に関する市民の関心を喚起する役割を果たした。

しかしその一方で、この種のアンケートは対象者の設定が難しく[2]、またアンケートを通じて示される数字は限定された選択肢によって集計せざるを得ないために、どうしてもある種の偏りや一面化を含むことになる。すなわち、「調査対象者が抱えている流動的で複雑な実態と意識に対する理解を単純化してしまう危険性を孕んでいる」のである（山下ほか 2012：11）。にもかかわらず、「ときにアンケートの結果（数値）は一人歩きし、場合によってはそれが政策決定に影響を及ぼす可能性もある」（山本ほか 2015：38）。たとえば、早期の帰還を望む福島県内の仮設住宅に居住する高齢者の声が中心に据えられると、国による帰還一辺倒の政策が後押しされる結果となる。この場合、早く故郷に帰りたいという（それ自体は当然の）声が、その背景を問わずに全体を代表するものとして示される。そのため、県外に避難した子育て中の若い世代や、決断の材料が不足しているために将来の選択を迷っている人びとの声はかき消されてしまうことになる。

アンケートによって浮かび上がる「事実」は、むろん一定の限定性を帯びたものでしかない。しかし結果として示される数字は、それ自体あたかも客観性を帯びたものであるかのように立ち現れる。あるいは、そういうものとして利用されがちである。避難者の多様性をできるだけ損なわずに描き出すことが必要とされている。

広域避難者に押しつけられるイメージ

災害による被災者や避難者に対しては、定型的なイメージが付与されがちである。新潟県中越地震の際にも、「つねに支援に感謝し、けっして怒らず、がまん強い」被災者像がメディアなどで繰り返し取り上げられていた。被災者の側でも、そうしたイメージに自分を合わせてしまい、無理をする（強いられる）場合もありえるだろう。また、筆者が中越地震の被災者を対象としておこなった調査でも、マスコミの報道に関して「報道内容が作為的、つまり作り手の意図や演出にあう場面やコメントのみを伝えている」という指摘があった（松井 2008a：34）。

同様のことは、原発事故による被災者・避難者についてもみられる。たとえば「故郷を追われたかわいそうな避難者」、「ひたすら故郷への帰還を望む避難者」、「原発再稼働への動きに怒る避難者」といった定型である。広域避難者と支援者を対象とした筆者の聞き取りでも、メディアや研究者による定型の押しつけやそれに対する反発や疑問の声が聞かれた。

「いろいろな取材を受けましたが、私はたぶん記者さんが求めている答えをいっていないようです。たとえば、『川内原発が再稼働になるかもしれないけど、避難している身としてはどう思いますか』と聞かれて、たぶんそんなことしちゃいけないとか怒ってるとかそういうコメントが欲しいんでしょうけど、全然違うコメントをするので記事になったことは一度もないですね。テレビにも、泣きながら自分の不幸を訴えたり、何でこんな理不尽な扱いをされなくちゃいけないんだという人ばかり出てきて、不公平だなと思いながら見ていることもあります」[3]。

インタビューをする前からストーリーが決められていて、それに合わないコメントは切り捨てられる。そのようにして定型が再生産されていく。さらに、「かわいそうな避難者」像ばかりが増幅・強調されると、それが内面化されて「被災者が被害者に変わってしまう」こともある。原発事故の「被害者」であることは間違いないが、「被害者意識」のみが強くなりすぎると、自立に向かう芽を摘み取ってしまうという支援者による指摘もあった[4]。また逆に、自立・復興の側面ばかりが取り上げられ、「復興に向けて前を向く被災者」像が強調されすぎると、とてもそんな気持ちになれない被災者にとっては苦痛だろう。いずれにせよ、被災者・避難者の多様性や個別性に目を向けずに、その一部を用いてひとくくりにしてしまうようなやり方は、被災の実情を見誤らせ、場合によっては被災者を縛る枷ともなりうる。

この点は、マスメディア関係者だけでなく、研究者にとっても難しい課題であると感じる。もちろん一面化・単純化を極力排して対象の実情に迫ろうとするのが研究者の常であろう。ただ研究においても、一定のカテゴリーを設定しなければ対象を適切に捉えることは困難であるし、対象者の選択や対象者の「語り」を選択する際に、偏りが生じることは避けがたい。さらに聞き取り調査の場合には、対象者の言葉の背後にあるものを読み解くことが、表面的な理解に陥らないために必要なことである。しかしその過程が、研究者の描くストーリーの押しつけになる可能性も排除できない。

広域避難者を対象とする調査に限ったことではないが、対象者一人ひとりの固有性と尊厳を尊重しながら、研究として意味のある形にまとめ上げることは容易ではない。避難が長期化し、対象者との「つきあい」が長くなればなるほど、こうした困難をいっそう感じざるを得ない。

3. 被災者像の固定化を超えて

「ゆれ」と「割り切れなさ」

原発事故による広域避難調査を続けていて感じるのは、避難が長期化する中で、避難者のおかれた状況や避難者の意識が刻々と変化していくことである。しかもこの変化は一様ではなく、さまざまな条件にもとづいた個別性をもつ。ある一時点を切り取った調査は、時間的な流れの中にある対象者の行動や意識を固定的なものとして示してしまう可能性がある。また、ある一時点においても、対象者の意識は「ゆれ」を示す場合があるが、それを前述のように限定的な選択肢によってすくい取ることはできないだろう。どうすれば、時間的な変化やゆれを捉えることができるのだろうか。

福島から避難するか避難しないか、あるいは避難を継続するか帰還するかといういずれかを選択するときに、重要な判断基準となるのが放射線量に対する考え方である。この点に関連して髙橋準は、東京に住む彼の知人が感じた「戸惑い」について紹介している。その知人が、福島市に在住の人から「福島に一度お子さんといらっしゃってください、と言いたいんですけど、言えません」と言われて返事に困ってしまい、そのことに「戸惑い」を覚えた、という打ち明け話である(髙橋 2015：78-80)。髙橋によれば、福島に住む人は、「“大丈夫”と“万が一”の間」で暮らしている。住んでいても“大丈夫”だと頭では分かっていても、どこかで“万が一”を考えてしまう。けっして安全だと信じ切っているわけではない。「だから、ひとりの人の中に、大丈夫”も“万が一”も、両方ある」のである。

それは、ウーマンリブ運動の中で田中美津が語っていた「とり乱し」に類似している、と髙橋はいう。「女らしさ」を否定しつつも、どこかで「男から、女らしいと思われたい」自分もいる。たがいに矛盾しているが、それはどちらも「本音」なのだ。「どちらかの『本音』を圧殺すれば、楽にはなるかもしれないが、同時に何か――つまりは『自分』の一部――を失うことにもなる。ではどちらとも生かそうとすれば、どうなるか。そのときに生じるのが、二つの『本音』の間での『とり乱し』なのである」(髙橋 2015：82)。

筆者が新潟でおこなってきた広域避難調査の中でも、二つの矛盾する「本音」を耳にすることは少なくない。たとえば、避難先の新潟県で定住することを決めていても、なお帰還困難区域に指定された故郷をめぐって、ゆれや割り切れなさは抱え込まれたままである。

柏崎市への移住を決めた避難者は、ある時「こんな状況で(富岡町に)子どもを戻せるわけがない。国に全部買い取ってもらって、好きなところに住めといわれた方がほっとする」と語っていたのに、別の時には「気持ちの奥底では富岡を棄てられない部分があります。思い出が詰まっているから」と話してくれた。また、自分の中に故郷と「つながりをもっていたい部分」と「もう思い切って切り離してもらった方がいいのかなと思う部分」があるという[5]。

新潟市に自宅を建てたという別の避難者も、「故郷に帰りたい部分も、死なないと消えることはないです。なかなか完全に吹っ切れない部分が根底にある」という。だから、移住すると決めた新潟とのかかわりについても「半身になっちゃってる」のである。「避難者でなくなるというのは、身も心もすべてこっちに移すことなんでしょうけど、まだそこまでの決断には至っていないのが正直なところなのかな」[6]。

夫の定年までは柏崎市で暮らすことにしているが、その先どこに居を定めるかを決めかねている避難者もいる。「これからどう過ごすのかが堂々巡り。柏崎に永住する気持ちになれたらどれだけ楽だろうなって思うんですが、いま一つなれない。大熊に戻れないこともわかってるし、戻れるものなら戻りたい気持ちはあるけど、生きてる間には無理かな」。その一方で、大熊町については、「住めないのは分かってても、なくしたくない半面もある。息子たちにとって故郷はあそこなので。それがまったくなくなっちゃうのも切ない」[7]。

いずれのケースでも、調査対象者はよく考えた末にさまざまな選択をしている。しかし、その選択にはつねに「暫定性」がつきまとっているようだ。本人は、どこかで納得できないもの、割り切れないものを感じ続けている。

マネジメントの社会化

先に取り上げた髙橋は、「『とり乱し』たままで、人は生活を長く続けるのは難しい」として「『とり乱し』のマネジメント」に言及している（髙橋 2015：84-86）。たとえば個人で線量計を購入して実際の被曝量を推計し、「“大丈夫”と“万が一”の間」で「わからない」部分を減らしていく、という試みである。しかし低線量被曝に関する議論が錯綜していることもあって、こうした個人的な試みが集合的なマネジメントに展開していく方向は、あまり顕在化していないという。

広域避難者が抱える「二つの『本音』」の間でのゆれや迷い、割り切れなさに関しても、個人的なマネジメントにゆだねるしかないのだろうか。現状では、ほとんどすべてが個人の判断と選択にゆだねられ、そのためによりいっそう分断が深まっているといえる。それでは、どうすれば〈マネジメントの社会化〉は可能になるのだろうか。避難者自身の取り組みをヒントに、試論的に考えてみたい。

旧警戒区域だった南相馬市小高区は、近い将来に避難指示の解除が見込まれている、しかし、そのことが帰還を考えている人にとっても、移住を検討している人にとってもストレスになっているという。こうした進め方に対して、「本当に戻れる環境が整っているのか」という疑問を抱く人も少なくない。避難指示解除の可能性を前に、多くの住民が「戸惑い」を隠せないでいる。原発事故前に小高区でPTA活動を担い、現在は新潟市に在住の女性が、全国に散らばって避難中の子どもたちとその保護者に向けて「福浦こども応援団通信」を発行してきた。「どこにいても、みんながつながっていることを感じて欲しい」と願ってのことである。送り先は「いま小学校に通っているはずの地域の子ども」であり、事故がなければあり得たはずの地域の姿が想定されている[8]。

こうした子どもを核とした〈仮想の地域コミュニティ〉の基盤としてイメージされているのは、震災前に実在した「地味な部分」である。具体的には、たとえば小学校の秋祭りで地域の住民と子どもたちが一緒に食べたお菓子や、いつも地域の人びとに見守られていた思い出である。無理に戻そうとすると、かえって住民の心は離れる。地域の人びとが共有していた記憶に働きかけることによって、いまは地元を離れている人も含めたゆるやかなつながりを保持できないかと考えている。「つながりがあれば、故郷を忘れない。いつか帰りたいと思ったり、貢献したいと思う。それが復興なんじゃないかな」。

避難中の多くの住民が感じている「割り切れなさ」、すなわち選択への迷いと選択の暫定性。それを尊重したまま未来につなげていく方法はないか。ここで取り上げた事例は、その一つの試みといえるだろう。簡単に答えの出しようがない問題について、性急に選択を迫るのではなく、とりあえず棚上げ・先延ばしにしてつながりを維持していく。そのための方法論の模索であるといえる。

こうした避難者の「割り切れなさ」を外側から支えるものとして、たとえば今井照が提唱する「二重の住民登録」といった制度が考えられる（今井 2014）。こうした制度の内実をなすものを探求することは、社会学による広域避難調査の役割の一つだろう[9]。そのために、丹念な聞き取り調査によって避難者の「ゆれ」や「割り切れなさ」を掘り下げ、あわせて避難者自身による〈マネジメントの社会化〉に向けた試みをすくい取っていくことが必要となる。

4. むすび――「個別性」と向き合う困難

今回の原発事故による深刻な被害を受けた地域では、他の被災地以上に、被災から復旧・復興への経路が見通しがたい。日常の暮らしの成り立ちを脅かす未来の不透明性と「不確実性の持続と増幅が著しい」のである（加藤 2013：259）。こうした「不透明な未来」への対処として、被災者の判断や行動に迷いやためらい、ゆれ、割り切れなさといったことが含まれるのは当然のことであろう。

ところが現実には、避難指示の解除と賠償の打ち切りに向けた、またいわゆる「自主避難」者に対する民間借り上げ仮設住宅制度の打ち切りに向けた動きが、急速に進んでいる。放射線への不安を解消する手立ても、「未来」を構想するための材料も与えられないまま、被災者・避難者に対して選択と判断が性急に迫られている。原発による長期・広域避難の問題を調査研究する際には、こうした動向に抗して、避難者の時間的・空間的な振幅に寄り添い、複雑なことを複雑なまま提示していくことが求められているように思う。

それにしても、対象者の一面化・固定化を乗り越えて、時間的・空間的な振幅を含むその「個別性」を描き出すことには困難がともなう。前述したように、カテゴリーの設定や、対象者やその「語り」の選択、語られる言葉の〈背後にあるもの〉の読解といった場面で、どうしても研究者によるストーリー化の問題が入り込んでくる。さらに、対象者一人ひとりの固有性と尊厳に向き合うことが必要なことはいうまでもないが、その「個別性」をどうすれば「社会」につなげていくことができるのか。個別性を掘り下げ、差異を尊重することと、その中に社会への回路を探ることをどう両立させればよいのか。

広域避難調査には限られないこうした問題に対して、一般的な答えを見いだすことは難しいだろう。結局できることは、目の前の避難者の語りに繰り返し耳を傾け、その振幅につきあい、迷いやゆれを単純化しないように心がけながら想像力をめぐらせていくことである。現状ではこうした平凡な向き合い方しか思い浮かばないが、こうした地道な作業を継続しながら原発避難のリアリティに迫り、〈マネジメントの社会化〉に向けた回路と内実を探っていくことにしたい。

注

1　第 1 回アンケートは、新潟県内の避難所で暮らす被災者 100 人を対象として 2011 年 3 月 25 日に実施され、翌 26 日付けの朝刊紙面に結果が掲載された。
2　避難者リストが公開されているわけではないため、対象者選択に偏りが生じがちであり、その一方で多様な避難者をひとくくりにして同一のカテゴリーで集計する場合も多い。
3　富岡町から柏崎市に避難中の女性（60代）への聞き取りによる（2015年6月実施。年齢は原発事故時点のもの。以下同じ）。
4　柏崎市で避難者支援にあたっている増田昌子さん（女性・40代）への聞き取りによる（2014年8月実施）。本書第3章も参照。
5　富岡町から柏崎市に避難中のAさん（男性・40代）への聞き取りによる（2013年7月、2015年6月実施）。本書第4章も参照。
6　楢葉町から新潟市に避難中のGさん（男性・60代）への聞き取りによる（2015年6月実施）。本書第4章も参照。
7　大熊町から柏崎市に避難中のDさん（女性・50代）への聞き取りによる（2013年7月、2015年6月実施）。本書第4章も参照。
8　南相馬市から新潟市に避難中の後藤素子さん（女性・40代）への聞き取りによる（2013.11.18、2015.6.1実施）。本書第6章も参照。
9　富岡町民による「タウンミーティング」の試みに着目した研究も、こうした意味を含むといえる（佐藤2013、山本ほか2015）。

第３部

場所と記憶

――「再生」への手がかりを求めて

第7章　災害からの集落の再生と変容
——新潟県山古志地域の事例

1. はじめに

新潟県中越地震（2004年10月）による被災と復興の過程は、山間地の集落や住民をどのように変えたのだろうか。本章では、長岡市山古志地域（旧山古志村）を対象地として、集落を基盤とした災害への対処と工夫、「山の暮らし」の維持・存続の条件、そのために必要な「共同」の内容と変容について考えることにしたい。とりわけ山古志地域の住民は、一定期間の「全村避難」の後に、もとの集落に帰村するか、あるいは集落を離れて平場で生活を再建するかという選択を迫られた。その際には、各世帯がおかれた種々の生活条件とともに、集落内の関係のあり方や被災者各自の主観的な「意味づけ」も重要な役割を果たしたといえる。それ以後の復興への歩みにおいても同様である。これらの点にも留意して議論を進めていくことにしよう。

対象地である山古志地域は、「特別豪雪地帯」の指定を受けた山間地であり、以前から人口減少と少子高齢化が進行していた。中越地震で被災する前から、集落の維持・存続が（少なくとも潜在的には）課題となっていたのである。こうした条件不利地域を含む集落の変容や再生をめぐっては、これまでも多くの議論が積み重ねられてきた（吉野 2009、ほか）。たとえば、「当該地域と外部との交流・ネットワークと地域内の社会的交流・社会関係との連関」（佐久間 2011）という視点、あるいは自立した個の「ネットワーク的な関係」と「農村に“普通”に暮らす人びと」の「地縁的なつながり」との対比（秋津 2009）といった議論である。いずれも、単純な二分法や何らかの直線的な発展が含意されているのではなく、二つの社会関係の連関や折衷のありようが、問われるべき課題として提示されている。

また、利便性が劣る地域で暮らし続ける「理由」としては、「生活に根ざした安心・安全・安定を志向する論理」(山下 2009) が見いだされているし、「人生に対する深みのある『楽しさ』」(秋津 2009)、あるいは「“預かりもの”としてのムラ」(植田 2009) といった感覚も指摘されている。人口減少が進みつつも集落が存続している背景には、そこで暮らす住民それぞれの「理由」にもとづいた選択がはたらいていると見ることができる。とりわけ地震による全村避難を強いられ、その後に帰村・離村の選択を迫られた山古志地域の住民にとって、選択の理由や意味づけが必要とされる度合いはいっそう高かったといえる。

集落や町内会に代表される近隣組織は、災害の際に相互援助の機能を発揮する。そこに「日本社会の深層構造を見ることができる」という指摘もなされている (細谷 2014)。危機的な局面において、こうした社会の基底的なつながりが重要な役割を果たし、住民から再認識・再評価される事例は、中越地震や中越沖地震の被災地でも数多く見ることができた (松井 2008a、2011)。災害と集落の動的な関係を問うことは、「深層構造」をふまえて、地域の維持・存続を考えていくことにつながるだろう。

本章では集落をめぐる上記の視点を念頭におきながら、山古志地域の事例をもとに、集落による災害への対処と災害を契機とした集落の変容を描き出すことにしたい。以下 2 節では、山古志地域の概要と中越地震の被害、2013 年度におこなった調査から見えてきた復興の現状と課題についてみていく。3 節では、規模や地震被害の点で対照的な 2 つの集落の事例を取り上げ、それぞれの再生に向けた歩みをたどる。最後に 4 節では、再度 2013 年度の調査にもふれながら、地域および集落の持続への課題と可能性について述べたい。

2. 山古志地域の被害と復興

2-1　山古志地域の概要と中越地震

本章が対象とする山古志地域は新潟県の中央部に位置し、たがいに谷や山で隔てられた 14 の集落が山間地に散在している。中越地震の直前には、およ

山里の風景（長岡市山古志）

そ700世帯2,200人がこの地で暮らし、高齢化率は37%だった。山あいの斜面に棚田が広がる景色は日本の農山村の原風景とも称され、「牛の角突き」などの伝統行事や錦鯉の飼養など特徴ある産業も育まれてきた。

山古志地域は日本有数の豪雪地帯で、平年でも3メートルほどの積雪がある。また地層の特性や雪解け水の影響により、地滑りも繰り返されてきた。こうした自然環境は、生活面での厳しさをもたらすと同時に、豊かな水と土壌を提供するものでもあった。山古志の人びとは、ある意味、小規模の「災害」を日常生活に織り込みながら暮らしを立ててきたといえる。こうした災害（通常そのように意識されないのだが）と折り合う中で、さまざまな知恵や工夫が蓄積されてきた[1]。たとえば、冬ごとに繰り返される屋根の雪下ろしや道つけなどの作業は、暮らしのリズムを刻み、集落の共同性を育んできた。

自治体としての山古志村は、4村の合併により1956年に成立した。1960年時点での人口は6,000名ほどだったが、それ以降一貫して減少傾向にある。高度経済成長期には冬期の出稼ぎが増加し、また挙家離村も相次いだ。やがて平場の自治体と結ぶ道路が整備されるにつれ、出稼ぎは減少していった。隣接する長岡市や小千谷市の中心市街地まで車で30～40分で結ばれ、冬期も含め通勤が十分可能になったためである。中越地震翌年の2005年3月に長岡

図表7-1　中越地震後の経過（山古志地域）

日　付		事　項
2004年	10月23日	新潟県中越地震
	10月24日	ヘリコプターによる避難開始、長岡市内の避難所へ
	11月 2日	避難所を集落ごとに再編成（約600人がバスで移動）
	12月10日	仮設住宅への入居開始
2005年	3月	山古志村復興計画「帰ろう山古志へ」策定
	4月 1日	長岡市に編入合併
	7月22日	8集落で避難指示解除
2006年	3月	集落再生計画策定（6集落）
	4月	小規模住宅地区改良事業計画の策定（～6月）
	8月12日	油夫集落の避難指示解除
2007年	4月 1日	残り5集落の避難指示解除
	12月23日	仮設住宅帰村式（帰村完了）

図表7-2　人口・世帯数の推移

	1980	1990	2000	2004	2008	2014
人口	3,508	2,867	2,222	2,184	1,429	1,154
世帯数	927	822	700	685	505	460
65歳以上	600	687	769	809	595	548
14歳以下	735	425	217	186	109	56
高齢化率	17.1	24	34.6	37	42.2	47.5

注：「山古志復興新ビジョン 資料編」、「山古志支所だより」をもとに作成

図表7-3　人口の将来推計

	2000	2015	2030
将来推計人口	2,222	1,587	1,121
65歳以上	769	708	512
14歳以下	217	129	101

注：「山古志復興新ビジョン 資料編」（国立社会保障・人口問題研究所：日本の市区町村別将来推計人口，2003年12月推計）

市に編入合併され、山古志村はその歴史を閉じることになった。

2004年10月23日に、川口町（現長岡市）を震源として、新潟県中越地震が発生した。最大震度は7で、関連死を含む死者68人、負傷者4,795人、建物の全半壊約17,000棟、避難者約10万人という被害が生じた。震源に近い山古志村では至る所で地盤が崩落し、14集落すべてが孤立する事態となった。住宅の全壊率は4割（集落によってはほぼ100％）にのぼり、電気・通信等のインフラ被害や農地・錦鯉などの産業被害も深刻だった。地震の翌日、当時の山古志村長が「全村避難」の判断を下し、ヘリコプターによってすべての住民が平場に避難した（**図表7–1**参照）。当初はヘリコプターの到着順に長岡市内の避難所8ヶ所に分かれて避難したが、およそ1週間後に今度は集落ごとに住民をまとめるために、避難所の再編成をおこなっている。仮設住宅への移動の際にも、集落ごとにまとまった区画に入居するなどの配慮がなされ、コミュニティの維持がはかられた。

山古志村は、長岡市との合併直前（2005年3月）に「帰ろう山古志へ」と題した独自の復興計画を策定した（山古志村編 2005）。住民の帰村と集落の現地再生を目指して、復興の方針とスケジュールが示されたのである。地震の翌年7月には、比較的被害の少なかった8集落の避難指示が解除され、順次帰村が進んでいった。一方、ほぼすべての住宅が全壊した残りの6集落では、集落ごとの地区別懇談会などにより集落再生計画が策定された。その際、もとの居住地（あるいはその隣接地）に集落を再建するため、防災集団移転制度ではなく「小規模住宅地区等改良事業」が活用された。最終的には、2007年12月に住宅の再建が完了し、帰村希望者全員が山古志に戻ることができた。

図表7–2は、1980年から2014年までの、山古志地域の人口・世帯数の推移を示したものである。仮設住宅等からの帰村が完了した2008年の数字を地震前の2004年と比べてみると、帰村率は世帯数で73.7％、人口で65.4％である。被害の甚大さにもかかわらず、7割を超える世帯が帰村を選択したことになる。ただ、この時点以降さらに人口の縮小が進んでいて、地震から10年後の2014年には、世帯数で2004年の67.1％、人口で52.8％となった。人口でみるとほぼ半減し、高齢化率も47.5％まで上昇しているのが現状である。**図表7–3**

は、2003年の時点で推計された山古志地域の将来人口である。2014年現在の人口は、このデータにある2030年の推計値とほぼ等しく、中越地震が15年ほど時計の針を早く進めたことがうかがわれる。とりわけ14歳以下の子どもの数をみると、すでに2030年の推計値の半分ほどしかなく、少子化傾向が加速していることは否定できない。

2-2　復興の現状と課題――山古志地域「健康調査」から

ここでは、中越地震から10年近くを経過した時点での復興の現状と課題を知るために、2013年に長岡市山古志支所・新潟こころのケアセンターと共同で実施した山古志地域「こころとからだの健康調査」の結果から、いくつかのデータを紹介したい[2]。

アンケート調査から

現時点での「復興感」については、91.8%が「暮らしが復興した」「どちらかといえば復興した」と回答している。「これから山古志地域に必要なもの」という問いに対しては、全体では、①医療・福祉（57.4%）、②祭り・伝統行事（38.2%）、③経済的活性化（37.4%）、④道路・施設（33.7%）の順になった（複数回答）。年齢層ごとにみると、若年層では祭り・伝統行事、道路・施設、環境・生活文化が比較的多く、中年層では、医療・福祉、経済的活性化、落ち着いた静かな暮らしが比較的多いという結果になった。高齢化が進む中で、医療や福祉・介護が重要な課題として認識される一方で、地域の伝統文化をいかに継承するかということが、若い世代においても重視されている。

図表7-4は、山古志地域の課題について記入してもらった自由回答を整理・集計したものである。地域の生活環境に関する指摘が多く、なかでも雪・除雪の問題を記入者の3割以上があげていた。自然落雪屋根を備えた住宅の普及や道路の整備がはかられたが、高齢化と人口減少が進む中で、豪雪への対処は依然として最重要の地域課題である。さらに、車を運転できない高齢者の通院等には公共交通が必要とされるが、その充実も求められている。若者の減少や過疎化を何とか食い止められないかと考える人も多い。

図表7-4　地域課題

	件数	記入人数比（%）
地域の生活環境	138	87.3%
雪・除雪	52	32.9%
交通	28	17.7%
通信	11	7.0%
買い物	9	5.7%
医療・介護・福祉	7	4.4%
地域活性化・継承	7	4.4%
若者の暮らしやすさ	6	3.8%
行事・イベント	6	3.8%
集まる場	4	2.5%
その他の生活環境	8	5.1%
地域の人口構成	28	17.7%
若者の減少・過疎化	20	12.7%
高齢化・将来への不安	8	5.1%
その他	27	17.1%
合　計	193件（158人）	

聞き取り調査から

全村避難を経て、山古志地域ではすべての住民が帰村するか離村するかの判断を迫られた。判断するにあたっては、さまざまな客観的条件、たとえば住宅被害の程度や再建資金の調達、稲作や畜産・養鯉などの生業の再生可能性、家族構成や通勤・通学の便、子育てや高齢者の医療・介護・福祉の環境、自然条件等々が考慮されただろう。

それに加えて、住民の「主観的意味づけ」も重要な役割を果たした。「山古志以外での暮らしは考えられない」という理由で帰村した高齢者も多かったと推測できるが、この調査の対象者は帰村した時点で10～50代だったこともあって、積極的に意味づけた上で帰村を「選択」したことがうかがえた。親世代が迷っていても、子どもたちが強く望んだために帰村を判断したという話が多く聞かれたことは印象的だった。「迷ったのは親だけでしたね。子どもは迷ってなくて。本当に子どもは山がいいと」（男性、40代）。

震災と全村避難を経験した子どもたちは、同級生などの仲間とのつながりや生まれ育った地元への思いを、より強く抱くようになったのかもしれない。

地震当時中学生だった対象者は、それまで山古志に対してもっていたネガティブなイメージが、地震を機に反転したという。「昔は、山古志って恥ずかしかったイメージがあるんですよ。山古志生まれっていうのが。田舎なんで。でも逆に、今はむしろアピールしたいんですよ。……恥ずかしかったのが、逆に誇りぐらいの勢いで」(男性、20代)。

現在30～40代の対象者も、地域への「思い」をもって帰村を選び、それに支えられて現在に至るまで山古志での暮らしを営んでいると語る。たとえば、復興の過程で受けたさまざまな支援への「思い」がある。「いろんな人が、ボランティアとか応援してくれたので、山から元気を発信しなくちゃいけないのかなと思う。せっかく山をよくしてもらったのに、誰も帰らないさみしい村になっちゃったというのも嫌ですし」(女性、30代)。「地震後、いろいろな支援をしてもらったり、かかわってくれている人がたくさんいます。そういう人たちがいまでも見ているんだという感覚だけは絶対忘れないで、自分たちがちゃんとここで暮らしているというのを、どこにでも見せていかなきゃいけないと思います」(男性、40代)。

これまで山古志地域の多くの集落は、比較的高齢の男性が中心となって運営されてきた。こうした集落の秩序が、地震によって揺さぶられることになった。経験のない非常事態に見舞われたとき、当時の集落リーダーだけでは「まとめきれない部分があった」のである。「集落の中で、年輩の方だけで決められる範疇を超えたんじゃないですかね。地震によって。ですので、いろんな方とみんなでやらなきゃ何もできないような状態になったんで、老いも若きも女性も男性もなくなっていったんじゃないかと思うんです」(男性、40代)。

これまで集落の中で女性たちが表に出ることは少なかったが、地震の後は役割をもち、声をあげるようになっていった。「何かの活動するときにも、女性が役に入るようになった。今まで男性だけだったのが、ひとりふたりでも女性が入ることによって、女性の活動がだんだん活発になってきたと思います」(女性、40代)。「奥さん方が一番変わりましたね。いままでもきっと積極的だったんでしょうけど、震災以後はそれが形となって出てきた」(男性、60代)。震災と復興という「危機」への対応の過程で、集落秩序が揺らぎ、女性や若手・

中堅世代の役割が大きくなっていった。

聞き取り調査から、帰村の判断と思い、集落の変化の2点についてみてきた。次に、池谷と虫亀という2つの集落を取り上げ、これらの点をより具体的に考察していくことにしよう。

3. 個別集落の事例

3-1　池谷集落――営農組合の役割と世代交代

集落の概要

池谷集落は、旧山古志村の中央部に位置し、隣接する楢木集落・大久保集落とともに三ヶ地区を構成している。中越地震時には34世帯97人が暮らし、高齢化率は42.3％だった。当時は、約10ヘクタール（水田9ヘクタール、畑1ヘクタール）の農地で、25戸の農家（うち販売農家が16戸）が耕作し、3戸が畜産を営んでいた。中越地震による家屋の全壊率は100％で、もっとも被害が大きかった6集落の一つに含まれる。現地再生の基本方針を受けて、2005年10月から集落再生の計画を練る「集落再生地区別懇談会」が開催された。集落の全世帯に参加を呼びかけ、行政担当者とコンサルタントをまじえた意見交換が繰り返された。翌年の3月までに5回おこなわれた懇談会と2回の個別意向聞き取りなどにもとづいて、2005年度末に「集落再生計画」が策定された。

当初は2006年中の帰村がめざされたが、集落の合意形成に時間をかけたこと、さらには豪雪による被害の拡大もあり、帰村スケジュールは2007年末までに変更された。帰村時期の遅れや、平場での暮らしに慣れたこともあり、帰村予定者の数は徐々に減少していった。2006年2月の時点で帰村意向を示していたのは23世帯だったが、実際に帰村したのは13世帯の30名にとどまる。この時点での帰村率は、世帯数で38.2％、人口で30.9％となり、被害の大きかった6集落のうちでももっとも低い割合になってしまった。

中越地震から10年が経過した2014年時点で、池谷集落の世帯数は13、人口は28名である。三ヶ地区を構成する他の2集落においても、楢木が10世帯37名、大久保が7世帯10名と、いずれも世帯数で地震前のおよそ3分の

図表7–5　帰村者の状況（三ヶ地区）

集落名	震災前居住世帯	帰村意向世帯（2006.2）	帰村世帯（2007.12）			現在の世帯・人口構成（2014.10）				
			合計	自力再建	公的賃貸	世帯	人口（合計）	65歳以上	15～64歳	14歳未満
池谷	34	23	13	12	1	13	28	18（64.3%）	9	1
楢木	29	13	12	10	2	10	37	15（40.5%）	17	5
大久保	21	13	12	9	3	7	10	8（80.0%）	2	0

注：長岡市資料、および長岡地域復興支援センター山古志サテライトでの聞き取りによる。

1に減少した。高齢化率も3集落合計で54.7%となり、人口減少と少子高齢化が著しく進んでいる（**図表7–5**）。

このように三ヶ地区では、外見的には「限界集落」化が進行している。しかし、たとえば池谷集落から地震後に離村した21世帯のうち、18世帯が長岡市内と小千谷市内に居住している。車を使えば容易に行き来できる距離であり、集落に残した農地に毎日のように通ってくる人も多い。こうした実情を調査した徳野貞雄は、次のように述べている。「池谷集落が縮小・限界集落化しているのではなく、池谷の農地・自然や人間関係資源といった現実的基盤を軸に、一定の距離内に集落を変容させた『ネット型集落』を形成していた。もしくは他出者たちにとっては、『日帰り型集落』ともいえる形態を維持していたとも考えられる」（徳野・柏尾 2014：40）。ここでは、従来型の集落概念とは異なる、外に開かれた「修正拡大集落（ネット型集落）モデル」が提唱されている。この徳野の指摘を念頭におきながら、外見的・統計的には厳しい状況におかれながらもしぶとく存続している池谷集落について、みていくことにしたい。

営農組合「歩夢南平」

帰村後の池谷での生活を成り立たせている基盤として、営農組合「歩夢南平」の存在は重要である[3]。地震前の池谷集落では、各戸が個別で農機具や作業所を所有し、小規模ながら完結した農業経営をおこなっていた。しかし、中越地震によって農機具も作業所も壊滅し、棚田も崩壊してしまった。農地の復旧は基本的に公費でまかなわれたが、農業機械等を各農家が一通り新たに買い直すことは、きわめて困難な状況だった。

このまま放置すると離農と農地荒廃が進むと考えた当時の池谷区長（N氏）は、仮設住宅に入居中だった2005年に、集落で営農組合を設立することを提案した。しかしこの時点では、ほとんどの住民が自宅の再建をどうするかという問題にかかりきりで、営農組合の話は進展しなかった。帰村者の自宅のめどがついた2007年に、ようやく営農組合設立に向けた会合が開かれ、2008年3月に設立総会が開催された。

組合がスタートした時点での構成員は15戸で、一人暮らしの高齢女性を除いて池谷集落に帰村した全戸が加入した。その中には、地震で棚田が完全に崩壊したために離農した3戸も含まれている。まさに「集落ぐるみ」の組織としてスタートした。さらには、帰村しないで近隣の平場に自宅を再建した3戸も組合に加わった。各戸で機械を所有する個別経営志向の強い集落だったことを考えると、この組合は「地震がなければできなかった」といえる。

営農組合は、大型機械による水田の作業受託を主な事業内容としている。新潟県の復興基金から75%の補助を得て、残りは集落の自己負担により、共同作業場の新設と農機具の購入をおこなった。組合員のうち3名が、オペレーターとなって機械を操作する。組合の受託面積は、7ヘクタール（2008年）から10ヘクタール（2012年）に増加して、現在に至っている。組合員は、集落内で世帯分離した若手と大久保集落を離村して通い農業している世帯が加わり、17戸になった。

この組合は企業型の法人組織を志向せずに、全戸参加・共同出役型の任意組織という形態をとった[4]。農地を集約して少数の担い手に任せきりにするのではなく、機械作業以外の水管理等は水田を所有する各世帯でおこなっている。いったん農作業から離れてしまうと、農業に意欲を失い、仮に組合を解散して農地が所有者に戻ってきても、その土地の荒廃は避けられない。集落の農地を守るためには、「ぐるみ型」の任意組織がふさわしいと考えられた。小規模であっても稲作を続けることが「ここに住む意味」であり、組合員の80代の夫婦が「誰にも負けないぞ」と頑張っている。

営農組合の名称「歩夢南平」の南平は、池谷と楢木を含む区域を示す住所であり、集落名の使用は避けられている。固有名詞をつけると近隣の集落から頼みにくくなるからというのが、その理由である。現在、楢木から1件、大久保から2件の受託がある。基本的に経営は順調で、2013年には組合員に出資金の半額を返還した。その一方で、オペレーターは70代が2名、60代が1名で、徐々に作業が負担になってきた。オペレーターの後継者をどうするかがさしあたりの課題であり、集落の「若手」5名を対象に、2013年から春と秋に機械の講習会をおこなっている。

集落行事の合同と世代交代

山古志地域では、正月の賽の神と8月の盆踊りは、各集落のもっとも重要な年中行事だった。その年の無病息災と五穀豊穣を願う賽の神は、雪に閉じ込められた集落の人びとが顔を合わせる貴重な機会でもあったし、夏の盆踊りには他出した人も故郷に戻ってきて、集落の人びとと夜通し踊りを楽しんだ。しかし、人口減少によりそれぞれの集落が行事を維持していくことが難しくなってきた。とくに、もっとも人口の少ない大久保集落では、すでに行事が途絶えてしまっていた。

三ヶ地区で地域復興支援員を務めていたO氏は、帰村後に大久保集落でのお茶会で、かつての集落の盆踊りを懐かしむ高齢者の声を聞いた[5]。それをきっかけとしてO氏は、三ヶ地区の3集落合同で行事を開催できないかと考え、関係者に働きかけをはじめる。大久保集落は参加を希望し、当時の区長（N氏）がもともと3集落合同を考えていた池谷集落も賛成した。しかし、「集落の伝統行事は自分たちだけでおこないたい」と考えた楢木集落は難色を示した。合同行事の開催を可能にしたのは、（人間関係面でのしがらみの少ない）地区の「若手」への運営体制の切り替えだった。山古志公民館池谷分館のメンバー（20代〜40代の5人）が行事の運営を主として担い、「開催する集落の伝統やしきたりを第一に考える」としたことで、楢木集落の協力も得ることができた。2011年の賽の神と盆踊りから、毎年3集落合同で開催している。7月になると盆踊りの太鼓や音頭の練習が始まり、近場に離村した20代と30代の若い人や定年退職後の人も参加するようになった。これは、若手が運営を担っていることにもよる。

2012年の盆踊りからは、首都圏在住の旧池谷小学校出身者でつくる三ヶ校友会が、東京から1泊2日のバスツアーで参加するようになった。池谷小学校は三ヶ地区の3集落を校区としていたが、1975年に小学校のトランペット隊が東日本大会に出場したことをきっかけとして校友会が発足した。それ以降、楽器を寄付するなど故郷を支える活動を続けるとともに、池谷小学校が閉校する前年の1999年夏までは「民謡の夕べ」を故郷で開催し、引き続いて出身集落の盆踊りにも加わっていた。校友会には、地震後に出身者以外の会員も増え、この点でも「地震が面白い引き金になった」。集落の合同開催によって行事を存続させることは、3集落の協力の気風を醸成することによって、それぞれの集落を守っていくことにつながるだろう。そうすれば、故郷を離れた人びとも「帰る場所」を失わずにすむのである。

地震直前から池谷集落を運営してきた役員の高齢化も進み、全員が60代、70代になった。次第に区長のなり手を見つけるのが難しくなったこともあり、2013年度から30代〜50代はじめの「若手」5人に役員をすべて交代した。この5人が年齢順に1年交替で区長を務め、副区長や会計等の役員も交代で担っていくことになった。多くが長岡や小千谷に勤めをもっており、「本当にやっていけるのか」という心配もあったが、もとの役員から3名が相談役として残り、引き継ぎの役割を果たしている。

集落の運営のみでなく、先にみた合同行事の準備や運営でも「若手」が中心的な役割を果たしているし、集落の神社の注連縄ないや営農組合の機械作業についても経験を積んでいる。池谷集落では、地震時に50歳前後だった世代がごっそりと離村してしまったため、世代交代も一挙に進めるしかなかった。必要に迫られて思い切った若返りを試みたわけだが、うまく次の世代にバトンタッチができたといえる。

リーダーと外部支援者

営農組合の設立や年中行事の合同開催、若手への世代交代にみられたように、中越地震が引き金を引いた危機的な状況に対して、ゆるやかなまとまりの再構築によって対応がはかられてきた。こうした対応を可能にした要因として、ここでは集落のリーダーと外部からの支援者という対照的な性格をもつ二人の存在を指摘しておきたい。

地震の前後9年間にわたって池谷集落の区長を務めたのは、現在70代後半のN氏である。池谷に生まれたN氏は、トンネル工事の現場監督などに従事した後、1989年から2005年までの4期にわたり村議会議員も務めた。N氏は、つねに先を見越して必要な手を打っていくタイプのリーダーである。営農組合の必要性にも早くから気づき、帰村を見据えて準備を積み重ねてきた。組合の設立で復興基金等を利用するにしても、一定の自己負担分が発生するので「仮設にいた3年間本当にけちけちして、集落に来たお金を全部蓄えていた」という。中山間地直接支払いや減反調整金などを蓄え、集落の神社の特別会計もあわせて資金を準備した。それによって営農組合の分だけでなく、緊急田直し事業の個人負担分や集会所建設の集落負担分もまかなうことができたのである。

池谷集落の集会所は、集落からやや離れた交通の便のよい場所に新設された。三ヶ地区の楢木・大久保の両集落からも行き来がしやすく、スペースも確保されているため、合同盆踊りの会場として毎年利用されている。N氏は、仮設住宅で避難生活を送っていた時点ですでに、将来の集落合同も視野に入れて、3集落共用の集会所にするプランをもっていた。他の集落の賛同が得られなかったため、集落ごとに集会所を建てることになったが、池谷集会所は合同行事の場として活用されている。

N氏は帰村前の時点ですでに、10年後、20年後にどう地域を残していくかに思いをめぐらせていたが、その背景には次のような考えがあった。「誰か帰って生活の煙を上げていれば、何かの時に役に立つだろう。私の集落で、終戦直後63世帯にふくれあがったことがある。何かの時に帰ってこれる場所。地震にあうまではそれほど痛切に感じなかったが、自分で地震にあってから関東の方に出かけて、ここら辺で地震が来たらどんなになるんだろうと。捨ててしまえば何にもならん地域になるけれども、そういった時に役に立つ」。敗戦後に焦土となった都市部からの帰還者を迎え入れた経験を想起し、今後首都圏が巨大地震に襲われた際にも同じ役割を果たしうると展望している。山古志での「生活の煙」は、地震体験を経たからこそ、たんなる故郷というよりももっと切実に「帰ってこれる場所」として意味づけられている。

N氏のリーダーシップは、集落・地区の存続に大きく寄与してきた。しかし、ある意味先が「見えすぎる」ために、周囲がついてこれなかったり、反発を招くこともありえただろう。その際には、イメージや問題意識を共有しつつ、別の方向から働きかける存在が必要になる。外部支援者として地区の中で重要な役割を果たしたのは、三ヶ地区担当の地域復興支援員を務めるO氏である。

O氏は長岡市内在住の現在50代後半の女性で、中越地震発生後すぐに避難所でボランティアをはじめた。たまたまそこが三ヶ地区の人びとの避難先だったこともあって、それ以降この地区の支援に携わってきた。仮設住宅に移ってからは生活支援相談員として、山古志に帰村した後は地域復興支援員として支援を継続している。

前述のようにO氏は、集落行事の合同開催や若手への世代交代が必要と考え、関係者に働きかけて実現させてきた。「集落がバラバラだと三ヶが丸ごと消滅してしまう」という思いから、若手を説得し、反対する集落に何度も足を運んだ。各集落はそれぞれの歴史や伝統をもっており、できるだけ独自に行事を維持したいという考えが強い。池谷区長のN氏が合同の必要性を強く感じていても、それをみずから持ち出すことは難しかった。O氏は、これまでの「しがらみ」から自由な外部の人間として、内部の人間にはいえないことをいうことができた。しかも地震以降の10年間にわたり継続して支援を続けてきたことで、各集落の住民とは厚い信頼関係を築いている。「もう地域の一人だという見方をしている」(N氏)という声もある。O氏や若手が前面に立つことにより、はじめて合同行事の開催が可能になったのである。

仮設住宅に避難していた時期には、集会所で三ヶ地区の3集落の誰でも参加できる「お茶会」が実施されていた。帰村後は、それぞれの集落でのお茶会となったが、そこには帰村しなかった人や他集落の人が参加することはなかった。仮設の時にせっかく築いたつながりを帰村後も再現したいと思い、O氏は「ふさんこって会」(山古志の方言で「お久しぶり」の意)を企画する。2008年秋から年1回開催し、離村した人も含めて40人前後が参加してきた。この場でも、野菜づくりについて助言しあうなど集落を超えた交流がなされている。「新しいことにチャレンジしてもらうきっかけ作りや後押しは、よそ者だからできるおせっかい。支援員である私たちの役目」とO氏は語る。

3-2　虫亀集落――集落秩序の変容

集落の概要

虫亀集落は、山古志地域の北西部に位置し、旧長岡市に隣接している。集落内には、診療所や郵便局、商店、ガソリンスタンド等が立地しており、他集落よりも生活基盤は整っている。中越地震の被災時には、144世帯436人が暮らしており、高齢化率32.1%だった。集落のおよそ85%が半壊以上の被害を受け、全壊率は2割ほどである。池谷集落などに比べれば、被害の程度は小さかったといえる。避難指示は2005年7月に解除され、住宅の修復・再建が進んでいった。2006年中には、帰村を選択した世帯のほとんどが集落での暮らしを再開している。

2008年時点での居住者は118世帯344名だった。帰村率は世帯・人口ともに8割前後で、山古志地域の平均よりも高い。離村を選んだのは高齢者が多く、子どもをもつ世代はほとんどが帰村したということである。仮設住宅の井戸端会議で若い子育て中の母親たちのつながりが強くなり、「山古志なら子どもを伸び伸び育てられる」という考えが共有された。親が迷っていても、「子どもに引っ張られる形で」帰村を選んだ世帯も多かった。2013年時点では、118世帯308名が居住し、世帯数に変動はない。

虫亀集落は、山古志地域の中でもとくに養鯉業が盛んな場所である。養鯉業に従事する世帯は、集落全世帯の約6割にのぼり、地震の前後で大きな変化はない。うち養鯉業専業の世帯は6戸ほどであり、「趣味的に」鯉を飼う家も多い。集落内の養鯉池は、1,271区画66.8ヘクタールで、山古志地域全体の約4割を占めている（坂田ほか2012）。傾斜地に養鯉池（棚池）が広がる独特の風景は、山古志を代表する景観として写真愛好家などのファンも多い。水田は17.6ヘクタールで、養鯉池の4分の1ほどにすぎない。

集落運営の変化と復興事業

虫亀集落は、区長・副区長（会計）と、集落を4つに分けた部から各1名選出される協議員によって構成される協議委員会が運営にあたってきた[6]。比較的高齢の男性が前年通り無難に運営する形が続いてきたが、中越地震の際のように集落ごと避難するような突発的状況に臨機応変に対応することは難しかった。前例のない課題に応じて変革を進めることができず、後にみるように、運営のあり方について集落の女性たちから抗議を受ける事態も招いた。

中越地震の後、集落の運営体制にいくつかの変化がみられた。まず、協議委員会に集落から選出された地域委員会の委員（40～50代）の3～4名が加わり、構成員の若返りがはかられた[7]。さらに、集落の復興事業を進めるため、2007年に新たに「コミュニティ会議」が設立された。集落の役員に加えて、地域のさまざまな団体や住民グループから委員を選び、総勢30名で構成されている。とくに女性や若手といった、これまで集落の運営にかかわってこなかった層を意識的にメンバーに加え、委員のおよそ3分の1を女性が占めることになった。古い集落体制を引きずらずに、地域にかかわる多様な人たちを集めることができた。

コミュニティ会議はコンサルタントを加えて2ヶ月に1回程度開催され、集落の復興計画の策定が進められた。とくに「地震の前には女の人はあまり表に出なかった」のだが、コミュニティ会議の場では積極的に発言するようになった。発言の内容も、たとえば近所に空き家ができて雑草が見苦しい、蜂の巣が危険なので取り除いた方がいい、といった身近な生活にかかわるものが多かった。こうした女性たちの姿勢が、コミュニティ会議のコンセプトになっていった。遠い先のことばかり考えるのではなく、その日にできることをしていけば明日への希望が生まれる、という考えが共有された。危機的な状況の中で、日常的な対応を積み重ねていくことで、手応えと自信をつかんでいったといえる。

集落の運営体制を組み替えつつ、虫亀集落では積極的に県の復興基金による事業を導入・実施していった。まず「地域コミュニティ施設等再建支援」（2006～2007年）などにより、神社や鳥居、集落センターの修繕をおこない、街灯の修理も進めた。「コミュニティ形成プラン」(2007年)、「集落共用施設等維持管理」(2008年)、「復興デザイン策定事業」(2009～2010年)、「復興デザイン先導事業」(2011年)等については、コミュニティ会議の議論により計画を策定していった。将来の姿として「安心して暮らし続けられる『常住のむら』」をかかげ、庭や畑の手入れや花の種を配るなどの環境整備、見所や撮影スポットを示した地図の作成、旧虫亀小学校の活用、集落の高齢化に対応した地域福祉の試みなどが取り組まれている。

農家レストラン「多菜田」と女性たち

虫亀集落では、地震をきっかけとして女性が変わったといわれる。その象徴的な存在が農家レストラン「多菜田」である[8]。発端は、帰村後の2007年1月に、集落の女性4人が集まってお茶を飲みながら話をしたことだった。地震後に受けた支援のあたたかさや、元気に暮らしている様子を見に来て欲しいといったことが話題になった。この4人は、地震前の2002年から虫亀闘牛場の観客に食事をつくって提供した仲間でもある。闘牛場での経験は楽しかったので、今度は食堂をやってみようと話がまとまっていった。

農家レストラン「多菜田」（長岡市山古志）

2007年秋までに土地を借りるめどがついたので、地域振興局に相談に行った。翌2008年に県の復興基金に申請し、建設事業費の約4分の3にあたる1,500万円弱の助成を受けることが決まった。残りはメンバーが一人100万円の出資金を用意し、さらに消耗品代も負担した。建物を新築し、家族や虫亀区長、中間支援組織などの応援も得て、その年の12月に「多菜田」のオープンにこぎ着けた。集落の女性だけでこのような事業を起こすことは、地震前には想像もつかなかったことである。

開店時のメンバーは、元学校栄養士（50代、代表）、養鯉場（60代）、農家（60代）、美容師（60代）の女性たちだった（年齢は当時）。初めのうちは、集落の中でも「出る杭は打たれる」という雰囲気があり、「金に困らない人たちが始めた」とやっかみ半分の陰口も聞こえてきた。しかし徐々に、集落の人たちも錦鯉の客や親戚を連れて利用してくれるようになった。「地域に貢献したい」という気持ちもあり、冬場に安い弁当を出したり、一人暮らしの家に宅配をおこなったりもしている。やがて「多菜田」は、地元の新鮮な食材を用いて昔ながらの調理法でつくった定食や弁当が評判の人気店になった。開店時のメンバーは、年齢的なこともあってすでに2人が引退した。「山古志のおいしい食を終わらせたくない」ので、経営を軌道に乗せて次の世代にバトンタッチできればと考えている。

もう一つ、地震前には考えられないできごとがあった。仮設住宅に避難している時期に、集落の女性10人ほどが、支援物資の扱いをめぐって結束して集落の区長に抗議し、何度か話し合いの場をもったのである。本当に平等、公平に物資が配分されているのか疑問に感じてのことだった。全国からの暖かい支援に対する不明朗な扱いは、「絶対に許せないという気持ち」になった。集落の総会でも「思っていても発言しない」男性に対して、この問題を取り上げた。女性たちが声をあげるなんて、「みんな信じられなかったと思う」。このできごとは、集落運営の変化やその後の女性たちの活躍に結びついていった。

集落秩序の変容と担い手

中越地震という非常事態は、旧来型の集落秩序の危機を呼び起こした。地震をきっかけとして、運営を担ってきた層の対応能力の不足や不備が露呈し、それに代わる新たな運営体制の整備や女性たちの台頭が実現していった。こうした変化は、多様な人びとの行動の交錯と連関によってもたらされたのであろうが、変化を主導する役割を果たした個人の存在も無視できない。ここでは、代表的な2人の人物に焦点を当ててみよう[9]。

まず、地震の翌年から副区長(2005～2006年)、ついで区長(2007～2013年)として虫亀集落の運営を担い、復興事業を積極的に導入してきたP氏である。P氏は、現在70代前半。虫亀集落にある寺の長男として生まれ、東京の大学を卒業した後、故郷に戻って当時の山古志村役場に就職した。寺の跡も継ぎながら定年まで役場に勤め、その後3年間は山古志商工会に勤務した。中越地震に遭遇したのは、商工会の仕事をしていた時期である。こうした経歴をもつP氏は、経営感覚に優れたアイディア豊富なリーダーとして虫亀集落の復興に携わっていく。

P氏は、副区長になった2005年から集落の環境整備と補助事業を担当した。虫亀集落は、先にみたように復興基金メニューの中で利用可能な事業を次々に導入していったが、それを主導したのがP氏だった。帰村後の各段階で集落の復興に必要な事柄や課題を見つけ出し、事業化していったのである。基金によって全額補助が得られない場合の自己負担分は、集落に来た義援金などでまかなった。「コミュニティ形成プラン」や「復興デザイン策定」などの際には、前述の「コミュニティ会議」で議論を重ねていったが、この会議の創設もまたP氏の発案による。長老たちによる「無難な」集落運営では、「とてもじゃないけど復興に対応できない」と考え、「大勢の人の意見を聞く」会議を新たに立ち上げた。集落内の主だった人の「顔とか名前とか、だいたい頭に入っていた」ので、とくに女性や若い世代をメンバーに加えていった。この会議への参加を通じて、地域への思いや考えを育まれた住民も多いだろう。

虫亀集落で重要な役割を果たしたもう一人は、農家レストラン「多菜田」の代表を務めるQ氏である。彼女は、集落の女性部の代表として「コミュニティ会議」のメンバーにも選ばれている。また、地震後に集落運営に対して異議申し立てをした女性たちの一人でもあった。Q氏は山古志地域の種苧原集落出身で、山古志村役場に勤務する男性と結婚し、虫亀集落で暮らし始めた。しばらく山古志村の学校栄養士をしていたが、その後長岡市内の学校に異動になった。市内に通勤していたため、集落の行事に主体的にかかわることはあまりなかった。

Q氏の集落への思いを一変させたのは、地震直後の出来事だった。激しい揺れに襲われた集落の人びとは、ほぼ全員が旧虫亀小学校に避難してきた。当時の住民450名ほどに品評会に来ていた錦鯉関係の客やカメラマンなどが加わり、避難者は600名近くになった。ヘリコプターによる避難が完了するまでの2日間ほど、600食の炊き出しを集落の女性たちがおこなったのである。米や湧き水、鍋や釜、野菜などを住民が持ち寄り、協力して大量の炊き出しをおこなった。「必死にみんなで支え合っている、それが私にはすごく新鮮で、その中の一員として自分も入れてもらっているのがうれしかった。……はじめて私も虫亀の母ちゃんの一人だなっていう気持ちがもてた」。これまでは「地域の中で一つになることがあまりなかったが、みんながいい体験をすることができた」と感じた。

しかしQ氏は、その後長岡市内の仮設住宅で暮らしながら、山古志に帰村するかどうかは迷っていた。勤務の関係で市内に友人も多く、離村しても人間関係に困ることはなかったし、地震で半壊になった自宅は、豪雪のせいもあって傷みもひどくなっていた。まして当時は、無残に崩れ落ちた山古志が、復興してもとの状態に戻れるとはとても考えられなかった。「私はここ（長岡）に残ってもいいなと思ったんですけど、老後のことを考えると」やはり迷いが生じた。退職後は、夫は趣味の錦鯉を、自分も大好きな畑仕事や山菜・キノコ採りを楽しむつもりでいたからである。「場所」としての山古志の魅力や地震直後に集落で協力しておこなった炊き出しの様子を想起し、虫亀に戻ることに決めた。帰村後は「多菜田」の活動を中心に、「元気に暮らしていることをアピール」している。

帰村・再建後の虫亀集落は、戸数が30戸ほど減ったこともあり、皆で協力していこうという雰囲気が強くなった。地震前は「まとまりがない集落」といわれていたが、以前よりも「足引っ張りがいなくなった」（P氏）。住民が同じようなつらい経験をして、「みんなが山古志に戻ろうと思って戻ってきた。考えて自分の場所として戻ってきた人たちだけだから」まとまりのある地域になった（Q氏）とみている。

4. むすび――「復興」の条件

4-1　地域空間の変容

中越地震で壊滅的な被害を受け、全村避難を経験した山古志地域は、再生に向けて今日まで歩みを続けてきた。本章で取り上げた池谷集落では、近年急激に世代交代を進めて集落の運営体制を一新した。地震後に中堅世代の多くが離村したため、必要に迫られてのことではあったが、戸数が減少した集落にあって将来への希望を感じさせる変化である。また他方で、集落間の壁を低くして、三ヶ地区の紐帯を積極的に利用する動きも見られた。それによって、集落単独では維持が困難になってきた行事を合同で存続させ、離村した通い耕作者を農地の維持のために活用し、かつての出身者を地域のサポーターとして巻き込んでいく体制がつくられた。

集落の規模や条件の異なる虫亀集落でも、地震を契機とした大きな変化が見られた。地震後に集落の運営体制が変更され、女性や若者、中堅世代を加えた議論の場が新たにつくられた。とりわけ、これまで表立って活躍の場が与えられてこなかった女性たちが、声をあげ、活動する空間が開かれていった。被災者にとって災害は、多くのものを失う、つらく厳しい経験である。その一方で、（プラスの意味でもマイナスの意味でも）時計の針を進め、場合によっては新たな可能性を切り開くきっかけになりうる。

山古志地域では、少子高齢化などの地域存続にとっての危機が、地震前から着実に深まりつつあった。しかし旧来の集落秩序のもとでは、危機は危機として十分に認識されず、これまで通りの運営が続けられてきた。変化は好まれず、女性や若者が口を出せる範囲は限定されていた。現状に危機感を抱いていた人びとも、秩序に変化をもたらすことは容易ではなかった。

地震という過酷な経験は、人口や世帯の変動をもたらしただけでなく、危機的事態への対処能力の有無を明るみに出し、集落秩序に揺さぶりをかけた。秩序のゆらぎによって開かれた空間で、これまで温めていた構想を実行に移すリーダーや、想像もできなかった仕方で能力を発揮する女性たちが現れてきたのである。

それを可能にした条件の一つとして、これまでもふれてきた「新潟県中越大震災復興基金」をあげることができる[10]。地域復興支援員の設置もこの復興基金によるものだった。山古志地域では前述のO氏を含む４名が活動している。復興支援員は、集落にとっては「あっちさん」（山古志方言で「よそ者」の意）であり、住民にはいえないこと、いいにくいことを口に出すことができる。住民が発言すると、それだけで「なんだあいつ、偉そうに」と反発を買ってしまう。だから住民からは、「Oさんがいなかったら合同行事はできなかった」という声が聞かれる。合同行事の開催には、O氏自身の思いも込められていたが、それはN氏をはじめとする人びとが実現させたかったことでもあった。集落の側で、O氏の力を借りて合同行事や世代交代を実現させていったともいえる。

それ以外の復興基金事業についても、山古志地域の各集落は積極的に活用していった。復興基金の仕組みが「地域の主体性」を引き出したといえるし、他方では集落の住民たちがそもそもやりたかったことを、基金を利用して形にしていったという側面ももつ。事例として取り上げた池谷・虫亀の両集落では、住民たちが集落の秩序、枠組みや位置づけを変化させながら、復興支援員制度を含む基金事業をしたたかに活用していったといえるだろう。

集落内の諸関係にみられる「日本社会の深層構造」（細谷 2014）は、震災直後の危機的事態において、全成員を対象とした助け合い・協力を可能とし、避難所や仮設住宅でも秩序の維持や生活の安定に役割を果たした。また、帰村後の営農組織も「ぐるみ型」が志向され、復興支援制度の活用主体としても集落は不可欠だった。その一方で、震災の衝撃により、集落の運営体制に変化がみられるとともに、「外部との交流・ネットワーク」（佐久間 2011）、「ネットワーク的な関係」（秋津 2009）の比重や意義が増している。集落の基底的な関係は維持されたまま、より外部に開かれた形で集落秩序が再編されつつあるといえそうだ。内部・外部の構成を組み替えながらも、基礎となる集落自体は、なお強靱な持続性を示しているように思える[11]。

4-2 「自治」への意識

地震前からの人口減少と少子高齢化は、中越地震によって一挙にそのスピードを速めた。復興基金などによる事業の実施によっても、この趨勢を押しとどめることはできていない。こうした状況を住民はどのように受けとめているのだろうか[12]。

「10年後は考えないことにしようってことになったんですよ。考えてもしょうがない。暗い話しかないので。3年後、5年後ぐらいが山古志の将来像であって、それから先はまた5年経ってから考えればいい」(男性、40代)。将来推計の数字からは、なかなか明るい展望を描きにくい。他方で、「個人的には、もっと人口が減っても全然構いません。……好きなことができるエリアが広くなるので。趣味が錦鯉なんで、もっと面積があっても楽しめる」という言葉も聞かれた(男性、40代)。同世代で話すとそんな話になるという。しかし、「皮肉というかあきらめも含めて」のことである。

2節でみたアンケート調査の自由回答欄には、豪雪への対応や公共交通の問題、高齢化・過疎化の問題など、山古志地域が抱える多くの課題が記されていた。このような課題は、地震がなかったとしても遅かれ早かれ顕在化したと思われる。「地震があってよかったと思っているんです。本気で。失ったものもあるんですけど、いまとなってみれば、地域のそういった課題が浮き彫りにもなりましたし。現実的に地域の住民の力、結束力みたいなものがすごく上がったと思います。このまま、合併をしたままの小さな村だったらジリ貧だったと思うんですけど、地震をきっかけにいろんなことを皆さん考えてくれた。『このままじゃダメだ』とか『自分たちがやらなきゃ』みたいな思いに変わった」(男性、40代)。

同じような課題を抱える地域は、日本中に数多い。山古志では地震によって一気に課題が顕在化したために、多くの住民が自覚的に考えるようになった。地震は、課題を先送りにしながら、ぬるま湯の中で眠り込みそうになっていた住民を、覚醒させる役割を果たしたのである。「前は見ているだけ。話もそんなにすることはなかったですけど、地震の後は地域をどうしていくか、どういうふうに活性化していきたいみたいな感じで、話をする機会が増えてきました」(女性、40代)。

若い世代や女性を含めて議論していくことにより、課題がよりいっそう自覚され、明確になっていく。どれも簡単に解決できるものではないが、それを他人任せにするのではなく、住民主体で取り組んでいこうという「自治」意識も定着しつつある。「自分たちのことは、面倒でも自分たちでちゃんと考えなきゃいけないと思います。たしかに疲れますよ。毎晩のように話し合いをしたって議論は尽きないですけど、その結果としてどこかにいくと光がみえたり方向がみえたりするものなので、面倒でも地域の中でそういう思いをもっている人たちが集まって、話をしないとだめだと思います」(男性、40代)。

「地震があってよかった」という言葉に代表されるような捉え返し、帰村して山古志に暮らすことの積極的な意味づけが、被災経験を受け入れて次に進むための基盤をなしているように思われる。もともとの規模が小さく、さらに地震を経て多くの点で縮小した山古志地域だが、そのぶん地域活動の成果は目に見えやすくなった。活動にやりがいを感じ、「自治」の担い手としての有効性感覚を得やすくなったのである。「山古志全体が活気づいていくのに自分が携われることが、ちょっとうれしい。……そういうのに積極的に携われるのは、自分もその中でなにかできるんだなって思うのは、生きがいでもありますし、自分の楽しみにもなっています」(女性、40代)。

4-3　地域存続の担い手

地域の持続にとって、一つの鍵を握っているのは離村者との関係であろう。地震の前までは、離村者に対して「村を捨てた」という冷ややかなまなざしが注がれることが多かったという。しかし、地震後の急激な人口減少を前にして、「そんなことをいっている場合」ではなくなってきた。「いまでは、来てくれて、畑を耕してくれたり、お墓を管理してくれる人も、ある意味協力者」なのである。実際、地震後の離村者は、山古志地域に農地を残して、そこに「通勤」可能な長岡や小千谷に居を構えた人がほとんどである(地震前は、ほとんどが農地を売却して離村していた)。地域と縁が切れた「完全離村者」は少数で、毎日のように水田や畑、養鯉のために通ってくる人も多い。だから、「24時間、12ヶ月山古志にいてくれなくても、いいんじゃないかな。……地域の元気のヒントは、そこにちょっとある」(男性、40代)。「ネット型集落」(徳野ほか 2014)は、池谷集落のみでなく山古志地域全体で見いだすことができる。

こうした近場の離村者を、たとえば集落の祭りや道普請にうまく巻き込んでいければ、住民票の上で集落人口が減少しても集落を維持していくことができる。池谷集落(三ヶ地区)の行事や営農組合の事例では、意識的に離村者のかかわりを重視した取り組みがなされていた。しかしその一方で、「通い農業」を営んでいる人が、次の世代に代替わりできるかという問題は残る。本人は山古志での農作業を生きがいとしていても、その子どもや孫の世代に経験が引き継がれるかどうかが懸念される。池谷集落が集落運営や行事の担い手を思い切って世代交代することによって、たとえば祭りに同世代の離村した「若手」を巻き込んでいる事例は、こうした懸念を打ち消していく可能性をもっている。

地域が存続していくためには、もちろん帰村した若い世代の動向も重要である。中越地震以前、学校を卒業した若者は、田舎暮らしを嫌って東京などの都会に出ていくのが一般的だった。「地震を境に子どもたちが、うちの子もそうなんですけど、山古志にかかわっていきたいといってくれてるんです。……20代の子は本当に残ってますね。30代も比較的いるのかな。(地震の影響は)もう間違いないと思いますね。一歩外に出てあらためて見直した部分、気づかされた部分で、きっと山古志のことを外からの目で見たんだと思うんです」(男性、40代)。池谷集落で合同行事を中心的に担っている公民館分館長の男性(30代)も、地震をきっかけとした心境の変化について語ってくれた[13]。「地震が起きる前はやっぱり出たかったですよね。長岡かどっかに出たかった。でもやっぱり地震が起きて長岡で一人暮らしをして、その時やっぱり山に帰りたい、いずれは山に帰ろうって。自分でも不思議なんですよね。……山は声かければ返ってくる。みんな知ってるし。その辺なのかな、山に住みたいって思ったんです」[14]。

地震を契機として、若い世代の中で山古志に対するネガティブな考えが反転し、新たな意味づけが獲得された。避難先の仮設住宅や学校で山古志のことを距離を置いて見つめ直したこと、周囲の多様な大人たちやメディアが山古志のことを積極的・肯定的に語っていたことなどが契機となり、「外からの目」が内面化されたと考えられる。「いまいる若者がどんだけ見せられるかだと思うんです。山古志で残ってる若者が、こんなことやって山古志を盛り上げようとしてるところを見せるのが、まず第一歩かなと思ってます」(男性、20代)。若い世代に、地震を契機として地域に強い愛着をもつ層が現れていることは、地域の持続可能性を考える上で重要な意味をもつだろう。ただ集落や地域のさまざまな役割や期待が、彼らに集中することは心配である。この世代の「思い」を、周囲がどう支えるかが課題である。

集落を基礎におきつつ、それを補完する外部――三ヶのような地区、山古志地域、その外側にいる通い農業者や行事の参加者、出身者の集まりや支援者のネットワークなど――が、ゆるやかに重層的に広がっている姿は、地震によってはからずもつくり出された地域の新しい形である。今後、少子高齢化が加速して日本社会全体が確実に縮小していく中で、どうすれば暮らしと地域社会を維持することができるのか。現在の世代が生きがいをもって充実した生活を送り、それを次の世代につなげていくことは、どうすれば可能なのか。地震の衝撃で地域課題を自覚し、手応えを感じつつ地域活動を担う人びとを生み出してきた山古志地域は、人口減少社会における地域持続の一つのモデルになりうるかもしれない。

注

1　近年盛り土によって新たに形成された道路や住宅団地は、中越地震で大きな被害を受けた。その一方で、かつて村人が人力で構築した村道・隧道・神社の被害は軽微だったという（渡辺 2013）。また豪雪に耐えてきた家屋の構造は、地震の際に倒壊による被害を最小限に食い止めたと考えられている。

2　山古志地域「こころとからだの健康調査」（長岡市山古志支所・新潟こころのケアセンター・新潟大学が共同実施）。アンケート調査（2013 年 7 月）の対象者は、18 歳以上の山古志地域住民（配布 1,116 票、回収 837 票、回収率 75％）。留置法で実施した。

聞き取り調査（2013年7月～10月）の対象者は、山古志地域に住む20～60代の男女8名で、山古志地域委員会や地域の総合型クラブなどにかかわる比較的活動的な層である。この調査の全体については、新潟県長岡市山古志支所ほか編（2014）を参照。

3　以下の記述は、2006年7月、2010年9月、2014年3月～11月におこなった、池谷集落（元）区長N氏への聞き取りと関連資料にもとづいている。なお、中越地震後の池谷集落の取り組みについては、伊藤（2008）、陳（2013）、稲垣ほか（2014）も参照。

4　営農組合の性格づけに関しては、伊藤亮司の指摘からも学んでいる。「農村、中でも中山間地域においては、元来、等質性が高く構成員が密につながる『横並び意識』『平等負担』を特徴とする集落の論理の中で、稲作農業を核とした地域共同活動・自治がおこなわれてきたのであり、それが高齢化・担い手不足の進行により『全員参加をより強める』方向での危機対応が志向されていると理解できる」（伊藤 2010：14）。

5　以下の記述は、2014年3月～11月におこなったO氏への聞き取りと関連資料、前掲のN氏への聞き取り、2014年5月の池谷分館長への聞き取りにもとづいている。池谷分館は三ヶ地区の3集落を範囲とした組織で、池谷3名、楢木1名、楢木から長岡市街に他出した1名が現在の役員である。

6　以下の記述は、2014年5月におこなった虫亀集落前区長P氏への聞き取りと関連資料（虫亀コミュニティ会議編 2007、山古志虫亀集落編 2011、ほか）にもとづいている。

7　地域委員会とは、長岡市に合併した旧市町村単位におく自治組織のことを指す。山古志地域では14名が委員となって、地域の施策やまちづくりについて検討・提案をおこなっている。

8　以下の記述は、2012年7月、2014年6月～7月におこなった「多菜田」代表のQ氏への聞き取りと関連資料にもとづいている。「多菜田」に関しては、稲垣ほか（2014）も参照。

9　以下の記述は、前述のP氏とQ氏への聞き取りと関連資料にもとづいている。

10　復興基金事業は、行政が一律に事業内容を決めて適用していくのではなく、ボトムアップによってメニューをつくり替え、地域の状況に応じた柔軟な使用を可能にした。事業の実施を通じて、地域の主体性を引き出す支援が可能になったといえる（稲垣ほか 2014）。なお、公益財団法人新潟県中越大震災復興基金ホームページ（http://www.chuetsu-fukkoukikin.jp/index.html）参照。

11　集落内部の関係（「結束型」ソーシャル・キャピタル）と外部とのネットワーク的な関係（「橋渡し型」ソーシャル・キャピタル）が重層的に存在する形に地域空間が変容してきたといえる（パットナム 2006：19-20）。

12　以下の記述は、山古志地域「こころとからだの健康調査」の聞き取り調査で得られたデータにもとづいている（注2参照）。

13　この部分の記述は、2014年5月の池谷分館長への聞き取りにもとづいている。

14　山古志の人びとは、故郷を離れて「他者」の目で山古志をみることによって、あらためてその価値や意義を再認識した。山古志を〈再発見〉し、その空間をかけがえなのない「場所」として照らし出すことができた。「場所」としての山古志については、松井（2008a、2008b）および次章を参照。

第8章　「場所」をめぐる感情とつながり
——災害による喪失と再生を手がかりとして

1. はじめに

東日本大震災から1年半近くが経過した2012年夏、津波の被災地はどこも夏草に覆われていた。壊れたビルや地面を埋めつくしていたガレキは撤去され、かつてそこにあった街や人びとの暮らしの痕跡は見当たらない。歩く人のいない夏草の間の道路を、トラックやダンプが土煙を上げて通り過ぎていく。生活の彩りを欠いた静けさ。いわき市の沿岸部でも、女川町や陸前高田市など宮城県・岩手県の海沿いの地域でも、どこに行っても奇妙なほど同じ風景が広がっていた。

陸前高田市の「一本松」

津波被害に原発事故の影響が加わった福島県浜通りの自治体は、とりわけ深刻な状況におかれている。多くの住民が避難を強いられ、福島県内を含む日本全国に離散したままである。震災被害を免れた人びとの生活が、「何事もなかったかのように」元通りになるにつれて、被災者の焦りや「置いてきぼり」感は深まっていく。

震災後すぐは、日本中で「絆」や「日本は一つ」という言葉が連呼されていた。想像を絶するような地震や津波の映像が繰り返し流され、大きな衝撃を与えた。また、深刻な被害を受けながらも、大声も出さず、暴動も起こさずに秩序立って行動する被災者の姿や、孤立した集落で力を合わせて急場を乗り切ってきた人びとの様子は共感を集め、多くの支援が寄せられた。

ところが時間がたつにつれて、被災地内外の「温度差」があらわになっていく。「福島産農産物や被曝した瓦礫の受け入れをめぐって被災地とそれ以外の地域で相互に傷つけあう状況すら招かれた。『絆』は自分たちの『世間』のなかで互いの主張を貫くためにしか機能せず、実は連帯よりも分断を導く」（武田 2012：39-40）。コミュニティは、津波と原発事故によって失われるばかりか、こうした「世間」の無理解や拒否、無関心や風化によって二重に失われる。さらには、先行きの見えない不安な状況を強いられるなかで、被災地内部にも格差と分断が広がりつつある。津波で家が流された人と残った人、県内避難者と県外避難者、家族のなかの高齢世代と子育て世代、などなど。

本章では、未曾有の災害によって危機に瀕した地点からコミュニティについて考えてみたい。ふだんの暮らしにおいては意識化されないようなコミュニティの諸側面が、震災による喪失と不安のなかで浮かび上がってくるに違いない。そこには問い直されるべき否定的契機とともに、未来を開いていく可能性の芽を見いだすことができるだろう。

2. コミュニティと「場所」

コミュニティとは多義的な概念であり、論者によってさまざまに用いられてきた。もっとも一般的には次のように定義されよう。「コミュニティとは、親密で深い絆によって相互に緊密に結ばれた社会関係のネットワークであり、通常、一定の地理的な範囲の上に成立し、『われわれ感情』を生成するような集合体である」（松本 1995：214）。こうした「親密で深い絆」や「われわれ感情」によって特徴づけられる社会集団は、近代化や都市化の進展とともに、特定の機能や目的、利害関係を中心とする集団に取って代わられるといわれてきた。一般的には日常生活におけるコミュニティの役割は縮小していると考えられるが、コミュニティへの関心自体は持続している。地域社会の存在感や地域的な関係が薄れるにつれ、(だからこそ) その見直しへの関心は高まっている。この点を、〈空間と場所〉という視点から考えてみよう。

空間と場所

私たちの生活は、コミュニティを含む特定の空間とかかわっている。この空間のうち、とくになじみ深く、思い入れの強い部分を「場所」と呼び、それとの対比で「空間」も再定義されるようになってきた。

空間は、客観的で抽象的な広がりを意味しており、私たちの経験や意味づけとは無関係に存在しているものである。それに対して場所は、ある人びとにとって格別の意味をもつような特定の空間を指す。イーフー・トゥアン によれば、「ある空間が、われわれにとって熟知したものに感じられるときには、その空間は場所になっている」。たとえば、「故郷の町は、親密な場所である。そこは、優れた建築もなければ歴史的魅力もない平板なところかもしれないが、しかし自分の故郷の町が他所者から批判されると腹が立つ」。通りすがりの人からみればとくに特徴も魅力もなく、どうでもよいような空間であっても、「子供時代に木に登り、ひび割れた歩道で自転車を走らせ、池で泳いだ」経験は、その空間を自分にとって特別な場所に変える (トゥアン 1993：136, 256-257)。

私たちのアイデンティティは、こうした「生きられた空間」である場所の記憶と分かちがたく結びついている。また私たちの日々の暮らしは、つねに特定の場所と結びつきながら成り立っているし、こうした現在性とのかかわりにおいて、過去の記憶も再構成されていく。それは、桑子敏雄のいう「空間の履歴」という概念ともかかわる。「履歴を形成する身体空間は、思考によって捉えられるグローバルな空間とは異なり、ローカルな空間である。ふるさとを共有する人びとの出会いのなかで、しばしばそのようなローカルな空間のなかに位置する通りや店が話題を提供する。同じ空間を共有したことでお互いの履歴が重なるからである。ひとびとは、ある特定の空間での体験に、『ローカルな話だね』と思わず笑いをもらす。空間の履歴の共有こそが同郷意識をもたらし、その意識を心地よいものにする」(桑子 2001：67)。

エドワード・レルフは、こうした場所に対する感覚には「本物性」と「偽物性」

がある、という議論を展開している。「場所に対する本物の態度は、つまり場所のアイデンティティの完全な複合体についての直接で純粋な経験として理解される。それは経験のしかたについてのまったく気まぐれな社会的・知的ファッションによって媒介されて歪められたものではなく、型にはまった習慣的行為に付随するものでもない。それは人間の意志の産物として、および意味に満ちた人間活動の舞台としての場所の存在意義に関する十分な認識、あるいは場所との深い無意識的な一体感から生ずるものなのだ」(レルフ 1999：163)。

都市化が進み、土地の効率的な利用がはかられるなかで、風景の画一化や均質化が進行してきた。都市近郊のロードサイドの風景に代表されるような、個性を失った「どこでも同じ」景観が広がっている。都市部では都市計画や再開発によって、農村部ではたとえばリゾート開発によって、風景の「空間化」が進んできたといえる。だからこそ、近年「場所」に関する議論が注目を集めているのだろう。場所は、コミュニティを成り立たせる重要な基盤となるものである。とはいえ、場所の固有性、「場所のアイデンティティ」を過度に強調することは、場所のもつ可変性や政治性、権力性を軽視することにつながりかねない。場所の記憶はかけがえのないものだし、「空間の履歴」を共有するつながりは格別の親密さを呼び起こす。しかし、場所を実体視・絶対視して「本物性」を基準にしてしまうと、狭く閉じていくことになって、むしろ場所に絡めとられてしまう事態も考えられる。

コミュニティの捉え直し

ドリーン・マッシーは、既存の場所概念のもつ問題点として、①場所には単一の本質的アイデンティティがあるとする観念、②内面化された起源を求めて過去を掘り下げそれにもとづいて内向化された歴史から場所のアイデンティティが構築されるとする観念、③境界線の確定を必要とすること、の3点をあげている。これらの問題点を克服する方向として、マッシーが提起するのは、「進歩的な場所感覚」である。すなわち、「場所の唯一性、つまりロカリティは、社会的諸関係、社会プロセス、そして経験と理解がともに現前する状況のなかで、その特定の相互作用と相互の節合から構築される。……場所は境界線のある領域としてではなく、社会的諸関係と理解のネットワークにおいて節合された契機として想像できるだろう。このように考えることで、外に向かって開かれ、ひろい世界との結びつきを意識し、グローバルなものとローカルなものを積極的に統合してゆく場所感覚が可能となる」（マッシー 2002：41）。

こうした「場所のオルタナティブな解釈」もふまえながら、コミュニティについて考えてみたい。マッシーによれば、場所は境界線をもたないプロセスとみなすことができる。この解釈は、吉原直樹のいう「位相的秩序」と重なり合う。「もともと地縁／町内会では階級、職業が混在しており、宗教、信条もきわめて雑多である。そしてそのことがコミュニティ形成の障害にならなかったのが、これまでの地縁／町内会の最大の特徴であったのである」。差異が障害にならなかったのは、日本の地縁社会では「その場その場の状況にしたがうという『場の規範』が機能」していたからであり、「まさに異質なものの集まりにおいて位相的秩序のなかで調和を維持していくということが地縁／町内会の真骨頂であったのである」（吉原 2011：82-3）。

吉原によれば、日本の地縁社会は本来「皆が何らかの意味で当事者であり、他者との伸縮自在な入れ子（もしくは入り会い）状態を介してさまざまな役割をシェアし、一定の自制を伴う自生的ルールを作り出す自存的共同体（コモンズの空間）」であり、「伸縮自在な縁」として存続してきたのである（吉原 2004：93）。これまで地縁社会（コミュニティ）は、一方で、その閉鎖性や同質性のゆえに遅れたもの・古いものとして否定的に評価されてきた。また他方では逆に、その固有性・同一性が評価されて、人びとのアイデンティティのよりどころとして肯定的に受け止められてきた。しかし吉原によれば、そもそもコミュニティは、開放性・異質性に根ざす位相的秩序をその特徴としてきたのである。「コミュニティを構成する人びと、あるいは諸主体はそれぞれの文脈から出発しながら、せめぎ合いつつ離接的で脱－中心化された集合性をはぐくむ、しかもそれは常に暫定的で過渡的なものである。だから、いつまでも未完成なものにとどまっている。たいせつなことは、そこではぐくまれる集合性がけっして同一化に向かうのではないこと、そして何よりも、人びと、諸主体がたえず自己変容を繰り返すプロセスとしてあることである」(吉原 2011：25)。

マッシーや吉原の指摘をふまえると、求められるべきコミュニティの像がみえてくる。それは「住まうこと」「隣り合うこと」に根ざしながらも、開放性や異質性、創発性、動態性を特徴とし、必要に応じて支え合うことが期待できるような信頼を内包した〈ゆるやかなつながり〉であろう。こうした視点から、震災を契機として見えてくる〈つながり〉の諸相について考えていこう。

3. 喪失と再生

新潟県は、2004 年の中越地震、2007 年の中越沖地震と、立て続けに大きな地震災害に見舞われた。とくに被害が大きかった集落・地区では、その後長期にわたってふるさとを離れた仮設住宅等での暮らしを続けていくことになる。その際には、従前のコミュニティをどのように維持し、集落の再生につなげていくかということが重要な課題になった。他方、東日本大震災に加えて原発事故の被害を受けた地域では、場合によってはコミュニティの存続それ自体が危ぶまれるような状況に直面している。さらに、被災者の中で分断と格差が顕在化する事態にも至っている。

山古志の再生と「場所」の力

2004 年の中越地震では、震源に近い中山間地が土砂崩れや地滑りによって大きな被害を受け、孤立集落が多数発生した。旧山古志村では、全村民がヘリコプターによって避難する事態になった。救出された山古志の人びとの多くは、避難所から仮設住宅に移って避難生活を継続することになるが、「帰ろう山古志へ」の掛け声の下に現地での再生を目指した。地震から 2 年目の 2006 年夏に、私たちは仮設住宅を訪ね、山古志の人びとからお話をうかがった[1]。

避難生活を送る人びとが山古志の魅力として語っていたのは、自然の美しさや暮らしやすさ、人間関係などである。それは同時に、地震によって奪われたものである。「やっぱりあの静かなところ、自然がすごくてね。夜、星を見た時にすごい星の数がいっぱいで、『あれ、こんなに星ってあったんだっけ』っていうのがすごく印象に残ってて」(女性・40代)。「山古志っていうのは、自然がみんな自分を癒してくれて、その環境の中で、野菜を植えたり、体が不自由でも、不自由なりに庭にお花植えたり。自分でこうしたもん育てるってそれが生きがいなんですよね」(女性・60代)。「時間があったらお茶のみ行ったり来たり、俺らはそういうことしてきたんだ」(男性・60代)。

帰村後の展望も、土地と結びついた生業や文化とともに切り開かれる。「山古志から『かぐらなんばん』を出せるっていう生きがいを見つけたんですよね」(女性・60代)。「今度は自分の求める鯉づくりがしたいんです」(男性・70代)。「闘牛サミットをさ、この山古志の中でやるんです。……歴史や文化、伝統はいま、その人たちを支えてるんだよ」(男性・60代)。「500年以上の歴史を、これだけ皆さんから力添えをしていただいて、簡単になくしていいのかなと」(男性・70代)。

山古志の人びとの語りは、その多くが固有の場所と記憶に結びついている。山の暮らしの良さも大変さも、自然相手の生業や人間関係も、山古志という場所を離れてはありえないものである。生活が丸ごとその場所に結びついているのであり、この点が都市部とは大きく異なる。だから地震が奪ったものは、その生活のすべてなのであり、とりわけ高齢者にとって、その喪失感は計り知れない。

だから山古志の人びとの多くが取り戻したいと願っているのは、ただ「もとの暮らし」である。より便利な暮らしでも、より活性化した集落でもなく、元通り、これまで通りの暮らしなのである。「やっぱり、帰ってもとの生活を取り戻すことが生きがいになってるんじゃないかな。だから、帰るまでは体だけは健康にしておかなきゃいけないけど。ムラに帰ったとき、何もできないようじゃな」(男性・70代)。復興とは、被災者を、彼らのもつ記憶や暮らしてきた場所と切り離して新しい街をつくることではない。山古志の、とりわけ高齢の被災者にとって、すべてを失った状況から再び立ち上がるためには、山古志という固有の場所と結びついたふつうの暮らし、それまでの日常を回復することが何よりの支えとなるのである。

こうした「場所」の力は、つらい避難生活を支え、帰村や復興に向けた動機づけにもなっていく。しかし他方で、少数ではあるが近すぎる関係にしんどさを感じている人もいた。「やっぱり圧迫されるんでしょうね、見えないものが。……ほとんどなんか監視されてるみたいな感じですよね」(女性・40代)。「仮設の中が避難場所になって、格差がみえてきた。……ジーっと人の動きをね、仮設の中で見てるつらさ」(男性・60代)。周囲の視線から緊張感やストレスを感じたり、他者との比較の中でむしろつらさを感じたり、ということが出てくる。人間関係の近さは、この場合は圧迫として受けとめられるのである。

原発事故によるコミュニティの危機

東日本大震災と原発事故による深刻な放射能汚染に苦しむ福島県では、復興への足がかりさえつかめない地域が広範に存在している。原発周辺の浜通りの自治体の多くが避難対象区域に指定され、住民は福島県内外への避難を強いられた。また、福島県の中通りをはじめとする東日本の広い範囲でも放射線量の高い地点が存在しているため、子どものいる家族を中心に自主的な避難を選択する場合もある。

放射能汚染を意識せざるを得ない多くの住民が、避難するかどうか、避難するとすればどこへ避難するか、いつ従前の居住地に帰還するか、あるいは帰還せずに避難先に定住するか……といったことを選択しなければならない。原発事故は、(とりわけ避難対象区域で)「それまで定住圏のなかに一体となって存在していた『多面的な機能』をバラバラに解体してしまい、「住民がそれらの諸要素の間で理不尽な選択を迫られている」。こうした事態を、除本理史は「引き裂かれた地域」という言葉で表現している(大島・除本 2012：45-47)。

震災から時間がたつにつれて、とりわけ広域避難を強いられた人びとが「社会的分断」にさらされていることが明らかになってきた。避難元や避難先の相違、家族の中での世代や性別の相違、職業や賠償の相違などにより、「個人レベルでの人間関係の齟齬、破綻、対立といった感情的、社会関係的な側面から、補償や賠償における区別や格差の発生といった制度的な側面の双方」にわたって分断が生じるのである(山下ほか 2012：14)。避難者は避難を強いられているだけで困難にさらされているのに、その内部での格差や分断に直面し、さまざまな「理不尽な選択」を強いられているのである。

他方で原発事故は、地域の中にある「避難したくてもできない『しがらみ』」を顕在化させている。「多くの親類、友人が『復興のために』と現地に踏みとどまることに加え、多数の犠牲者が生じた過酷な現実を経て『生き残った人間がこの土地を守り、復興させることが使命だ』という強い論調がある。母親が子供のことを考えてより生活環境の良い場所に移ろうとしたところ、父親に『どうして、ここから逃げるんだ！』と反対され、狭い避難所に引き戻された実例もあるという」(栗原ほか 2012：184-185)

次の例は、高い放射線量を示すホットスポットの存在が指摘される千葉県柏市の話である。地元の母親たちが「放射能から子供を守る会」を発足させたが、それが活動中止に追い込まれた。母親たちの間の温度差と軋轢が主な理由である。「マスクをして外を歩いていると『あの人、気にしすぎよね』といわれたり、『あんまり騒いでほしくない』という空気があるという。代表者自身も、義理のお父さんお母さんに『あんまり活動を派手にやってほしくない』『避難（二人の子どもが鼻血を出して不安になり一時九州に行かれていたのだという）していることも、おかしい』『離婚してほしい』などといわれ、これ以上活動をつづけることは困難と感じているという。『ただの放射能だったら楽なのに、温度差ができてしまって、気にする人と気にしない人が出てることでこういう、そっちのほうがどっちかっていうと苦しいですね』」(中村 2012：281-282)。これもまたコミュニティの現実であろう。

地域の中にはさまざまな考えをもつ人がいて、自分とは違っていてもそれぞれが尊重されるべきだ、ということにはなかなかならない。〈違う〉人に対する拒否反応や批判が、「放射能汚染より、人間関係が苦しい」という事態を生み出してしまう。みんな一緒に助け合い、支え合うというコミュニティの良さは、こうした規範を侵犯するとみなされた存在に対する過剰なほどの拒絶と裏腹なのかもしれない。

こうした事態をもう少し俯瞰的にみると、次のような見方があてはまるだろう。「伝統的な日本社会の諸ルールは、良きにつけ悪しきにつけ、全体の中の構成員としての『役割期待』と、全体への『調和への要請』に満ちている。例えば、何らかの利益衝突が起きたとき、人はよく『お互い様』を語る。意見の相違も多数決で黒白を決するよりは全員一致を求めて話が練り上げられる。様々な対立も、うまくことが運べばよしとして、争いごとは『水に流し』、どこに問題があったのかを最後まで明らかにすることを避けようとする」(河上 2001：60-61)。もちろん、たとえば震災直後の秩序だった行動や、地域で協力して困難な被災生活を乗り切ることを可能にしているのは、こうした「伝統的な日本社会の諸ルール」によるのかもしれない。こうした意義をふまえた上でなお、〈それぞれでいい〉を阻むものに目を向けていく必要がある。

4. 関係と時間に開かれたコミュニティ

コミュニティのつながりは、そこに住む人びとを支え、励ますと同時に、縛り、排除するものでもある。人間がつくる社会集団は、多かれ少なかれみなこのような両面性をもつのかもしれないが、それを見据えつつ〈よりましな〉関係のあり方についてもう少し考えてみよう。

山古志のような山村の復興・再生をどのように考えていけばよいか。現場にもっとも近い行政担当者は、次のように語っている。「いままでの過疎対策は、定住促進ということで若者定住、企業誘致が目指されてきました。しかし、定住に偏するあまり、本来必要な施策に至らなかったところもあったと思います。本当に必要なのは定住のみでなくてもよいのではないか。環境が守られ、棚田が荒れなくて、文化が守られる。集落が持続され、ゆったりと暮らせるのが本来の目的ですから、そこで暮らす人、そこに来て交流・活動する人があってもいいわけです。活動人口でもいいのです。この環境を楽しみたい人は、短期、中期、長期でも、ここに止まって活動に従事しながら生き甲斐を見つけられる仕組みをつくることが可能ではないか」(青木 2007：55)。

定住人口を増やすことを目的とするのではなく、さまざまな形で山古志にかかわる活動人口を増やすことを目的とする。メンバーを限定せずに、関係に開かれた、出入り自由なコミュニティの構想である。さらに、復興への時間についても次のように言及されている。「住民の中で議論して最初に結論が出たのは、ゆっくり時間をかけて復興に取り組もうということでした。1500年続いている山の暮らしも山の文化も、一朝一夕には回復できません。人間というのは、長生きしても100年。本当に活動できるのは60年。災害は何百年に1回、何千年に1回です。自分たちが被害を受けたからといって、自分たちの世代でみんな解決し、復旧しなければならないというのは、歴史を無視した考え方です。一人の人間は死んでしまうが、世代をつなぎながら培ってきた生活や文化を引き継いでいけばいいわけです」(青木 2007：57-8)。山の暮らしや文化の長期にわたる持続性に思いをはせ、世代を超えてそれを引き継いでいこうというのである。

福島県富岡町では、原発事故によりすべての住民が故郷を離れた避難生活を余儀なくされている。この町の小中学校のPTA関係者を中心とする住民有志が、2012年2月に「とみおか子ども未来ネットワーク」(以下、「子ども未来」と略記)という市民団体をつくった。この会の設立趣意書には、次にように記されている。「私達は富岡町で育ち、学び、助け合い、人生を築いてきました。そんな私達の人生と古里はあの日突然奪われ、そして今度は未来の選択権までも一方的に奪われようとしています。富岡町民である誰もが、目を閉じれば今も、富岡町の街並み、木々、花々、海原、そして路地の隅々まで眼に浮かべる事が出来るでしょう。富岡町で家庭を築き、この地がかけがえのない古里になるはずだった子供達のことや、この地に墓を持ち先祖代々脈々と受け継ぎ、大切に守ってきた祖先達のことを思うと悔しくてなりません」[2]。

およそ1万6千人ほどの富岡町民が、福島県内の他地域を含む全国に散らばって暮らしている。「子ども未来」の中心メンバーたちは、住民同士で話し合い、意見を述べる場がないまま、避難指示区域の見直しなどが一方的に決められていくことに危機感を覚えていた。そこで、全国各地で富岡町民の意見交換の場(タウンミーティング)を設けたり、子どもを中心としたイベントを開催するといった活動に取り組んでいる。その背景にあるのは「何年かかっても何百年かかっても私達の古里である富岡町のバトンを未来に繋げたい」という思いである[3]。子育て世代を中心とした運動であるが、自分の子どもを守るだけでなく、「町の子ども」の未来を考えようとしている点が重要だろう。タウンミーティングの参加者からも、子育てを地域で、町ぐるみでおこなってきたことが繰り返し語られた。「町で子育て」というのも、富岡の人びとにとっての、重要な「場所の記憶」なのである。こうした共通の基盤に立つことによって、広域に分散し、さまざまな利害を背負った「町民をつなぐ」ことを目指している。

5. むすび――コミュニティの問い直し

災害は、日常生活の中に潜在しているさまざまな要素を顕在化させ、その問題性や可能性を明るみに出すはたらきをもつ。人間がつくり出すコミュニティに関しても、それは例外ではない。コミュニティは、苦難の被災生活を支え、再生への足がかりになると同時に、被災者個人の選択や行動の自由を縛り、理不尽な苦しみをもたらしかねないものでもある。

そもそも人間は、生まれる場所を自分で選ぶことができない。その始まりにおいて、いずれかの地点に産み込まれ、編み込まれるという本源的な受動性をもつ。その一方で、何らかの機会に自分が住む場所を距離化・対象化し、新たに意味づけし直すこともある。こうした捉え返しと意味づけは、受動的でもありかつ能動的でもある人間の主体性の根拠ともいえる。災害――とりわけ故郷を離れた長期にわたる避難を余儀なくされるような甚大な災害――は、こうした捉え返しと意味づけの機制を否応なく起動させる。被災者の目から見たコミュニティは、そこに〈自然にあるもの〉ではもはやない。苦労して折り合い、つくり上げていくものなのだ。

コミュニティは、意味づけをめぐる闘争の場でもある。一方では、自由競争と自己責任が強調され、たとえば効率性の悪い山里の暮らしは否定される。他方では、コミュニティや「ご近所の底力」が過度に強調され、行政機能の丸投げや住民のタテ関係の系列化がはかられるだろう。その双方を回避するためには、先にみたような、開放性や異質性、創発性、動態性といった要素が重要になってくる。

そのために必要なことは、第一に、風通しのよい関係づくりであろう。たとえば、集落を出たけれども通いで農業を営む人や長期・短期の滞在者をコミュニティのメンバーとみなすこと、どこに住んでいても町民であるという一点でつながり、分断を乗り越えようとすること、である。離脱する自由、出入りする自由を確保した上で、ゆるやかなつながりの維持をはかることが重要であろう。

必要なことの第二は、長期的な時間の展望である。コミュニティのメンバーを現行世代で完結させて考えるのではなく、次の世代、その次の世代…を視野に入れ、世代を超えたつながりを構想するのである。当面の暮らしの維持・再生という緊急性のある課題と同時に、数世代にもわたる山の暮らしの再生、故郷の町の再生を展望することである。

そのさい、山古志の棚田や闘牛、富岡の桜並木といった「場所の力」は、大きな役割を果たすだろう。それは「かけがえのなさ」を想起させ、人びとを長期にわたってつないでいくシンボルになりうる。人びとの暮らしを支えるとともに、流れに抗して誇りと人権を守る手がかりにもなりうる。

日本の社会は、成長の時代から、ゆるやかな下降・縮小を意識しつつ維持・持続をはかる局面に転換しつつある。コミュニティの再評価や位置づけ直しも、この流れに沿うものだろう。続発する災害は、これまでの価値意識や生活意識を問い直し、こうした転換をクリアに示す契機にもなった。たとえ活気にあふれてはいなくても、日々の小さな幸せかみしめることのできる暮らし、〈それぞれであること〉を認め合い、支え合えるようなつながりへの転換である。

注

1　新潟大学人文学部の授業「社会調査実習」の一環として実施されたもので、聞き取りの対象者は、当時まだ避難指示が継続中だった旧山古志村6集落の住民の方々（男性20名、女性31名）である。
2　「とみおか子ども未来ネットワーク」設立趣意書（2012年2月11日）から。
3　同上。

第９章　災害からの復興と「感情」のゆくえ
――原発避難の事例を手がかりに

1. はじめに

2011年3月の東日本大震災は、東北地方の太平洋側を中心とする地域に大きな被害をもたらし、未だに「復興」が見通せない場所も多い。地震と津波に加えて福島第一原発事故の影響を受けた地域では、広範囲の放射能汚染により多くの人びとが避難生活を余儀なくされている。福島県だけでみても、その数は13万人を超えており、うち県外への避難者が5万人近くに上っている(2013年12月現在)。こうした原発事故による避難者の間で、たとえば避難指示を受けた区域からの強制避難者と区域外からの自主避難者、福島県内に残る人と県外に避難した人、放射線量に対する考え方の違い、東電による賠償額の差などによって分断と軋轢が深まっている。

福島第一原発が立地している双葉町は、深刻な放射能の影響を受け、全域にわたって警戒区域に指定された。すべての住民が、現在も避難生活を強いられている。双葉町の町役場は、当時の町長の決断により埼玉県への避難を決め、一部の町民も同行した。しかし事故後の混乱の中で、多くの町民はみずからの判断で個別に避難せざるを得なかった。「役場に付いて行ったか、自分で逃げたか。この差は、町民の間で修復できないほどの溝となり、ばらばらになった町民をさらに分断してゆくことになる」(葉上2013：201-202)。

前町長が役場の埼玉県への避難を判断したのは、あくまでも住民の安全を考えてのことだったと思われる。しかしそれが、結果的に福島県内に残った住民あるいは戻った住民と、役場と行動を共にした住民との間の分断につながってしまった。それは、たとえば生活資金の貸し付けや支援物資の配布、避難所での処遇、仮設住宅のあり方など避難生活にかかわる「違い」として現れ、おそらくは実態以上に不当な扱い、差別として双方の住民に受け止められた。「和気藹々とのんびり暮らしていた」町民は県内と県外に分断され、「ここまで来たら、県内の双葉町と、県外の双葉町の二つに分かれて生きていくしかないのかもしれません」と語る住民さえいる（葉上 2013：208）。

災害は人びとから多くのものを奪い取り、不安で不安定な状態に突き落とす。そうしたときに、とりわけ「隣の芝生」がよく見え、それに引き比べるとみずからのおかれた状況が不当なものに思えて許せない気持ちになる。本来は、非常事態に対応できない硬直した制度や、原発事故を引き起こした東電・国の体質そのものに向けられるべき怒りが、同じ被災者・被害者であるはずの隣人に向けられてしまう。しかも住民同士の感情の行き違いは、いったんこじれると修復が難しい。

私たちは、感情、気持ちというやっかいのものをどう考え、扱っていけばよいのだろうか。以下では、（少々回り道になるが）「個人的なもの」に思える感情を社会的な文脈に位置づけて考察する社会学の考え方を紹介した上で、ふたたび原発事故の事例に立ち戻ることにしよう。

2.「感情」を捉える枠組み

感情と社会

怒りや悲しみ、喜び、愛情、憎しみなどの感情は、さまざまなできごとや刺激をきっかけに、私たちの内面に自然にわき起こるものとして経験される。したがって感情は、「つくりもの」ではなく真実をあらわすものであり、またきわめて個人的な現象であると受け止められてきた。しかしたとえば、子どもに対する親の愛情や子どもを亡くした悲しみといった、私たちには自然なものに思える感情も、時代や社会によってそのありようが大きく異なっているという（アリエス 1980）。

人間の「社会的存在」としての側面を重視する社会学は、自然で本能的・個人的なものに見える感情さえも、社会的・文化的に構築される「社会的なもの」と捉える。「感情はその生成／体験においても表現においても、特定の社会―文化的、時代的磁場のなかではじめて具現化されるものである」(岡原ほか 1997：ii)。この「磁場」のありようと磁場と感情の結びつきを解明することが、感情社会学の課題となる。

A. R. ホックシールドによれば、私的な社会生活においてはつねに感情の管理が必要とされており、その際に基準となる物差しが「感情規則」である。私たちが、「私は彼女のしたことをそんなに怒るべきではない」とか、「私たちは合意したのだから、私には嫉妬する権利はない」などというとき、そこには感情規則による誘導が存在している。「感情規則は、感情の交換を統制する権利や義務の意識を作り上げることによって感情作業を導く」(ホックシールド 2000：19, 65)。たとえば結婚式に臨む花嫁には、花嫁らしい感情やふるまいが要求される。花嫁にとって「あるべき感情」は、幸せで有頂天な気分なのである。また家族の葬式の場面では、喪失感と悲嘆を感じるべきなのであり、こうした感情を表出できないことは「不適切」とみなされる。私たちは、感情規則にもとづいて自分の感情を評価し、「感じなければいけないこと」に向けて自己を調整している。

現代社会においては、こうした感情の管理が強く要請される労働(感情労働)が幅広く存在している。ホックシールドによれば、旅客機の客室乗務員の業務は感情労働の特徴を示している。文句ばかりいう不愉快な乗客の前でも、怒りや蔑みの感情は抑制されなければならず、笑顔を絶やさずに接することが要求される(ホックシールド 2000：27-28)。病院や福祉・介護施設におけるケア労働も、典型的な感情労働である。利用者に「暴言をはかれてもニコニコし、この人は本当はいい人なんだと『思い込む』」。そこでは、みずからの感情を管理する力、高度の共感能力・コミュニケーション能力が必要とされる。「ケアワーカーたちは利用者のすべてを受容することで、彼らに共感することが可能となる。それは仕事のやりがいにつながるが、同時に精神的な疲弊をともなう……」(阿部 2007：46-47)。

現代社会では、産業構造の転換により自然や機械を相手にする仕事が減り、人間を相手にする仕事(サービス業)が増えている。それにともない、多くの職場で目の前の相手への配慮や気づかい、感情のコントロールが過剰に求められる社会になっている。それは仕事の面だけにとどまらず、学校や家庭においても同様である。感情規則がきわめて複雑化・高度化した状況の中で、私たちは適切なふるまいを公私にわたってつねに要求されている。こうした緊張とストレスに満ちた状況では、「適切にふるまわないこと」に対する許容度が下がり、「許せない」という気持ちに火がつきやすくなる。

ジェラシーとバッシング

インターネットの世界では、「炎上」と呼ばれる現象が頻発している。炎上とは、ネット上の発言などに対して非難や誹謗中傷のコメントが殺到することを指す。匿名性や手軽さといった特徴により、炎は瞬く間に燃え広がり、批判対象は巨大なバッシングの渦に飲み込まれる。ただしそれは、ネットの世界に限ったことではない。

伊藤守はボクシングの「亀田父子」をめぐる現象を素材に、テレビとネットの共振関係と、それに触発される「情動」について考察している。テレビで描かれるパフォーマンスやそれに対するネットでの議論によって、「亀田父子」は高い人気と苛烈なバッシングの間で翻弄される。そこに現れているのは、「不確定で、とらえどころのない、左から右へ、そして右から左へと、劇的に、偶然に、振れていくという特徴」をもつ「民意」である(伊藤 2013:186)。「持ち上げる」と「たたき落とす」の振幅が大きく、しかも瞬時に入れ替わる——こうした経験は、「亀田父子」にとどまらず政治の世界や芸能界、そしておそらくは私たちの日常生活においても、いまではありふれたものになっている。SNSや匿名掲示板に代表される新しいメディア環境は、こうした状況を明らかに加速している。

小谷敏は、近年の日本を「ジェラシーが支配する国」と特徴づける。一般に「『うらみ・つらみ・ねたみ・そねみ』は人生のスパイス」であり、「ジェラシーをもつのは人間として自然なこと」である。しかし、とくに2000年代に入ってからの日本は「一国の方向性がジェラシーによってきまってしまう」という特徴をもち、しかもそれが「権力者とマスメディアが一体になって普通の公務員や生活保護受給者（！）のような弱者を叩く」バッシングによって駆動されている点に注意をうながしている（小谷 2013：1-2）。

強者が弱者をバッシングするのは子どものいじめと同じであるが、問題は権力者のこうした言動が一般の人びとの広範な支持を集めてしまうことである。その背景として、小谷は「小泉改革」に象徴される新自由主義的な「改革」、すなわち規制緩和による競争の推進とその結果である格差の受け入れをあげる（小谷 2013：174-179）。弱者にも自己責任と「自立」を強要するような、弱肉強食のルールが支配する世界に人びとは投げ込まれた。酷薄な競争社会は、いつ自分が弱者に転落するか分からないストレスフルな社会である。しかも、一度落ちてもまた立ち直ることを保障する制度（セーフティーネット）は不十分であり、落ち着いて自分を立て直す場所（コミュニティや家族）は弱化している。人びとは不安にさいなまれ、あるいはすでに「負け」の状態にある自分に容赦なく向き合わされる。そこでは、たやすくバッシングや「炎上」が起こる。「自分自身が苦痛を味わっている人間は、他人の苦しみをみることを渇望している。何故ならば、他人の苦しみをみることによって、自らの苦しみを忘れることができるからである」（小谷 2013：186）。

ここで「他人」として思い浮かべられるのは、権力をもつ政治家や大企業経営者などの富裕層ではない。「人間は自分とよく似た他者と比較することで、自分の境遇に満足したり、逆に不満を抱いたりする」。こうした身近な他者（準拠他者）と比べて、自分が不当に損をしていると感じるとき、人は「心穏やか」ではいられないのである（小谷 2013：235-236）。この準拠他者との比較による相対的位置づけの低下が「ジェラシー」を生み出す。他者との比較による「主体の『メンツの損傷』、『体面の毀損』、『自尊心の損傷』という屈辱感こそが妬みという情動の核心中の核心」なのである（石川 2009：134-135）。

こうした感覚（相対的剥奪感）自体は、社会学でこれまで一般的に指摘されてきたもので、さして珍しくはない。ただ近年の日本では、新自由主義的改革への支持を調達するために、こうした「ジェラシー」が（権力とメディアの共振によって）盛大に喚起され、利用されてきた。サービス産業化にともなう感情コントロールへの関心の高まりと過剰化、メディア環境の変化に加え、競争と格差の世界に人びとが投げ込まれているのが近年の状況である。「ジェラシー」は広範に存在し、「バッシング」はつねに出動態勢が整っている。そこに、東日本大震災と原発事故が起こった——。

3. 原発避難の問題

分断と不安

原発事故の被害に見舞われた福島県は、他の被災地以上に、被災から復旧・復興への経路が見通しがたい。未来の不透明性と「不確実性の持続と増幅が著しい」のである。「不透明な未来」は、日常の暮らしの成り立ちそのものを脅かす（加藤 2013：259）。原発事故の被災者は、根源的な不安を抱えているといってよいだろう。

低線量被曝の影響について専門家の間でも意見が分かれるなかで、住民は、そこにとどまるか／避難するかの判断を迫られる。また避難したとしても、避難先での支援の継続が見通しがたいという条件のもとで、避難を継続するか／帰還するか、を決めなければならない。先の見通せない不確実な状況において、十分な情報も与えられないままに、ただくりかえし選択を迫られるのである。しかも、冒頭でふれたような原発事故による避難者間の「分断」状況は、時間がたつにつれて複雑化、深刻化している。

福島の隣県である新潟県では、いまも 5,000 人近い人びとが避難生活を続けており、東京都、山形県に次いで 3 番目に多い（2013 年 12 月現在）。時間の経過とともに避難者の抱える不安や悩みは深まっており、たとえば虐待やいじめ、不登校など子どもの問題が顕在化してきた。その背景や原因として想定されているのは、子どもの親が抱えている問題——将来の見通しが立たず不安定・迷いの状態にある、生活パターンの変化にうまく適応できない、避難先で新たな近隣関係・友人関係を築くことができず孤立している——などである。避難生活を強いられていることが親にダメージを与え、そのしわ寄せがもっとも弱い部分である子どもにいっていると考えられる（松井 2013a：63）。

放射線量の高い区域からの強制避難者は、自宅に一時的に帰宅することにも厳しい制限を課されてきた。その一時帰宅を重ねるごとに、つらさが深まっていくという話を聞いた。県境を越えて福島県に入ると、だんだんと「空気が和んでくる」。なじんだ景色に気持ちも明るくなる。しかし、誰も住まない家は雨漏りもしていて、帰るたびに傷みが激しくなっていく。最初のころは、まだ手直しすれば住めると思っていたが、それは不可能だと分かってくる。「行けば行くほど何だかね、肩の落ち方が違う……」(松井 2013a：65)。

一方で、母子を中心とする自主避難の世帯は、生活が経済的に苦しいこと、先の見通しが立たないことに悩みを感じている。さらに、避難が長期化するにしたがって、地元に残る家族や親戚・隣近所の人びととの認識・考え方のギャップが広がり、帰還への圧力も強くなってきた。福島に残る人びとは、「安全キャンペーン」のもとで生活しており、「避難しなくて大丈夫」と考える人も多い。それに対して、子どものために自主避難を決断した人びとは、危険を最大限取り除いておこうとして「最悪のパターンから情報をひろう」傾向がある。必然的に両者の格差は広がっていく。福島県では除染を進めて帰還をうながし、やがて「避難者をゼロにする」方向で政策を進めている。しかし、「それって個人の自由だと思うんですよね。自主避難も一つの選択だと思うし、不安に思っていることを『安心だから』『安全だから』っていくらいわれても、それが信用できなくて避難しているので」。年度末を機に地元に帰る自主避難者も多いが、「帰りたくないのに、帰されちゃう」。帰ってももとに戻ることはできないかもしれないし、とくに人間関係面でのストレスが強くなることが案じられている(松井 2013a：67)。

「失われたもの」

今回の原発事故によって被災者が「失ったもの」は、数え上げればきりがない。仕事、家族一緒の暮らし、かけがえのない時間、そして地域のコミュニティ……。原発事故の被災者・避難者に対しては、東京電力から一定の補償・賠償が支払われている。しかしその算定において、被災者が事故と避難により「失ったもの」は、十分に考慮されているのだろうか。この「失ったもの」に対する認識が不十分であることが、さまざまな問題をもたらしているように思う。

たとえば家族の時間。母子避難を続けることで、父親は「子どもが一番かわいい時期」に生活を共にすることができない。「時間を返してもらいたい。悔しい……」。たとえば大切な仕事。「難しい利用者さんと、すごく時間をかけて何とか打ち解けて、やっといい関係を築いてチームみたいになっていたところだったのに……」。たとえば故郷。将来の見通しが立たない中で、いつかは子どもが帰ってくる実家、拠点をどこかにもちたいと考えている。しかし子どもたちにとって、暮らしたことのない場所は実家といえるのだろうか。「実家に帰れば、まわりの友だちに会えるっていう楽しみもあるでしょ、それができないんですよね」「それが故郷なんだよね」「このさびしさは何だろうね……」。子どもたちが人間関係や経験、記憶の場である「故郷」を失ってしまったことが、つらい。それはもちろん、親にとっても同じである。結局、何かを失ったというより「失ってないものはない」という感じなのだ。「継続できてるものがないからね」（松井 2013a：65-66）。

子育て世代からみると、地域とは次のようなものだった。「運動会で走ってくる子ども全部の写真を撮っていたよね」。「（避難先で）自分の子どもだけ追う学校行事は悲しい」。「子育てが終わった人もいろいろ子どもとかかわりをもっていてくれた」。つまり、子育てが個々の家族に閉じているのではなく、〈町で子育て〉が実感できるような、人間関係がそこにはあったのである。だから帰還を選ぶ高齢者が多くなりそうな「仮の町」構想に対しても、疑問の声が上がる。「『町とは一体何だ？』ということをまず思ったんですよね。ウチの孫もそうですけれども、あの桜通りのところにバスが迎えに来て、そこに送っていく。そうすると、隣近所のおばちゃんたちやおばあちゃんたちが、『行くのか、気をつけて行ってこいよ』とかね……。どこの子どもか分かりませんよ、分からないけれどもそうやって声をかけた、それが町だと思うんですよ……年寄りもいるけれども、その次の町を担っていく子どもたちもいる」。「〈仮の町〉構想には、基本的な町の存在の〈ありよう〉というものが抜けている」（とみおか子ども未来ネットワークほか編 2013：16, 23）。

こうした「地域」に関して、除本理史は次のように述べている。「放射能汚染のない環境、ある程度の収入、生活物資、医療・福祉・教育サービスなどが手の届く範囲になければ、私たちは暮らしていくことができない。しかし原発事故によって、これら諸要素の束が『解体』され、避難者たちは、そのうちどれを重視して移住先を定めるか、選択を迫られた」(除本 2013a：214-215)。

「地域」とは、そこで生活してきた人びとの視点でいえば、「当たり前の暮らし」そのものである。その場所で、さまざまな人びとが出会って紡ぎ出し、織りなす人間関係は、その中核をなす。過去から未来に至る暮らしの時間の継続性も、「当たり前の暮らし」の重要な要素をなしている。「子ども」の存在はその中心にあったものだろう。原発事故は、避難を強いられた人びとから、こうした「当たり前の暮らし」を根こそぎ奪ったのである。

帰還政策と「感情」

生活を成り立たせる場である「地域」を奪われた被災者は、それぞれ個別に生活を組み立て直すことを迫られている。しかも避難指示区域の再編が進む中で、避難指示の段階的解除＝帰還・復興の促進が現実味を帯びてきた。しかし、避難指示の原因だった原発事故は未収束であり、除染も一向に進んでいない。さらに帰還困難とされた区域には、新たに除染で生じた汚染土などを保管する中間貯蔵施設の設置も計画されている。帰還のための条件が整えられていないにもかかわらず、帰還をうながす政策が推し進められている。

区域再編により昼間の立ち入りが認められた地域でも、除染もインフラ復旧も進まず、病院も商店もほとんど再開していない。「商店街の人たちは、人が帰れば帰りますって。で、避難者の人は町が活性化すれば帰りますって、おたがいそういう感じだから、たぶん無理じゃないかって思って」。帰りたいのはやまやまだけど、とても帰れる状況にない。「何か困ったこととかありますかって聞かれても、問題は増えるばかりで、何もかもすべてにつけて困っているから。これから私たちって、本当にどうしたらいいのかなんて、そればっかり毎日ね。みんなも同じだと思う」(松井 2013a：68)。

強制避難者に対する東電の賠償は、個人・世帯単位での損失補填という形でなされてきた。しかし「失われたもの」の核心をなしていたのは、上述したように地域をベースとした「当たり前の暮らし」そのものであり、それを抜きにした「生活再建」がありえるのか疑問である。「諸要素の束」としての地域が回復されないままに、個別に帰還をうながされても決断のしようがない。とりわけ放射能のリスクに敏感な子育て世代は、早期に故郷へ戻ることを躊躇するだろう。帰還か避難先への移住かの二者択一的な選択を早期に迫られたら、多くの子育て世代は移住を選ぶと予想される。もとの住民のうち一部の高齢者が帰るのみでは、本来の地域の再生を見通すことは難しい。

にもかかわらず、汚染が深刻な一部地域を除いて、住民の早期帰還を目指す政策がとられているのはなぜか。水俣病などの公害事件にみられたように、原因企業と国はできるだけ被害を限定的に捉え、被害者への補償を切り詰めようとする。今回の原発事故についても、東電と国が被害を最小限に見積もって、早く「終わったこと」にしたいという思惑をもっていることは推測できる。この政策には、先にみたような被災者の分断とこじれた「感情」という問題がかかわっている。たとえば「県内の双葉町と県外の双葉町」の間の修復しがたい分裂、地元に帰っても「もとには戻れない」と感じている自主避難者の不安。福島県内にとどまって町の復興に尽力している人は、県外に避難した人に対して「福島県を捨てたのだからもはや町民ではない」「逃げた奴らのことなんて」という感情をもつかもしれない（山下ほか 2013：264）。

山下祐介によれば、県内の多くの地域が放射能汚染の被害を受けた福島県は、強い「集合的ストレス」の状況にある。そこに、「恨みや憎しみ、不安や不満が流れ込んできて傷口を大きく深く広げてきた。……人々の間に生まれた負のエネルギーは、立場の弱いほうへ、弱いほうへと向けられてきた。避難者を受け入れた地域の住民は目に見える避難者たちに、そして福島県内に残った避難者たちは県外に出てしまった避難者たちに……」（山下ほか 2013：285-286）。強いストレス状況のなかで、丸山眞男のいう「抑圧移譲」が現実化してしまった。住民の早期帰還を目指す政策は、こうした住民の分断と感情のこじれを利用して遂行されている面があるといえる。そして、原発事故とその被害に直接のかかわりをもたない多くの国民——私たち——が、時間がたつにつれて無関心と「不理解」の度合いを深めていることも、こうした「集合的ストレス」を強めているに違いない。

4. むすび――「回復」への模索

私たちが生きる現代日本では、新自由主義的な政策のもとで格差と貧困が広がっている。社会がもっていた余裕、「溜め」（湯浅 2008）が失われ、他者の「不当な」利得や「不適切な」ふるまいに対する許容度は極端に低下している。何かあればすぐに「許せない」感情に火がつき、バッシングの嵐となる。だからその標的にならないように、「世間の空気を読む」生き方が求められる。

こうした状況が、原発事故で傷ついた福島県内外の被災者をも取り巻いている。「福島の人たちは一人ひとりが複雑な思いや矛盾を抱え、自分自身と闘っている」。そしてそれが「外」に伝わらないもどかしさも感じる。それは「抜き差しならぬ『棄民感』とでもいうべきもの」である（阿部 2013）。この「棄民感」をもたらしているのが、私たちの無関心と「不理解」である。避難者間の分断と軋轢、感情のこじれの背景には、個別の政策や制度の不備とともに、こうした社会全体の状況が存在している。

早期の帰還をうながされたとしても、子育て中の世代を中心に地元に戻ることをためらう住民は多い。だからといって、もとの住所やその近辺に戻らない避難者が、みな喜んで移住を選択するわけでもない。多くの場合そこには、割り切れない「複雑な思い」が残るだろう。「住めないというのは頭の中で分かっているんだけれども、戻りたいという複雑な気持ちですね。そして、戻りたいというのは〈住む〉ということじゃないんだね。〈残したい〉という話になってきたりとか……」（とみおか子ども未来ネットワークほか編 2013：15）。

こうした「割り切れなさ」を尊重し、すくい上げて未来につなげる方法が、さまざまに模索されはじめている。福島県富岡町は福島第一原発から 20 キロ圏内にあり、立ち入りが禁止される警戒区域に指定された。現在（2014 年 3 月）もすべての町民が、福島県の内外で避難生活を余儀なくされている。町の小学校の PTA 関係者を中心として、事故から 1 年近くが経過した 2012 年 2 月に「とみおか子ども未来ネットワーク」が結成された（翌年 5 月に NPO 法人化）。この団体は、「町民の真の声を届けること」、「原発事故の責任の所在を明確にし、完全なる賠償や制度の創設を求めること」、そして「住民の手によって富岡町の未来を創ること」を目的としている(「NPO 法人とみおか子ども未来ネットワーク」設立趣意書)。

避難でバラバラになっている町民の意思が十分に反映されないまま、一方的に物事が決められていく。この流れに抗して「町民の真の声」を集約する取り組みとして、たとえば町民の避難先である宇都宮やいわき、長岡など各地で「タウンミーティング」が開催されてきた(この場で発せられた「声」の一部は、本章でも引用してきた)。住民の分断が深まる中で、多様な立場の意見を集め、「次世代」につないでいく試みである。こうした活動を通じて、前述のような「失われたもの」の大きさや重さ、「戻る」ことへの複雑な思いなどが析出されてきた。それは、被災者に早急な二者択一を迫る帰還政策に対して、別様の可能性を示している。

南相馬市小高区全域も警戒区域に指定された。同区の海沿いにある福浦地区は津波による被害も受け、住民は全国に「散り散りバラバラに」避難している。新潟市に避難している福浦小学校の震災当時の PTA 関係者(後藤素子さん)が、2012 年 11 月に「福浦こども応援団」を結成した[1]。離ればなれに学校生活を送っている福浦小学校の子どもたちのために、クリスマスメッセージやプ

タウンミーティングの様子（長岡市）

レゼントを送るといった活動に取り組んでいる。「どこにいても、みんながつながっていることを感じて欲しいと願っている」からである。

後藤さんは、小学生・中学生の「学籍移動」に関する問題にも取り組んできた。後藤さんの子どもはもとの福浦小学校に学籍を残したまま、避難先の新潟市内の小学校に「仮の受け入れ」という措置で通学していた。しかし「原発避難者特例法」にもとづいて、2012年1月付で学籍が避難先の学校に移動することが突然通知されたのである。この措置は「行政サービスの向上のため」とされているが、後藤さんには「ふるさととのつながりを断ち切る」ものに思えた。すぐに、南相馬市の教育長宛に「仮の受け入れ」が可能になるよう要請書を出したが、いまのところ改善の動きはみられない。後藤さんからみれば、強制的に避難させられたのだから、避難者の立場に立って「仮の受け入れ」や「二重学籍」などの柔軟な措置がとられるのは当然である[2]。しかし現実には、地元に残った人間と遠方に避難した人間をはっきり区別し、学籍が残っている子どもだけを地域の子どもとして扱おうとしているように思える。行政サイドは帰還が復興だと考えているが、「つながりがあれば、ふるさとは忘れない。いつか帰りたいと思ったり、貢献したいと思う。それが復興なんじゃないかな」。

「とみおか子ども未来ネットワーク」も「福浦こども応援団」も、「子ども」を前面に掲げた活動をしている。どちらの団体も、次の世代にバトンをつないでいくことを強く意識している。「復興」は――放射能汚染の場合はなおさら――それぐらいのスパンで考えないと実現しないだろう。表面化した感情の亀裂を修復するためにも、おそらく長い時間が必要なのだ。いずれの団体も、「あれか、これか」の二者択一を迫る流れに抗して、避難先にいてももとのまちとのつながりを保てる方法を模索している。

突然「当たり前の暮らし」を奪われた人びとが、現状を簡単に受け入れることは難しい。そうした感情の割り切れなさ、迷い、とまどいに〈寄り添う〉ことが求められている[3]。私たちに必要なことは、原発事故の被災者が「失ったもの」への理解、その「痛み」への共感、不当で理不尽なことに対する「怒り」の共有であり、厳しい状況の中であきらめない人びとへの「敬意」であろう。私たちには、さまざまな感情や思いを、その社会的基盤とともに理解し、分断や対立を時間をかけて解きほぐしていくことが求められている[4]。

注

1　2013年11～12月におこなった、後藤素子さんへの聞き取りと関連資料による。本書第6章も参照。
2　こうした考えは、今井照が提唱する「二重の住民登録」の構想とも重なる（今井2013）。
3　その一方で、早く「けり」をつけたいと考える避難者もいる。曖昧で中途半端な状況が続くことは、場合によっては耐えがたいものである。「もう戻らない」と踏ん切りをつけて、それによって前を向いていくという考えはよく理解できる。この決断は尊重されねばならないが、同時にそこに至る苦悩にも思いをいたすべきであろう。
4　本章は「感情」を中心において議論を進めてきたが、生活支援・生活再建のための政策や制度を軽視しているわけではない。現在進められている政策・制度は、本文でもふれたように一面的・一方的なものであり、見直しが必要である。ただ、こうした現状の理解や「見直し」のためにも、社会的な「感情」の問題を視野に入れることは欠かせない。さらには、どれだけ制度を整えてもどうしても埋めることのできない隙間は残る。たとえば、どうすれば「納得がいく」のかは、きわめて個別的で当事者の感情がかかわる問題である。簡単に答えがみつかるものではないが、他人事とせずに――実際に他人事ではないのだから――時間をかけて一緒に考えていくことが必要だろう。

終章　「復興」と「地域」の問い直し

1. 総括と検討

災害経験の継承と支援の課題

本書の第1部では、新潟県における原発避難者の受け入れと支援に焦点をあてて、この間の経過を跡づけてきた。新潟県の行政や民間は、近年の災害経験からある種の「支援の文化」を蓄積してきたといえる。「支援する／される」が相互に入れ替わるような双方向的な関係づくり、被災者の多彩な「顔」を引き出すことによるエンパワーメント、被災した住民による下からのガバナンスを可能にする仕組み、被災者ニーズの徹底した把握にもとづく「届ける支援」、そして経験を蓄積した官民による支援者ネットワークの形成、等々である。

こうした広い意味での「支援の文化」は、原発事故による避難者の受け入れにおいても活かされていた。県レベルでは、「ビッグブッダハンド」を合い言葉にしながらすべての避難者に対応し、そのニーズをくみ上げ、住宅提供や交通支援などの創発的な施策に活かしていった。市町村のレベルでも、「おもてなしと自立」のバランスに配慮しつつ、「民泊」を取り入れるなどそれぞれに創意工夫をこらした。住民も、みずからの被災経験をふまえて避難者に寄り添っていった。

しかし、原発避難は終わりを見通せないまま長期化している。時間の経過とともに避難者のニーズは変化し、それに対応して支援の側に求められることも変わっていく。たとえば柏崎市の例でみたように、避難先での生活を懸命に構築する段階、避難元の市町村別コミュニティが求められる段階、避難者の個別化・多様化・分化が目立つ段階という変化がみられ、それに応じて支援の取り組みや課題も変わってきた。これまでの経験では対応できない、手探りの状態が続いている。

こうした段階で、「支援」に求められるものは何だろうか。民間の立場で避難者支援を続ける増田昌子さんの活動と言葉に、そのヒントがあるように感じる。彼女は一人ひとりの小さな「声」を聞き取り、かかわっていくことを大切にする。相手の必要に応じて、自分ができる範囲で手をさしのべる。一貫しているのは、組織に属さない一人の個人として、対等な「仲間」として避難者と向き合う姿勢である。増田さんはいつも、「助けて」「手伝って」と避難者に頼みながら、みずからの活動に巻き込んでいく。相手に自分の弱みをみせることを、けっしてためらわない。そこには、「インターディペンデンスという相互支援の関係」(鷲田 2015：183)が築かれる。こうした姿勢が、避難先で孤立化しがちな避難者の中に、そして地域住民との間に多くのコミュニティを立ち上げることにつながっていった。

「自立」を強調しすぎると、自己責任で生活しろと放り出すことになりかねない。かといって一方的な支援は、「被災者を被害者に」固定化してしまい、支援への依存を双方につくりだす可能性がある。増田さんはこの中間にある「インターディペンデンス」の関係を多様につくりだし、避難者を「開かせ」、その力を引き出すことに卓越していた。こうした能力もまた、(少なくともその一部は)彼女の災害経験にもとづいている。

ここに典型的に現れている「支援の文化」の核心は、それぞれに条件や事情の違う被災者一人ひとりの個別性を尊重する姿勢であり、さまざまな関係のなかでその自立を支援していく取り組みである。別の言い方をすると、それは〈被災者の誇りと尊厳〉をどう引き出し、守るかということに他ならない。その実現に向けて、多様な人びとが被災者に向き合ってきた。しかし支援の現場における苦闘にもかかわらず、現実には長期・広域避難を続ける被災者の「人間の尊厳」は損なわれ続けている。しかも、そうした事実そのものが忘れ去れようとしている。その回復が、速やかにはかられなければならない。

故郷喪失と生活再編への模索

第2部は、原発事故により福島県から新潟県内に避難中の方々に、継続的にお話をうかがってきたデータにもとづいている。

避難指示区域からの強制避難者は、新潟に来た当初は、帰還への希望とふるさとの復興への思いを語っていた。しかし時間の経過とともに、放射能汚染の深刻さや除染の停滞、荒れ果てた我が家などの現実が突きつけられ、先が見えない状況におかれている。時間の経過の中で、新潟に自宅を建てるなど表面的・外見的には生活の安定がうかがわれるケースも出てくる一方で、不安や「宙づり」の感覚、気持ちのゆれが共通してある。「中途半端」「半身」、果ては「難民」といった言葉までが聞かれた。周囲の「まなざし」の厳しさを感じることもあり、精神的に落ち着かない、片づかない感じはむしろ深まっているように思われる。

区域外からの、母親と子どもを中心とした自主避難者の暮らしは、二重生活の負担による困窮の度合いを深めている。放射能への不安を抱えたまま帰還する道を選ぶか、生活費を工面しながら避難生活の継続を選ぶかの判断を繰り返し迫られてきた。放射能リスクに対する考え方の差が広がる中で、人間関係の解体と承認への不安をつねに抱えている。「納得して選べる避難の権利が欲しい」「5年以上たっても地に足をつけて生活している実感はない」といった語りが聞かれた。賠償もきわめて不十分なまま、命綱だった住宅支援も打ち切られようとしている。

強制避難者と自主避難者は、賠償などおかれている条件が異なり、同列に論じることはできない。これまでの新潟県における支援も、両者の違いに配慮しながら取り組まれてきた。ある種の「棲み分け」がなされてきたといっていいかもしれない。しかしその一方で、両者が共通に抱えている問題、あるいは地続きになっている問題にも着目しておく必要があるように思う。

国も福島県も、県外避難者に対しては福島県内への帰還をうながしており、区域再編から避難指示解除へと、その動きは加速している。そこには、被害を限定的に捉え、この問題を早く収束させようとする意図も垣間みれる(除本 2013b)。広域避難者は、理不尽に限定された選択肢の中で、しかも判断するだけの十分な材料や情報もなく、各個人・世帯で今後の生活をどうするかの決断を迫られている。その上、選択の責任も負わされかねない。被災者の個別化・孤立化と世論の無関心により、避難者の「孤立無援」感はいっそう深まっていく。

もちろん避難者のそれぞれの選択は、最大限尊重されなければならない。しかし、分断と個別化が進んでいくと、将来可能性としてはありうる健康面・生活面でのさまざまなリスクに十分対応できなくなる。したがって、個別的な選択の尊重と共通のベース（コミュニティ）の構築をともに追求していくことが、課題となってくる。

そのためにも、帰還一辺倒ではない選択肢の用意が必要である。福島県内にとどまっている住民も、県外で避難を続ける住民も、ともにもとの町の住民であり続けられるようなゆるやかな仕組み——たとえば「二重の住民登録」のような——である（今井 2013）。すぐには帰還できなくても、そのような形でつながりが維持されていれば、長期的に（場合によっては世代を超えて）町や地域の復興を考えていくことができる。

避難指示解除により、帰還可能とされる地域も徐々に拡大してきた。そうなると、かつての強制避難者と自主避難者の境目も順次なくなり、地続きになる。また、自主避難者といっても、ふるさとに根を残していると感じる人は少なくない。それは、原発事故により理不尽に奪われたものであり、強制避難者にとっても自主避難者にとっても簡単に捨てきることはできないものである。（性急でも一様でもない形で）それを取り戻していくことは、避難者の自立と尊厳の回復に結びついていくだろう。

「場所」の可能性

第２部の最後で、新潟に避難しながら故郷と避難者をつなぐ活動をしている後藤素子さんの例を取り上げた。後藤さんにとって避難指示区域となった故郷（南相馬市小高区）は、みずからのアイデンティティそのものだった。そこは原発をめぐって複雑な思いが交錯する場でもあり、だからこそ学校を軸として地域を結び直すことをライフワークと考えていたのである。原発事故は、そこで積み上げてきた活動も人間関係も、一瞬のうちに吹き飛ばしてしまった。避難後の後藤さんは、地域にこだわり、地域を取り戻すための活動を手がけていく。彼女にとっての地域は、まぎれもない「場所」だった。

本書の第3部では、新潟県中越地震の被災地（長岡市山古志地区）の例も経由しながら、この「場所」がもつ意味について考察していった。中越地震による全村避難を経験した山古志地区は、少子高齢化が加速し、表面的には地域の衰退が進んだようにみえる。しかし、社会関係や住民意識を検討すると、より外部に開かれた形での集落秩序の再編や女性・若者が活動する空間の広がり、住民自治の担い手としての意識の高まりといった変容がみられる。とりわけ〈外部〉との交流がゆるやかに重層的に広がっている姿は、これまでの地域のイメージを変えるものとなった。すなわち、山古志の居住者だけでなく、近隣から「通う」人びとや出身者・支援者からなる応援団が、広い意味での「住民」として地域を成り立たせている姿である。

山古志の人びとは、（地震によって無理やりではあったが）故郷を離れて「他者」の目で山古志をみることによって、あらためてその価値や意義を再認識した。また、ボランティア等の外部の人びとのまなざしを借りることで、山古志という場所を〈再発見〉した。いずれも「外から」の視線で対象化することにより、空間をかけがえなのない「場所」として照らし出すことができたのである。さまざまな他者と多様なつながりをもち、それぞれの場所を行き来することが、私たちにとって「生きられた空間」である場所のもつ価値を浮かび上がらせる。それは、私たちの住まう場である「地域」を、意識的に再構築していくための手がかりとなりうる。

中越地震被災地における復興への模索は、次のような「場所」への注目とつながってくる。「多様で異質な人びとがローカルな有限空間を共有しているという事実から出発することが導きの糸になるように思います。とくに、地方の高齢化と過疎化が相当進行している現状を考えると、必要に迫られて『住民』や『地域』といった基本的な単位を再定義しなくてはならないときが遠からずやってくるでしょう。その時、場所の共有ということが当事者をつくるだろうし、足りないものは何か、誰と連携すればよいのかといったこともあらためて明らかになるでしょう」（市野川・宇城編 2013：356）。

長期・広域避難を強いられている原発被災者の場合には、ここでいう〈「住民」や「地域」の再定義〉が重要な意味をもつだろう。住民全員が避難を強いられた富岡町の住民団体「とみおか子ども未来ネットワーク」にとって、故郷の風景やそこで築かれてきた人間関係と暮らしの営みの想起、「空間の履歴」(桑子 2001)を共有していたことの確認は、活動の柱となっていった。「場所の力」は、人びとを長期にわたってつないでいくシンボルになりうる。

しかし地域のつながりや絆の強調は、人びとを連帯させるのではなく、分断させるシンボルにもなりうる。県外に原発避難を強いられた人びとは、たとえば福島に残った住民とのあいだに分断を感じる。避難区域の内外や、帰還するかしないかの判断、放射能汚染に対する考え方などによって、無数の分断線が引かれていく。その際に地域は、再生への足がかりになると同時に、被災者の選択や行動を縛り、苦しめる根源にもなりうる。「場所」を「ローカルな有限空間」に固定化するのではなく、もっと開いていく必要がある。その延長線上で、住民や地域、そして復興について再考すべきだろう。

2. 被災者にとっての「復興」

「人生の次元」の再生

若松英輔は、遠藤周作を参照しながら、人間の生には２つの次元――人生の次元と生活の次元――があると述べている(若松・和合 2015：110-111)。人生の次元は「垂直線を描くように、縦に、私たちの生に深く根ざす」。一方、生活の次元は「日常生活において水平線を描くようにどんどん横に広がって行く」。もちろん人生も生活もともに重要なのだが、人生がなければ生活はありえないはずだ。しかし東日本大震災をめぐる報道等の中では、この人生の次元にかかわる問題が正当に扱われてこなかったのではないか、という問題提起がなされていた。

この議論をふまえて、広域避難者にとっての「生」について考えてみたい。故郷を遠く離れて、慣れない土地での生活の立て直しを迫られた避難者は、「生活の次元」にある日々の暮らしの諸問題――住居や仕事、子どもの学校や健康、老親の介護、近所づきあい等々——に直面し続けてきた。その一方で、一人ひとりの避難者がそれぞれ積み重ねてきた「人生の次元」、その蓄積をふまえた未来への展望は、事故と避難により断ち切られてしまった。賠償は、「生活の次元」を成り立たせることをある程度可能にするだろうが、「人生の次元」のことは一切視野に入れていないし、その修復に寄与することもない。

つまり広域避難者は、「人生の次元」ぬきの「生活の次元」を強いられているといえるかもしれない。日々の暮らしが何とか成り立っていても、過去から未来を貫く生の軸が欠如しているために、自分の位置を確かめ、見定めるための尺度を失っている。それが、「宙づり」の感覚をつくりだしているのではないか。生に統合(感)をもたらす「人生の次元」が失われているために、どこか断片化された生を生きざるをえないのである。

避難者が復興や再生に至るまでの時間に関しても、「人生の次元」が考慮に入れられなければならない。過去から未来を貫く生の軸をふまえた深いレベルでの「納得」がなければ、再生に向けた歩みを進めることは難しいだろう。とりわけ原発事故の場合は、一般の自然災害と比べて、被害(放射能汚染)の回復までに要する時間がきわめて長いという特徴をもつ。さらに原発事故は加害者のいる「人災」であるがゆえに、被害を受け入れ、心の傷が癒えるまでには、より長い時間が必要かもしれない。

にもかかわらず現状では、避難者の「人生の次元」を無視して、たとえば帰還か移住かの二者択一的な選択を性急に迫っている。それは避難者に傷を負わせ、むしろ解決を遠ざけているように思う。原発事故の被害に対する賠償は、もっぱら個人の「生活の次元」に向けられてきた。しかしそれは、結局のところ、避難者の生を構成する半面のみを視野に入れたものに過ぎない。「人生の次元」を含めての再生を可能にするためには、根っこの共同性・社会性の再構築とともに、それを保障する「二重の住民登録」などの制度や意思決定・住民自治の仕組みの再設計が不可欠であろう。

「尊厳」の承認

多くの避難者が、「難民」という言葉でみずからを語っていた。たとえば、避難所を転々とした苦難の経験、個々の避難者に向き合おうとしない国や東電の態度、賠償への無理解に起因する周囲の扱いやまなざし、夢の断絶や将来への希望の喪失等々が、これまで培ってきた自信や誇りを打ち砕き、いいようのない棄民感を避難者の心に刻みつけてきた。こうした、いわば「見捨てられた状態」（アレント 1974：297-300）が、「難民」のイメージと重なるのであろう。

この「難民」感の背後にあるのは、原発避難者の多くがかつて営んでいた「根っこのある生き方」ではないか。比較的狭くて手ざわりのある生活空間の中で、時間と空間の積み重ねを共有する人間関係に根ざした暮らしが存在していた。それもまた「人生の次元」の重要な構成要素だったといえる。原発事故は、「住み慣れた生活空間での暮らしを根こそぎ奪った」のであり、「意味のある場所である空間からの根こぎ」が起こった（松薗 2015）。避難者は、共同的な営みにおける「承認」や「見られ、聞かれる」経験も喪失したのである。

この「根っこ」は、おそらくは水や空気のようなものだから、そこで暮らしている間はあまりその存在を意識しないものかもしれない。避難により無理やり引き抜かれた後に、かけがえのない人間関係、取り替えのきかない「場所」として振り返る中で、「根っこ」は事後的に意味づけられている。避難者であることにつきまとう、地に足が着いていないふわふわした感じ、「間借り」感や居場所のなさは、「根っこ」を失ったことにも起因しているのだろうし、「転勤だと思って移住すればいい」という言葉には、この点への理解が決定的に欠けている。

私たちは、進学や就職、結婚、転職、あるいは病気やけが、失業、離婚などさまざまな変化を経験する。そのたびに、何かを選択し、受け入れ、軌道修正しながら生活を再構築していく。たとえば自然災害などで、大きな被害や喪失を経験すると、回復までに長い時間を要する場合もある。とはいえ今回の原発避難の場合は、加害者のいる巨大な規模の「人災」である点が、上記のいずれとも異なっている。変化（被害）を納得して受け入れることが、きわめて難しいのである。当たり前の平穏な暮らしを営む権利、過去と未来の連続の中にある「人生の次元」を一方的に奪われ、傷つけられ、しかも誰も責任をとらず、周囲からの理解も得られない。事故直後は避難を強いられ、今度は必ずしも条件が整わないまま帰還を迫る動きが強まっている。その上、こうした事実の全体が「なかったこと」にされ、忘れ去られようとしている。「忘却の穴」が口をひろげて待っている（アレント 1974：224）。

こうした過程で損なわれ続けた被災者の「尊厳」が回復されなければならない。それがかなったときにはじめて、「被災者にとっての復興」を語ることができるのだろう。そのためには、「承認」の場である社会関係を捉え返す必要がある。ハンナ・アレントのいう「公的領域」がヒントになるかもしれない。それは、公的に現れて「見られ、聞かれる」リアリティであり、異なった立場をもつ複数の多様な人びとが、「人びとを結びつけると同時に分離させる」テーブルをはさんで向かい合う場である。そこでは「忘却の穴」に落ち込むことはなく、テーブルをはさんでいるから「身体をぶつけ合う」こともなく、しかも「世代を超えて生き続けることができる」ものである（アレント 1994：79-87）

3. 「地域」の問い直し

仮想の地域コミュニティ

「地域」あるいは「地域の復興」という言葉は、諸刃の剣である。被災者の再生を後押しする可能性をもつと同時に、被災者間の分断や尊厳の毀損に導くものでもある[1]。とくに避難の終了と帰還が急速に推し進められている現段階においては、地域や故郷、コミュニティの強調が分断を生む効果が強い。地域の早期復興を掲げることが、逆に避難者に帰還をあきらめさせ、住民の間に壁をつくり、結果的に地域を壊してしまいかねない。どうすれば、地域という言葉の分断効果を回避して、避難者の再生に結びつけることができるのだろうか。

県外で長期にわたって避難生活を続ける広域避難者の多くは、避難先を自分にとっての新たな「場所」と位置づけ、「地に足をつけて」生活しているわけではなさそうだ。本書の第2部で取り上げた語りに繰り返しみられたように、落ち着かない、割り切れない思いを抱え、避難先と故郷とのあいだで「半端」な気持ちを抱いている。こうした被災者・避難者の気持ちのゆれや迷いの振幅から、地域やコミュニティを捉え返すことはできないだろうか。

多くの避難者が、避難先と故郷のあいだで「ゆれ」ている。それは、避難先での自分の生活を故郷と切り離すことができない、ということである。心のどこかで故郷を意識し、故郷への「思い」を残している。こうしたゆれや迷いは、避難元の地域のあり方を再考するきっかけになりうる。

避難者が再び地に足をつけて前に進んでいくためには、先にみたように「生活の次元」の再建・維持に加えて時間的・空間的・関係的な「人生の次元」の再生が不可欠だろう。たとえば、本書の第６章で後藤素子さんが語っていた故郷の記憶、コミュニティに支えられてきた生の記憶を紡ぎ出し、継承していくこと。それを軸に〈仮想の地域コミュニティ〉を組み立て、ゆるやかで長期的な関係を維持していくこと。またそれを、地域協議会などの「自治」の場での問題提起につなげていくこと、などがヒントになるだろう。人びとの「生」が根を下ろしていたのは、過去から未来に向けて当たり前のように流れる時間、記憶に彩られた特定の場所、おなじみの人間関係と結びついた地域であり、そこで得られる承認の経験だったのである。

ただし当面は、〈仮想の地域コミュニティ〉が仮想のままとどまることも必要なのかもしれない。具体的な土地に結びついたとたん、たとえばそこに戻る住民と戻らない住民のあいだに分断をつくりだしてしまう。地域を具体的な土地や限られた領域とだけ捉えると、地域を守ることと住民を守ることの間に乖離が生じる場合もあるだろう。そうではなくて、共有された記憶やイメージに依拠して、土地に縛られず、空間に固定されないことにポジティブな意味を見いだすという方向である。すなわち、被災者・避難者のゆれや迷い、選択のし直しを肯定する〈仮の容器〉として地域コミュニティを考える、バーチャルな空間を肯定することによって地域の持続をはかる行き方である。

たとえば広域に避難している住民に対して、帰還をせかすことなく町の情報を発信し続け、「離れていても見守り、応援している」という意思を示すこと。また、すでに住民票を移した人を含めて、町の「応援団」でいてほしいというメッセージを送り続けること。将来に向けたまちづくり（町の復興計画）に関して、避難者の意見を聞いたり、かかわってもらうことも考えられよう。（心ならずも）町を離れざるをえなかった住民も、「小さなガバナンス」（稲垣 2015）の一翼を担うのである。

災害被災地や原発避難の事例に限らず、人口減少が続く日本の大部分の国土では、近い将来「地域」の見直しが必要になってくる。フルタイムで居住する人だけでなく、外部の多くの人がかかわることで、存続できる地域も増えてくる。出入り自由な開放的な空間、縛られないゆるやかな関係、多様なかかわりを包摂するものとして「地域」を捉え直す必要性は増している。「対話的な関係が成り立つ場、あるいはまた、相互性や互酬性によって支えられる関係」であり、「外部に開かれた可塑的なもの、他者との間に新たに（再）形成されるもの」としての可能性である（伊豫谷ほか 2013：129-130）。また、「『地域住民』としての地縁にもとづく交流ではなく、地域での共住をきっかけとして生まれる、それぞれに特異な『市民』がその特異性をたがいに確保しつつおこなうコミュニケーション」にもとづくコミュニティである（鷲田 2013：170）。

再生への時間

地域を守ることが住民を守ることになる仕組み、地域の復興が個々の住民の復興につながる仕組みを構想し、実現するためには「時間」の軸について再考することも必要である。地域の空間を問い直すとともに、地域の復興に要する時間、被災者の復興に要する時間についても捉え直すことが求められる。

被災者・避難者の生活を維持・再生することは緊急の課題である。避難指示の解除と賠償の打ち切りを連動させた現在の政策は、早急な帰還を迫るものでありきわめて問題が大きい（金井・今井編 2016：3）。自主避難者への住宅提供の打ち切りも、避難の実情を無視し、避難者の困窮をもたらす政策である。こうした政策を改めて、避難者の人権を回復することは、早急に実現されなければならない。

避難元である被災地の復興は、それとは異なって、もっと時間をかけて取り組むべき課題である。放射能汚染の深刻さや事故を起こした原発の状況、廃炉作業に要する時間などを考えると、いずれも短期間に解決できる問題ではない。今後長期間、場合によっては世代を超えた取り組みを要するだろう。

にもかかわらず現実には、すぐに帰還するかしないかで住民を選別する政策になっている。先にみたように、避難者は迷いを捨てきれず、故郷への「思い」を抱き続けている。この「思い」を切り捨て、避難者をバラバラにするのではなく、長い時間をかけて「思い」をつないでいく方法を模索するべきであろう。

再び後藤素子さんの言葉を引けば、地域の人びとに子どもたちが見守られていた「地味な部分」、暮らしの記憶を呼び起こし、あるいは本来あり得たはずの「地味」で記憶に残るような日常性をあらためて立ち上げる営みである。「通信」の送付を手がかりとして、イメージのなかの小学校を軸に〈仮想の地域コミュニティ〉を維持しようとする。子どもたちの存在を基盤に、「場所」としての地域を再構築する試みは、次の世代への橋渡しを意図したものでもある。

また、富岡町の住民団体「とみおか子ども未来ネットワーク」では、2014年から「おせっぺとみおか」という事業に取り組んでいる。それは、「富岡町の学生たちが、地域の年長者を中心とした住民への『聞き書き』という手法を通して、自らが育った地域の歴史・風土、先人たちの教えなど有形無形の財産を学び、そうした、故郷に脈々と息づいてきた『暮らし』を継承する行為から、

「おせっぺとみおか」（東京都）

自らの生活を考え、将来を生き抜いていける力を養うことを目的」とした試みである[2]。

地域のメンバーを現在の世代に限定するのではなく、次の世代、その次の世代へと引き継いでいく。たとえ帰還し、居住していなくても、「暮らしの記憶」を継承することによって、時間を超えて地域のバトンを受け渡していく。こうして次の世代にバトンをつなぐことは、現在の世代の気持ちの上での復興にも結びついていく(稲垣ほか 2014：93-94)。〈仮想の地域コミュニティ〉は、暮らしの記憶を受け渡す場でもある。

こうして、時間(「いま」)と空間(「ここ」)を超えた「地域」をイメージすることができる。いわば、〈想像上の場所としてのコミュニティ〉である。〈リアルな生活空間としてのコミュニティ〉とは仮に切り離された〈想像上の場所としてのコミュニティ〉を想定し、その二重性のもとで「地域」を捉え返す。それにもとづいて、被災者の生活再編と復興をはかっていくという方向である。それをたしかなものにするためにも、「二重の住民登録」に代表されるような制度的な整備、故郷や地域への「思い」をもつ人をつないでいく仕組みづくりの工夫が必要とされる。

原発事故から6年を経過した現在、避難指示の解除が進み、自主避難者への住宅支援も原則として打ち切られた。避難者にとっての「生活の次元」の先行きも怪しくなってきている。避難者の分断と個別化、個々の人生の断片化にしか結びつかないような現状と政策に抗して、その「人生の次元」への理解と敬意に根ざした仕組みを構想していくことが求められている。避難者全体の不可視化と難民化がいっそう進んでいくのか、それとも二重性を生きることの意味を積極的に捉え返し、拡張された「地域」への回路を結び直して避難者の生活と人生の回復・再生への道が切り開かれるのか。現在はまさに、その岐路にあるといえる。

注

1 「ソーシャル・キャピタルがつねに公共財として機能し、すべての人々に恩恵をあたえるものではないということである。それどころか、災害分野以外の研究で明らかにされているように、それは諸刃の剣として、あるいは二面性を持つ資源として捉えることができる」(アルドリッチ 2015：18)。
2 「おせっぺとみおか——富岡町次世代継承 聞き書きプロジェクト」HP、https://tomiokakikikaki.wordpress.com/about/

あとがき

原発事故から1年半が経過した2012年9月に、許可を得て福島県富岡町を訪れることができた。警戒区域に指定され、原則として立ち入りが禁止されていた町を、役場職員や住民の方々、同僚の研究者と一緒に白い防護服を着て歩いた。津波で崩壊したJRの駅や避難直前の暮らしがそのまま残された家、人の背丈よりも高く生い茂る雑草、同行した住民の方の悲鳴に近い叫び声など、忘れることができない。何の前ぶれもなく、突然スイッチをパチンと切られたような風景は、ひたすら非現実的だった。

原発事故や津波のような理不尽で圧倒的な暴力を前にすると、社会学の研究者などという存在の無力さに悄然としてしまう。被災者の役に立つようなことは何もできないそのつらさから、つい逃げ出したくなる(正直にいうと、何度か離れようと思った)。そのたびに思い出すのは、2012年夏の市村高志さん(現NPO法人とみおか子ども未来ネットワーク理事長)との会話である。

故郷の富岡町から東京都に避難していた市村さんから、「どうして俺らはこんなに苦しいのか、(研究者なら)ちゃんと説明してほしい」と問われた。私には説明することなどできなかったので、正直にそう答えると、「それならずっと一緒に考えてくれ。俺らは被災者をやめることはできないんだから」と迫られたのである。たぶん市村さんは、原発避難の問題にかかわる研究者をみるたび、そういっていたに違いない。しかし彼の言葉は私の中に入り込み、逃げ出したくなるたびにそのちょっと恐い顔が思い浮かんだ。

本書に収めた文章を執筆する際に、折にふれ脳裏をよぎったのは、どこか現実感を欠いた富岡町の風景であり、市村さんの問いかけだった。原発事故により避難を強いられた人びとが、なぜこれほどまでに苦しまなければならないのか。仕事と家を失い、故郷を失うことだけで十分つらいのに、なぜ周囲の無理解と分断に取り囲まれて生きていかざるを得ないのか。答えなどとうてい出せるはずもなく、ただ問いのまわりをぐるぐると回っているだけだった。だが、そこにはおそらく、この社会が抱えている本質的な問題が隠されているはずだった。

「復興」といえば大がかりな土木事業に著しく偏り、住民自治は不在のまま「中央」への依存が深まっていく。長期的に地域の持続可能性を考えるのではなく、短期的な利得を追い求め、次の世代に平気でつけ回しをする。異論や反対は少数者の声として切り捨て、平気で押しつぶしていく。避難者を不可視化し、現に存在する被害に蓋をしようとする。――そもそも原発事故を引き起こしたのは、こうした社会や政治のありようだったのではないか？

現在では、東日本大震災も原発事故もなかったかのように、威勢のいい乱暴な言葉が踊り、派手なパフォーマンスが繰り広げられている。あれだけの犠牲を払い、いまも回復されない膨大な被害を抱えたままなのに……。失敗から何も学ばなければ、次にはもっと痛い目にあうことになるだろう。

本書は私にとって、『中越地震の記憶』(2008年)、『震災・復興の社会学』(2011年)に続く、災害を対象とした3冊目の単著になる。中越地震・中越沖地震の被災地調査をふまえて執筆した前著では、終章に「つらい体験である災害は、同時に地域のつながりを結び直し、よりよい社会を切り開くきっかけとなる可能性を秘めている」と記すことができた。原子力災害の特殊性なのか、それとも社会自体の変質を物語っているのか分からないが、原発避難を対象とした本書では、残念ながらあまり前向きなことは書けなかったと感じている。

それでも、現場で奮闘している避難者・支援者の方々は、事態を冷静に捉え、私の問いかけに応じて丹念に言葉を紡いでくださった。そこにはやはり、社会をわずかずつでもまともなものに変えていく〈希望〉が含まれていたように思う。相変わらず私にできることは、そうした言葉や経験を記録することだけだった。だがいまは、時間がたてば埋もれてしまう（というよりも積極的に「なかったこと」にされようとしている）当事者の「思い」を、できるだけ正確に残し、伝えることに努めたい。被災者の経験に謙虚に向き合うこと以外に、真っ当な社会に通じる道はないと信じている。市村さんに「ちゃんと説明」することは、もう少し先の宿題とさせていただきたい。

一人ひとりお名前をあげることはできないけれど、本書をまとめる過程でじつに多くの人びとからご協力をいただいた。正式にインタビューをお願いした方だけでも、数えてみたら避難者・被災者が41名(回数でいうと59回)、行政職員・民間支援者が35名(47回)にのぼっていた。多忙な中お時間を割いていただいたことに、心より感謝申し上げたい。柏崎市の増田昌子さんと南相馬市から新潟市に避難中の後藤素子さんには、本当に繰り返し、繰り返しお話をうかがってきた。お二人のお話は、本書全体の背骨になっている。

避難問題に関心を寄せる研究者のグループにも数多くかかわらせていただき、研究交流の中で理解を深めることができた。とりわけ、山下祐介さんや松薗祐子さんを中心とする研究グループ、および髙橋若菜さん・小池由佳さんを中心とする「福島被災者に関する新潟記録研究会」からは多くを学ばせていただいた。東信堂の下田勝司社長には、出版事情の厳しいなか本書の刊行を引き受けていただき、内容についても有益なご助言をいただいた。なお本研究は、JSPS科研費(JP24530615, JP16K04058)の助成を受けたものである。

本書の各章は、東日本大震災以降折にふれて書いた原稿をもとにしており、それに書き下ろしの章を加えた。執筆の機会を与えていただいた皆さまにも感謝申し上げる。既発表原稿と本書との対応は、下記の通りである。

序章　広域避難の概要と本書の課題
　……書き下ろし
第1章　原発避難と新潟県――「支援の文化」の蓄積と継承
　……吉原直樹ほか編『東日本大震災と〈復興〉の生活記録』六花出版, 2017, 所収(一部改変)
第2章　柏崎市の広域避難者支援と「あまやどり」の5年間
　……『人文科学研究』138(新潟大学人文学部), 2016, 所収
第3章　「仲間」としての広域避難者支援――柏崎市・サロン「むげん」の5年間
　……『災後の社会学』4(震災科研プロジェクト報告書), 2016, 所収
第4章　「宙づり」の持続――新潟県への強制避難
　……書き下ろし

第5章　「避難の権利」を求めて――新潟県への自主避難
……書き下ろし
第6章　避難者と故郷をゆるやかにつなぐ――「福浦こども応援団」の試み
……書き下ろし
補論　広域避難調査と「個別性」の問題――福島原発事故後の新潟県の事例から
……『社会と調査』16（社会調査協会），2016，所収
第7章　災害からの集落の再生と変容――新潟県山古志地域の事例
……植田今日子編『災害と村落（年報 村落社会研究51）』農山漁村文化協会，2015，所収
第8章　「場所」をめぐる感情とつながり――災害による喪失と再生を手がかりとして
……栗原隆編『感情と表象の生まれるところ』ナカニシヤ出版，2013，所収
第9章　災害からの復興と「感情」のゆくえ――原発避難の事例を手がかりに
……栗原隆編『感性学――触れ合う心・感じる身体』東北大学出版会，2014，所収
終章　「復興」と「地域」の問い直し
……書き下ろし（一部は「長期・広域避難とコミュニティへの模索――新潟県への原発避難の事例から」『社会学年報』45（東北社会学会），2016，を再構成）

原発事故による被災と避難の問題は、いずれにせよ研究者や市民にとって長期的なかかわりを必要とするテーマである。これからも「被災者をやめることができない」人びとと向き合いながら、今回の切実な経験を深く理解し、今後に活かしていくことを目指したい。

参考文献

青木勝，2007，「山古志の復興は山の暮らし・集落の再生」(岡田ほか編 2007，41-69)．
秋津元輝，2009，「集落の再生に向けて一村落研究からの提案」『年報 村落社会研究』45，199-235．
阿部真大，2007，『働き過ぎる若者たち──「自分探し」の果てに』NHK 出版．
阿部泰宏，2013，「データの前に寄り添って」『朝日新聞』2013 年 12 月 7 日付．
アリエス，フィリップ，1980『〈子供〉の誕生──アンシャン・レジーム期の子供と家族生活』(杉山光信ほか訳) みすず書房．
アレント，ハンナ，1974，『全体主義の起源 3』(大久保和郎ほか訳) みすず書房．
────，1994，『人間の条件』(志水速雄訳) ちくま学芸文庫．
淡路剛久・吉村良一・除本理史編，2015，『福島原発事故賠償の研究』日本評論社．
石川実，2009，『嫉妬と羨望の社会学』世界思想社．
市野川容孝・宇城輝人編，2013，『社会的なもののために』ナカニシヤ出版．
伊藤守，2013，『情動の権力──メディアと共振する身体』せりか書房．
伊藤亮司，2008，「新潟県における農山村問題と限界集落──主に中越地域の事例から」『新潟自治』36，30-41．
────，2010，「中山間地農業・農村の担い手問題とソーシャル・キャピタル──新潟県中越地域の集落営農の現状を踏まえて」『地域開発』550，11-14．
稲垣文彦，2015，「中越から東北へのエール──右肩下がりの時代の復興とは」『世界』2015 年 4 月号，101-109．
稲垣文彦ほか，2014，『震災復興が語る農山村再生──地域づくりの本質』コモンズ．
今井照，2013，「「仮の町」が開く可能性──住所はふたつあってもよい」『世界』2013 年 4 月号，84-92．
────，2014，『自治体再建──原発避難と「移動する村」』ちくま新書．
今井照・自治体政策研究会編，2016，『福島インサイドストーリー──役場職員が見た原発避難と震災復興』公人の友社．
今井照・高木竜輔・石井宏明・渡戸一郎，2016，「座談会「避難」をどう捉えるか──強制移動、難民研究の視点からのアプローチ」『難民研究ジャーナル』6，3-22．
伊豫谷登士翁・齋藤純一・吉原直樹，2013，『コミュニティを再考する』平凡社新書．
岩崎信彦・鵜飼孝造・浦野正樹・辻勝次・似田貝香門・野田隆・山本剛郎編，1999，『復興・防災まちづくりの社会学 (阪神・淡路大震災の社会学 3)』昭和堂．
植田今日子，2009，「ムラの「生死」をとわれた被災コミュニティの回復条件」『ソシオロジ』166，19-35．
浦野正樹・大矢根淳・吉川忠寛編，2007，『復興コミュニティ論入門 (シリーズ災害と社会 2)』弘文堂．
大島堅一・除本理史，2012，『原発事故の被害と補償──フクシマと「人間の復興」』大月書店．
大和田修，2012，「原発事故後の学校や子どもの現状と課題──南相馬市の現状」『日教組第 61 次教育研究全国集会報告書』219-229．
岡田知弘・にいがた自治体研究所編，2007，『山村集落再生の可能性──山古志・小国法末・上越市の取り組みに学ぶ』自治体研究社．

岡田知弘・自治体問題研究所編，2013，『震災復興と自治体―「人間の復興」へのみち』自治体研究社.
岡原正幸・山田昌弘・安川一・石川准，1997，『感情の社会学』世界思想社.
荻野昌弘・蘭信三編，2014，『3.11 以前の社会学――阪神・淡路大震災から東日本大震災へ』生活書院.
開沼博，2012，「「難民」として原発避難を考える」(山下・開沼編 2012，332-360).
加藤眞義，2013，「不透明な未来への不確実な対応の持続と増幅――「東日本大震災」後の福島の事例」(田中ほか編 2013，259-274).
金井利之，2012，『原発と自治体――「核害」とどう向き合うか』岩波ブックレット.
金井利之・今井照編，2016，『原発被災地の復興シナリオ・プランニング』公人の友社.
河上正二，2001，『歴史の中の民法――ローマ法との対話』日本評論社.
川副早央里，2013，「原発避難者の受け入れをめぐる状況――いわき市の事例から」『環境と公害』42 (4)，37-41.
関西学院大学復興制度研究所・東日本大震災支援全国ネットワーク・福島の子どもたちを守る法律家ネットワーク編，2015，『原発避難白書』人文書院.
クライン，ナオミ，2011a，『ショック・ドクトリン (上) ――惨事便乗型資本主義の正体を暴く』岩波書店.
――――，2011b，『ショック・ドクトリン (下) ――惨事便乗型資本主義の正体を暴く』岩波書店.
栗原彬・テッサ・モーリス - スズキ・苅谷剛彦・吉見俊哉・杉田敦・葉上太郎，2012，『3・11 に問われて――ひとびとの経験をめぐる考察』岩波書店.
桑子敏雄，2001，『感性の哲学』NHK ブックス.
小谷敏，2013，『ジェラシーが支配する国――日本型バッシングの研究』高文研.
後藤範章・宝田惇史，2015，「原発事故契機の広域避難・移住・支援活動の展開と地域社会――石垣と岡山を主たる対象地として」『災後の社会学』3，41-61.
坂田寧代・吉川夏樹・三沢眞一，2012，「中越地震後の養鯉池における復旧実態と未復旧地の立地特性」『農業農村工学会論文集』80 (1)，59-64.
佐久間政広，2011，「地域社会の再生を考える」『社会学年報』40，47-49.
佐藤彰彦，2013，「原発避難者を取り巻く問題の構造――タウンミーティング事業の取り組み・支援活動からみえてきたこと」『社会学評論』64 (3)，439-458.
関礼子，2013，「強制された避難と「生活 (life) の復興」」『環境社会学研究』19，45-60.
成元哲編，2015，『終わらない被災の時間――原発事故が福島県中通りの親子に与える影響』石風社.
高木竜輔，2013，「長期避難における原発避難者の生活構造――原発事故から 1 年後の楢葉町民への調査から」『環境と公害』42 (4)，25-30.
――――，2014，「福島第一原発事故・原発避難における地域社会学の課題」『地域社会学会年報』26，29-44.
高木竜輔・川副早央里，2016，「福島第一原発事故による長期避難の実態と原発被災者受け入れをめぐる課題」『難民研究ジャーナル』6，23-41.
髙橋準，2015，「「戸惑い」と「とり乱し」――東日本大震災後の“ふくしま”からの試論」『行政社会論集』27 (3)，77-91.
高橋征仁，2013，「沖縄県における原発事故避難者と支援ネットワークの研究 (1) ――弱い絆の強さ」『山口大学文学会志』63，79-97.
――――，2015，「沖縄県における原発事故避難者と支援ネットワークの研究 (2)

──定住者・近地避難者との比較調査」『山口大学文学会志』65, 1-16.
髙橋若菜, 2012,「新潟県における福島乳幼児・妊産婦家族と地域社会の受容」『アジア・アフリカ研究』52 (3), 16-47.
────, 2014,「福島県外における原発避難者の実情と受入れ自治体による支援──新潟県による広域避難者アンケートを題材として」『宇都宮大学国際学部研究論集』38, 35-51.
────, 2015,「原子力賠償・復興支援策からこぼれ落ちる原発被災者たち──通常の災害復興支援による救済と限界」『環境経済・政策研究』8 (2), 62-66.
髙橋若菜編・田口卓臣・松井克浩, 2016,『原発避難と創発的支援──活かされた中越の災害対応経験』本の泉社.
髙橋若菜・田口卓臣編, 2014,『お母さんを支えつづけたい──原発避難と新潟の地域社会』本の泉社.
髙橋若菜・渡邉麻衣・田口卓臣, 2012,「新潟県における福島からの原発事故避難者の現状の分析と問題提起」『多文化公共圏センター年報』4, 54-69.
武田徹, 2012,「実用教育の場から若者の承認欲求を満たす場へ」『中央公論』2012 年 2 月号, 34-41.
田中重好・舩橋晴俊・正村俊之編, 2013,『東日本大震災と社会学──大災害を生み出した社会』ミネルヴァ書房.
丹波史紀, 2012,「福島第一原子力発電所事故と避難者の実態──双葉 8 町村調査を通して」『環境と公害』41 (4), 39-45.
陳玲, 2013,「池谷集落およびその周辺地区におけるコミュニティの創出について」『災害復興の資源化とコミュニティの創出に関する民俗学的研究』新潟県立歴史博物館, 9-28.
トゥアン, イーフー, 1993,『空間の経験』(山本浩訳) ちくま学芸文庫.
徳野貞雄・柏尾珠紀, 2014,『家族・集落・女性の底力』農文協.
とみおか子ども未来ネットワーク・社会学広域避難研究会富岡班編, 2013,『活動記録 vol.1』とみおか子ども未来ネットワーク.
中村和恵, 2012,「日本のこころ」『世界』2012 年 2 月号, 276-283.
新潟県長岡市山古志支所・新潟県精神保健福祉協会こころのケアセンター編, 2014,『新潟県山古志地域 こころとからだの健康 9 年後調査報告書』.
日本学術会議社会学委員会 東日本大震災の被害構造と日本社会の再建の道を探る分科会, 2014,「東日本大震災からの復興政策の改善についての提言」.
葉上太郎, 2013,「フタバ 原発に翻弄された町 第 3 回──「善意」が生んだ町民の分断」『世界』2013 年 11 月号, 200-208.
長谷川公一・保母武彦・尾崎寛直編, 2016,『岐路に立つ震災復興──地域の再生か消滅か』東京大学出版会.
パットナム, ロバート・D., 2001,『哲学する民主主義──伝統と改革の市民的構造』NTT 出版.
────, 2006,『孤独なボウリング──米国コミュニティの崩壊と再生』柏書房.
原口弥生, 2012,「福島原発避難者の支援活動と課題──福島乳幼児妊産婦ニーズ対応プロジェクト茨城拠点の活動記録」『茨城大学地域総合研究所年報』45, 39-48.
────, 2013,「東日本大震災にともなう茨城県への広域避難者アンケート調査結果」『茨城大学地域総合研究所年報』46, 61-80.
原田峻・西城戸誠, 2013,「原発・県外避難者のネットワークの形成過程──埼玉県下の 8 市町を事例として」『地域社会学会年報』25，143-156.
――――，2015，「原発避難をめぐる学術研究――社会科学を中心として」（関西学院大学復興制度研究所ほか編 2015，227-232）.
舩橋晴俊, 2014,「「生活環境の破壊」としての原発震災と地域再生のための「第三の道」」『環境と公害』43 (3)，62-67.
古川美穂，2015，『東北ショック・ドクトリン』岩波書店.
細谷昂，2014，「日本の近隣組織のこと――町内会と部落会」『社会学年報』43，21-30.
ホックシールド, アーリー, R., 2000,『管理される心』(石川准・室伏亜希訳) 世界思想社.
正村俊之，2013，「リスク社会論の視点から見た東日本大震災」（田中ほか編 2013: 227-257）.
増田昌子編，2012，『てんこもり通信特別号』共に育ち合い (愛) サロンむげん.
松井克浩，2008a，『中越地震の記憶――人の絆と復興への道』高志書院.
――――，2008b，「「暮らし」の社会空間」（栗原隆編『形と空間のなかの私』東北大学出版会），121-140.
――――，2011，『震災・復興の社会学――二つの「中越」から「東日本」へ』リベルタ出版.
――――，2012，「防災コミュニティと町内会――中越地震・中越沖地震の経験から」（吉原直樹編『防災の社会学――防災コミュニティの社会設計に向けて〔第二版〕』東信堂，71-97）.
――――，2013a，「新潟県における広域避難者の現状と支援」『社会学年報』42，61-71.
――――，2013b，「「場所」をめぐる感情とつながり――災害による喪失と再生を手がかりとして」（栗原隆編『感情と表象の生まれるところ』ナカニシヤ出版，143-158）.
――――，2014，「災害からの復興と「感情」のゆくえ――原発避難の事例を手がかりに」（栗原隆編『感性学――触れ合う心・感じる身体』東北大学出版会，85-102）.
――――，2015，「災害からの集落の再生と変容――新潟県山古志地域の事例」（植田今日子編『災害と村落』農山漁村文化協会，27-59）.
――――，2016a，「広域避難調査と「個別性」の問題」『社会と調査』16，46-51.
――――，2016b,「柏崎市の広域避難者支援と「あまやどり」の 5 年間」『人文科学研究』138，65-90.
――――，2016c，「「仲間」としての広域避難者支援――柏崎市・サロン「むげん」の 5 年間」『災後の社会学』4，63-78.
――――，2016d，「長期・広域避難とコミュニティへの模索――新潟県への原発避難の事例から」『社会学年報』45，19-29.
――――，2017，「「支援の文化」の蓄積と継承――原発避難と新潟県」（吉原直樹・似田貝香門・松本行真編『東日本大震災と〈復興〉の生活記録』六花出版，633-655）.
マッシー，ドリーン, 2002,「権力の幾何学と進歩的な場所感覚」『思想』2002 年 1 月号，32-44.
松薗祐子，2013，「警戒区域からの避難をめぐる状況と課題――帰還困難と向き合う富岡町の事例から」『環境と公害』42 (4)，31-36.
――――，2015，「選択と集中に抗う生活圏としての地域社会への問い」『地域社会学会会報』192，2-4.
――――，2016a，「「二つのコミュニティを生きること」の意味――原発避難者の事例にみる避難元コミュニティと避難先コミュニティ」『淑徳大学研究紀要（総合福祉学部・コミュニティ政策学部）』50，15-30.
———，2016b，「被災者家族の離散と統合の課題——原発避難者の5年間からみる家族とコミュニティ」『難民研究ジャーナル』6，69-80.
松本康，1995，「都市空間の変容と住民」宮島喬編『現代社会学』有斐閣，214-236.
虫亀コミュニティ会議編，2007，『虫亀の地域づくり（虫亀コミュニティ形成プランの概要）』.
山古志復興新ビジョン研究会編，2005，『山古志復興新ビジョン 資料編』.
山古志虫亀集落編，2011，『安心して暮らし続けられる 常住のむらづくり 復興デザイン計画』.
山古志村編，2005，『山古志復興プラン 帰ろう山古志へ』.
山下祐介，2009，「家の継承と集落の存続——青森県・過疎地域の事例から」『年報 村落社会研究』45，163-197.
———，2013，『東北発の震災論——周辺から広域システムを考える』ちくま新書.
山下祐介・市村高志・佐藤彰彦，2013，『人間なき復興——原発避難と国民の「不理解」をめぐって』明石書店.
山下祐介・開沼博編，2012，『「原発避難」論——避難の実像からセカンドタウン、故郷再生まで』明石書店.
山下祐介・山本薫子・吉田耕平・松薗祐子・菅磨志保，2012，「原発避難をめぐる諸相と社会的分断——広域避難者調査に基づく分析」『人間と環境』38（2），10-21.
山根純佳，2013，「原発事故による「母子避難」問題とその支援——山形県における避難者調査のデータから」『山形大学人文学部研究年報』10，37-51.
山本薫子・佐藤彰彦・松薗祐子・高木竜輔・吉田耕平・菅磨志保，2014，「原発避難者の生活再編過程と問題構造の解明に向けて——「空間なきコミュニティ」の概念化のための試論」『災後の社会学』2，23-41.
山本薫子・高木竜輔・佐藤彰彦・山下祐介，2015，『原発避難者の声を聞く——復興政策の何が問題か』岩波ブックレット.
湯浅誠，2008，『反貧困——「すべり台社会」からの脱出』岩波新書.
除本理史，2013a，「「復興の加速化」と原発避難自治体の苦悩」『世界』2013年7月号，208-216.
———，2013b，『原発賠償を問う——曖昧な責任、翻弄される避難者』岩波ブックレット.
———，2015，「避難者の「ふるさとの喪失」は償われているか」（淡路ほか編 2015，189-209）.
———，2016，「原発事故による「ふるさとの喪失」——「社会的出費」概念による被害評価の試み」（植田和弘編『被害・費用の包括的把握（大震災に学ぶ社会科学5）』東洋経済新報社，51-79）.
横田尚俊，1999，「阪神・淡路大震災とコミュニティの〈再認識〉」（岩崎ほか編 1999，263-276）.
吉田千亜，2016，『ルポ 母子避難——消されゆく原発事故被害者』岩波新書.
吉野英岐，2009，「集落の再生をめぐる論点と課題」『年報 村落社会研究』45，11-44.
吉原直樹，2000，「地域住民組織における共同性と公共性——町内会を中心として」『社会学評論』50（4），572-585.
———，2004，『時間と空間で読む近代の物語』有斐閣.

――――, 2011,『コミュニティ・スタディーズ』作品社.
――――, 2013,『「原発さまの町」からの脱却――大熊町から考えるコミュニティの未来』岩波書店.
――――, 2016,『絶望と希望――福島・被災者とコミュニティ』作品社.
レルフ, エドワード, 1999,『場所の現象学』(高野岳彦、他訳) ちくま学芸文庫.
若松英輔・和合亮一, 2015,『往復書簡 悲しみが言葉をつむぐとき』岩波書店.
鷲田清一, 2013,『〈ひと〉の現象学』筑摩書房.
――――, 2015,『しんがりの思想――反リーダーシップ論』角川新書.
渡辺斉, 2013,「未曾有の大震災から地域再生へ」東洋大学福祉社会開発研究センター編『山あいの小さなむらの未来』博進堂, 24-33.

人名索引

事項索引

【た行】

【な行】

【は行】

【ま行】

【や行】

【ら行】

【わ行】

著者紹介

松井克浩（まつい かつひろ）

1961 年　新潟県生まれ。宮城県女川町に育つ
1991 年　東北大学大学院文学研究科博士課程単位取得退学
現　在　新潟大学人文学部教授（社会学理論・地域社会学）

主な著書

『デモクラシー・リフレクション――巻町住民投票の社会学』リベルタ出版、2005 年（共著）
『ヴェーバー社会理論のダイナミクス――「諒解」概念による『経済と社会』の再検討』未來社、2007 年
『中越地震の記憶――人の絆と復興への道』高志書院、2008 年
『比較歴史社会学へのいざない――マックス・ヴェーバーを知の交流点として』勁草書房、2009 年（共著）
『防災コミュニティの基層――東北 6 都市の町内会分析』御茶の水書房、2011 年（共著）
『震災・復興の社会学――2 つの「中越」から「東日本」へ』リベルタ出版、2011 年
『防災の社会学――防災コミュニティの社会設計に向けて〔第二版〕』東信堂、2012 年（共著）
『原発避難と創発的支援――活かされた中越の災害対応経験』本の泉社、2016 年（共著）

故郷喪失と再生への時間――新潟県への原発避難と支援の社会学

2017 年 8 月 10 日　初版 第 1 刷発行　〔検印省略〕
定価はカバーに表示してあります。

印刷・製本／中央精版印刷株式会社

東京都文京区向丘1-20-6　郵便振替00110-6-37828
〒113-0023　TEL (03) 3818-5521　FAX (03) 3818-5514
発行所 株式会社 東信堂

Published by TOSHINDO PUBLISHING CO., LTD.
1-20-6, Mukougaoka, Bunkyo-ku, Tokyo, 113-0023, Japan
E-mail : tk203444@fsinet.or.jp　http://www.toshindo-pub.com

ISBN978-4-7989-1437-4 C3036